UG NX CAE 基础与实例应用

朱崇高　谢福俊　编著

清华大学出版社
北　京

内 容 简 介

本书介绍利用 NX 6 进行产品零件的有限元分析以及运动仿真方面的知识和应用技术，包括产品分析思路、分析方法、操作步骤和技巧，最后进行知识总结并提供了大量习题。为了使读者直观掌握有关操作和技巧，本书配套光盘中根据章节制作了有关的视频教程，与本书相辅相成，可最大限度地帮助读者快速掌握本书的内容。

本书注重实践，强调实用。适合国内机械分析师和生产企业的工程师阅读，可以作为 NX 培训机构的培训教材、NX 爱好者和用户自学教材，以及在校大中专相关专业学生学习 NX 的教材。

本书封面贴有清华大学出版社防伪标签，无标签者不得销售。
版权所有，侵权必究。侵权举报电话：010-62782989 13701121933

图书在版编目(CIP)数据

UG NX CAE 基础与实例应用/朱崇高，谢福俊编著. —北京：清华大学出版社，2010.10(2018.8 重印)
ISBN 978-7-302-23769-3

Ⅰ. ①U… Ⅱ. ①朱… ②谢… Ⅲ. ①计算机辅助设计—应用软件，UG NX Ⅳ. ①TP391.72

中国版本图书馆 CIP 数据核字(2010)第 167362 号

责任编辑：黄　飞
装帧设计：杨玉兰
责任校对：周剑云
责任印制：宋　林

出版发行：清华大学出版社
　　　　　网　　址：http://www.tup.com.cn, http://www.wqbook.com
　　　　　地　　址：北京清华大学学研大厦 A 座　　邮　编：100084
　　　　　社 总 机：010-62770175　　　　　　　　邮　购：010-62786544
　　　　　投稿与读者服务：010-62776969, c-service@tup.tsinghua.edu.cn
　　　　　质量反馈：010-62772015, zhiliang@tup.tsinghua.edu.cn
　　　　　课件下载：http://www.tup.com.cn, 010-62791865

印 装 者：北京虎彩文化传播有限公司
经　　销：全国新华书店
开　　本：185mm×260mm　　印　张：24.5　　字　数：587 千字
版　　次：2010 年 10 月第 1 版　　　　　　印　次：2018 年 8 月第 5 次印刷
　　　　　附光盘 1 张
定　　价：58.00 元

产品编号：036876-02

前 言

本书为全国信息化应用能力考试工业技术类指定参考教材，从完整的考试体系出发，同时配备相关考试大纲、课件及练习系统。UG NX 高级仿真是一个综合性的有限元建模、解算和结果可视化的产品。高级仿真包括一整套前处理和后处理工具，并支持广泛的产品性能评估解法。

本书详细介绍 NX 6 的高级仿真和运动仿真等方面的内容，注重实际应用和技巧训练相结合。全书共分为 13 章，第 1～9 章详细介绍 NX 高级仿真模块功能的使用，第 10～13 章详细介绍 NX 运动仿真模块功能的使用。各章主要内容如下。

第 1 章介绍高级仿真结构、高级仿真导航器以及高级仿真创建流程。

第 2 章介绍理想化几何体、怎样移除模型上的特征、创建中位面和缝合等命令，以及修复几何模型常出的问题。

第 3 章介绍网格的概念、如何创建物理和材料属性、网格捕集器的使用，以及如何创建 3D、2D、1D 和 0D 网格。

第 4 章主要介绍网格控制的概念、1D 连接的概念和创建以及网格修复常用的命令。

第 5 章主要介绍高级仿真中边界条件的概念、如何创建载荷、如何创建约束、如何创建边界条件。

第 6 章介绍怎样使用后置处理的技术、怎样使用后置控制工具条中的各种工具、后视图的类型、图标的概念，以及如何创建图表、报告的概念和如何创建报告。

第 7 章介绍求解的概念以及类型，线性分析、线性屈曲分析、模态分析、耐久性分析和优化分析的概念和创建流程。

第 8 章介绍接触和粘合分析的概念及创建流程、高级非线性分析的概念和装配 FEM 分析的概念及创建流程。

第 9 章介绍 NX 热分析和流体分析的概念、工作流程、约束和载荷。

第 10 章介绍 NX 运动仿真模块、运动仿真文件结构以及工作流程。

第 11 章介绍连杆概念以及常用运动副的概念和应用场合。

第 12 章介绍运动驱动的概念，恒定驱动、简谐驱动、函数驱动和关节运动及其应用场合。

第 13 章介绍封装选项的类型和应用场合、电子表格的概念和创建使用方法、如何绘制图表。

附录介绍 Nastran 解算器的安装步骤和配置以及补丁的安装。

本书各章后面的习题不仅可起到巩固所学知识和实战演练的作用，并且对深入学习 NX 具有引导和启发作用。为方便用户学习，本书提供了大量实例的素材和操作视频。

本书可作为在校机械和机电专业本科专业课教材，研究生做课题中的自学参考书。

本书在写作过程中，充分吸取了 NX 授课经验，同时，与 NX 爱好者展开了良好的交流，充分了解他们在应用 NX 过程中所急需掌握的知识内容，做到理论和实践相结合。

本书由朱崇高，谢福俊编著，参加本书编写的人员有魏峥、李玉超、郭洋、魏薇、车远亮、张丽萍、姜在瑛等。在此对参与编写者表示由衷的感谢。

由于编者水平有限，加上时间仓促，本书虽经再三审阅，仍有可能存在不足和错误，恳请各位专家和朋友批评指正！

朱崇高

附：

全国信息化应用能力考试是由工业和信息化部人才交流中心主办，以信息技术在各行业、各岗位的广泛应用为基础，面向社会，检验应试人员信息技术应用知识与能力的全国性水平考试体系。作为全国信息化应用能力考试工业技术类指定参考用书，《UG NX CAE 基础与实例应用》从完整的考试体系出发来编写，同时配备相关考试大纲、课件及练习系统。通过对本书的系统学习，可以申请参加全国信息化应用能力考试相应科目的考试，考试合格者可获得由工业和信息化部人才交流中心颁发的《全国信息化工程师岗位技能证书》。该证书永久有效，是社会从业人员胜任相关工作岗位的能力证明。证书持有人可通过官方网站查询真伪。

全国信息化应用能力考试官方网站：www.ncie.gov.cn

项目咨询电话：010-88252032

传真：010-88254205

目　录

第1章　高级仿真概述 1
- 1.1　高级仿真介绍 1
- 1.2　高级仿真文件结构 2
- 1.3　仿真导航器 4
  - 1.3.1　仿真导航器节点 5
  - 1.3.2　仿真文件视图 5
- 1.4　高级仿真工作流程 6
  - 1.4.1　选择工作流程 6
  - 1.4.2　自动工作流程和显示工作流程 7
  - 1.4.3　处理多个解法 7
  - 1.4.4　处理多个仿真文件 8
- 1.5　上机指导：支架有限元仿真 8
- 1.6　习题 14

第2章　模型准备 15
- 2.1　几何体理想化 15
  - 2.1.1　几何体理想化概述 15
  - 2.1.2　理想化几何体 16
  - 2.1.3　移除几何特征 17
  - 2.1.4　中位面 19
  - 2.1.5　分割模型 19
  - 2.1.6　缝合 20
  - 2.1.7　再分割面 21
  - 2.1.8　上机指导：移除几何特征练习 22
  - 2.1.9　上机指导：网格中位面练习 23
- 2.2　使用 NX 建模工具修复几何模型 25
  - 2.2.1　修复问题 25
  - 2.2.2　诊断问题 25
  - 2.2.3　修复几何模型的常用工具 26
  - 2.2.4　上机指导：活塞几何体修复练习 27
- 2.3　习题 37

第3章　基本网格技术 38
- 3.1　网格基本信息 38
  - 3.1.1　网格划分概述 38
  - 3.1.2　网格单元大小 38
  - 3.1.3　自动单元大小计算 39
- 3.2　物理和材料属性 40
  - 3.2.1　材料属性 40
  - 3.2.2　材料类型 41
  - 3.2.3　创建和应用物理属性表 41
- 3.3　网格捕集器 42
  - 3.3.1　网格捕集器概述 42
  - 3.3.2　创建网格捕集器 42
  - 3.3.3　管理网格捕集器 43
  - 3.3.4　上机指导：高尔夫球杆 44
- 3.4　3D 网格划分 52
  - 3.4.1　3D 四面体网格概述 52
  - 3.4.2　创建 3D 四面体网格 53
  - 3.4.3　3D 扫描网格概述 53
  - 3.4.4　创建 3D 扫描网格 55
  - 3.4.5　上机指导：3D 网格划分 55
- 3.5　2D 网格划分 57
  - 3.5.1　2D 网格概述 57
  - 3.5.2　创建 2D 自由网格 58
  - 3.5.3　自由映射网格 59
  - 3.5.4　2D 映射网格概述 60
  - 3.5.5　上机指导：创建 2D 网格 60
  - 3.5.6　上机指导：创建 2D 映射网格 63
- 3.6　1D 和 0D 网格划分 65
  - 3.6.1　1D 网格概述 65
  - 3.6.2　创建 1D 网格 65

- 3.6.3 1D 截面 66
- 3.6.4 0D 网格 66
- 3.6.5 上机指导：创建 1D 网格 67
- 3.7 习题 70

第 4 章 高级网格技术 71

- 4.1 网格控制 71
  - 4.1.1 网格控制概述 71
  - 4.1.2 网格控制密度类型 71
  - 4.1.3 上机指导：网格控制 72
- 4.2 1D 连接 76
  - 4.2.1 1D 连接概述 76
  - 4.2.2 边到面连接 76
  - 4.2.3 点到点及节点到节点连接 77
  - 4.2.4 蛛网单元连接 78
  - 4.2.5 使用 RBE2 和 RBE3 蛛网单元 79
- 4.3 网格修复 79
  - 4.3.1 自动修复几何体 79
  - 4.3.2 塌陷边、面修复 80
  - 4.3.3 合并边、合并面 81
  - 4.3.4 分割边、分割面 82
  - 4.3.5 缝合边、取消缝合 83
  - 4.3.6 上机指导：几何体抽取 85
  - 4.3.7 上机指导：缝合练习 88
- 4.4 习题 93

第 5 章 边界条件 94

- 5.1 边界条件概述 94
  - 5.1.1 NX 边界条件 94
  - 5.1.2 基于一般几何体和 FEM 的边界条件 94
  - 5.1.3 边界条件显示 95
  - 5.1.4 边界条件管理 96
  - 5.1.5 上机指导：支架的载荷和约束 96
- 5.2 创建载荷 98
  - 5.2.1 载荷类型 98
  - 5.2.2 力载荷 100
  - 5.2.3 轴承载荷 101
  - 5.2.4 螺栓预载概述 103
  - 5.2.5 上机指导：扳手的载荷 104
  - 5.2.6 上机指导：应用轴承载荷和销钉约束 106
- 5.3 创建约束 109
  - 5.3.1 约束类型 109
  - 5.3.2 用户定义的约束 110
  - 5.3.3 强迫位移约束 111
  - 5.3.4 销钉约束 112
  - 5.3.5 上机指导：叶轮施加自动耦合约束 112
- 5.4 使用边界条件中的字段 118
  - 5.4.1 使用字段定义边界条件 118
  - 5.4.2 使用字段定义力载荷幅值 118
  - 5.4.3 使用空间分布定义力载荷 119
  - 5.4.4 局部建模 120
  - 5.4.5 上机指导：塞子施加自动耦合约束 121
- 5.5 习题 125

第 6 章 后处理 126

- 6.1 后处理概述 126
  - 6.1.1 后处理简介 126
  - 6.1.2 后处理导航器 126
  - 6.1.3 后处理工具条 128
  - 6.1.4 导入结果及结果类型 128
  - 6.1.5 上机指导：导入一连杆的后处理 130
- 6.2 后视图 134
  - 6.2.1 后处理视图概述 134
  - 6.2.2 轮廓、标记图和流线 135
  - 6.2.3 切割平面 137
  - 6.2.4 后处理中的动画 137
- 6.3 图表 138
  - 6.3.1 图表概述 138
  - 6.3.2 创建图形 139
  - 6.3.3 创建路径 139
  - 6.3.4 上机指导：图表 140

	6.4	报告	144
		6.4.1 报告概述	144
		6.4.2 创建和管理报告	144
		6.4.3 上机指导：报告	145
	6.5	习题	147

第7章 求解模型和解法类型 148

- 7.1 求解模型 148
  - 7.1.1 求解概述 148
  - 7.1.2 NX 结构分析和解算类型 149
  - 7.1.3 NX Nastran 输出文件概述 150
  - 7.1.4 解算模型 151
  - 7.1.5 NX Nastran 解法监视器 151
- 7.2 线性静态分析 152
  - 7.2.1 线性静态分析介绍 152
  - 7.2.2 支持线性静态分析类型 152
  - 7.2.3 使用网格和材料的线性静态分析 153
  - 7.2.4 为线性静态分析定义边界条件 153
  - 7.2.5 设置线性静态解算属性及使用迭代求解器 153
  - 7.2.6 上机指导：连杆的线性静态分析 154
- 7.3 线性屈曲分析 157
  - 7.3.1 线性屈曲介绍 157
  - 7.3.2 在线性屈曲分析中如何处理载荷 157
  - 7.3.3 使用网格和材料的线性静态分析 158
  - 7.3.4 为屈曲分析定义边界条件 158
  - 7.3.5 设置屈曲解算属性 158
  - 7.3.6 上机指导：线性屈曲分析 159
- 7.4 模态分析 162
  - 7.4.1 模态仿真介绍 162
  - 7.4.2 使用网格和材料的模态分析 162
  - 7.4.3 为模态分析定义边界条件 163
  - 7.4.4 设置模态解算属性 163
  - 7.4.5 上机指导：模态分析 163
- 7.5 耐久性分析 167
  - 7.5.1 耐久性分析介绍 167
  - 7.5.2 准备模型以进行耐久性分析 168
  - 7.5.3 疲劳材料属性 169
  - 7.5.4 了解载荷变化 169
  - 7.5.5 了解疲劳寿命 170
  - 7.5.6 评估疲劳结果 171
  - 7.5.7 上机指导：螺旋桨的疲劳分析 171
- 7.6 优化分析 176
  - 7.6.1 优化设计概述 176
  - 7.6.2 优化分析过程及创建步骤 177
  - 7.6.3 优化分析选项 179
  - 7.6.4 设计目标 180
  - 7.6.5 约束 181
  - 7.6.6 设计变量 182
  - 7.6.7 优化结果 183
  - 7.6.8 上机指导：三脚架的优化分析 184
- 7.7 习题 189

第8章 高级 FEM 建模技术 191

- 8.1 接触和粘合分析 191
  - 8.1.1 曲面和曲面接触 191
  - 8.1.2 曲面和曲面粘合 192
  - 8.1.3 自动面配对 193
  - 8.1.4 上机指导：曲面和曲面接触分析 194
  - 8.1.5 上机指导：曲面和曲面粘合分析 200
- 8.2 高级非线性分析 204
  - 8.2.1 高级非线性接触概述 204
  - 8.2.2 定义高级非线性接触 205
- 8.3 装配 FEM 分析 206
  - 8.3.1 装配 FEM 概述 206
  - 8.3.2 装配 FEM 和多个体 FEM 207

8.3.3 装配 FEM 工作流程 207
8.3.4 创建装配 FEM 文件 208
8.3.5 创建关联和非关联装配 FEM 文件 209
8.3.6 连接组件 FEM 和解析标签冲突 209
8.3.7 上机指导：航天器的装配 FEM 分析 210
8.4 习题 219

第 9 章 NX 热流分析 220

9.1 NX 热分析 220
9.1.1 使用 NX 热和流 220
9.1.2 工作流程 221
9.1.3 定义属性单元 221
9.1.4 定义热载荷和约束 222
9.1.5 定义热耦合 222
9.1.6 模型解算 223
9.1.7 上机指导：PCB 板热流分析 223
9.2 NX 流体运动仿真 229
9.2.1 NX 流体运动仿真特点 229
9.2.2 工作流程 230
9.2.3 定义约束和载荷 230
9.2.4 流体域和流体面网格 231
9.2.5 流体域边界条件 231
9.2.6 流表面和流阻塞 233
9.2.7 上机指导：NX 流体分析 234
9.3 习题 241

第 10 章 运动仿真概述 242

10.1 运动仿真介绍 242
10.2 运动仿真文件结构 242
10.3 运动仿真工作流程 243
10.3.1 新建运动仿真文件 243
10.3.2 环境设置 243
10.3.3 工作流程 243
10.4 上机指导：四连杆机构运动仿真 244
10.5 习题 248

第 11 章 创建连杆和运动副 250

11.1 连杆介绍 250
11.2 创建连杆 250
11.2.1 质量属性 250
11.2.2 设置固定连杆和名称 251
11.3 运动副介绍 251
11.4 旋转副 251
11.4.1 旋转副介绍 251
11.4.2 创建旋转副 252
11.5 滑动副 252
11.5.1 滑动副介绍 252
11.5.2 创建滑动副 253
11.6 柱面副 253
11.6.1 柱面副介绍 253
11.6.2 创建柱面副 253
11.7 螺旋副 254
11.7.1 螺旋副介绍 254
11.7.2 创建螺旋副 254
11.8 万向节 255
11.8.1 万向节介绍 255
11.8.2 创建万向节 255
11.8.3 上机指导：活塞运动仿真 256
11.8.4 上机指导：万向节运动仿真 258
11.9 固定运动副 260
11.9.1 固定运动副介绍 260
11.9.2 创建固定运动副 260
11.9.3 咬合连杆介绍 261
11.9.4 上机指导：四连杆运动仿真 261
11.10 齿轮副、齿轮齿条副和线缆副 264
11.10.1 齿轮副、齿轮齿条副和线缆副介绍 264
11.10.2 创建齿轮副 265
11.10.3 上机指导：齿轮副方法的锥齿轮运动仿真 265
11.11 弹簧与阻尼 267
11.11.1 弹簧与阻尼介绍 267
11.11.2 创建弹簧与阻尼 268

11.11.3 上机指导：门的
运动仿真 268
11.12 2D、3D 接触和衬套 272
11.12.1 2D、3D 接触和
衬套介绍 272
11.12.2 创建 3D 接触 272
11.12.3 上机指导：用 3D 接触
方法锥齿轮的运动仿真......272
11.13 点在线上副、线在线上副和
点在面上副 274
11.13.1 运动高副介绍 274
11.13.2 创建点在线上副 275
11.13.3 上机指导：阀门的
运动仿真 275
11.14 上机指导：挖掘机模型
运动仿真 277
11.15 习题 285

第 12 章 创建运动驱动 287

12.1 运动驱动介绍 287
12.2 恒定驱动 287
12.2.1 恒定驱动介绍 287
12.2.2 上机指导：车门机构的
运动仿真 287
12.3 简谐驱动 290
12.3.1 简谐驱动介绍 290
12.3.2 上机指导：折叠式升降机
运动仿真 290
12.4 函数驱动 294
12.4.1 函数驱动介绍 294
12.4.2 创建函数驱动 296
12.4.3 上机指导：机械手
运动仿真 297
12.5 关节运动 302

12.5.1 关节运动介绍 302
12.5.2 创建关节运动 302
12.5.3 上机指导：冲压机构
运动仿真 302
12.6 上机指导：电风扇运动仿真.........305
12.7 习题 308

第 13 章 基于时间的运动仿真 309

13.1 封装选项 309
13.1.1 干涉 309
13.1.2 测量 311
13.1.3 追踪 313
13.1.4 上机指导：转向机构
追踪检查 314
13.1.5 上机指导：转向机构
测量检查 316
13.1.6 上机指导：转向机构
干涉检查 318
13.2 创建电子表格 319
13.2.1 电子表格概述 319
13.2.2 用电子表格驱动铰链
运动和仿真运动 320
13.2.3 上机指导：电子表格练习 ...320
13.3 绘制图表 323
13.3.1 图表对话框 324
13.3.2 执行定义的图表 325
13.3.3 上机指导：挖掘机插值
载荷函数图 326
13.4 习题 330

附录 A 考试指导 331

附录 B Nastran 安装以及配置 373

参考文献 377

第 1 章 高级仿真概述

1.1 高级仿真介绍

高级仿真是一种综合性有限元建模和结果可视化产品,旨在满足资深分析员的需要。高级仿真包括一整套前处理和后处理工具,并支持多种产品性能评估解法。图 1-1 所示为高级仿真界面。

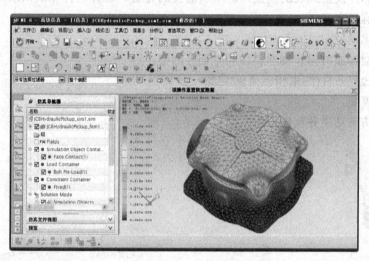

图 1-1 高级仿真界面

高级仿真提供对许多业界标准解算器的无缝、透明支持,这样的解算器包括 NX Nastran、MSC Nastran、ANSYS 和 ABAQUS。例如,如果在高级仿真中创建网格或解法,则指定将要用于解算模型的解算器和要执行的分析类型。NX 软件使用该解算器的术语或"语言"及分析类型来展示所有如网格划分、边界条件和解法选项。另外,还可以解算用户的模型并直接在高级仿真中查看结果,不必首先导出解算器文件或导入结果。

高级仿真会提供设计仿真中可用的所有功能,以及支持高级分析流程的众多其他功能。

- 高级仿真的数据结构很有特色,例如具有独立的仿真文件和 FEM 文件,这有利于在分布式工作环境中开发 FE 模型。这些数据结构还允许分析员轻松地共享 FEM 数据,以执行多种分析。
- 高级仿真提供世界级网格划分功能。NX 软件旨在使用经济的单元计数来产生高质量网格。高级仿真支持补充完全的单元类型(0D、1D、2D 和 3D)。另外,高级仿真使分析员能够控制特定网格公差,这些公差控制着软件如何对复杂几何体(例如圆角)划分网格。

- 高级仿真包括许多几何体抽取工具，使分析员能够根据其分析需要来量身定制 CAD 几何体。例如，分析员可以使用这些工具提高其网格的整体质量，方法是消除有问题的几何体(如微小的边)。

传统的方法验证了设计是建立一个原始模型和对其进行测试。如果测试发现了新的问题，现有的设计应当被改变，一个新的模型应当被重新设计和测试。另一种方法是使用有限元分析(FEA)。有限元分析有以下好处。

- 在一个新的模拟环境中仿真和分析产品。
- 降低产品成本和缩短开发时间，减少物理样机次数。
- 对产品进行优化。

传统分析和有限元分析如图 1-2 所示。

有限元分析过程如下(见图 1-3)。

(1) 获取部件模型或装配模型，确定所需要的分析、边界条件以及结果。
(2) 选择解算方案。
(3) 理想化模型。
(4) 对模型添加材料和物理属性同时划分网格。
(5) 加载边界条件(约束和载荷)确定第一步。
(6) 解算模型。
(7) 查看仿真结果并创建报告文件。

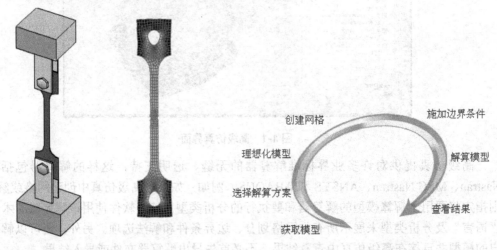

图 1-2　传统分析和有限元分析　　　　图 1-3　有限元分析过程

1.2　高级仿真文件结构

高级仿真在 4 个独立而关联的文件中管理仿真数据。要在高级仿真中高效工作，需要了解哪些数据存储在哪个文件中，以及在创建哪些数据时哪个文件必须是活动的工作部件，如图 1-4 所示。

第 1 章　高级仿真概述

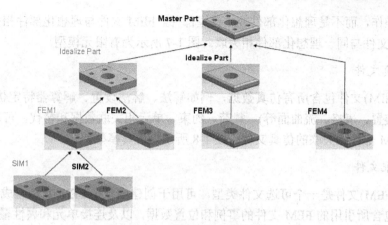

图 1-4　高级仿真文件结构

1. 主模型文件

主模型(Master Part)文件包含主模型部件和未修改的部件几何体。如果要在理想化部件中使用部件间表达式，主模型部件则具有写锁定。仅在使用主模型尺寸命令直接更改或通过优化间接更改主模型尺寸时，会发生该情况。大多数情况下，主模型部件将不更改，也根本不会具有写锁定。写锁定可移除，以允许将新设计保存到主模型部件，图 1-5 所示为主模型文件。

注意： 因特征移除而产生的所有更改都应用于理想化部件。在高级仿真中，主模型部件是可选的。

2. 理想化部件文件

理想化部件(Idealize Part)文件包含理想化部件，理想化部件是主模型部件的装配事例。理想化工具(如抑制特征或分割模型)允许使用理想化部件对模型的设计特征进行更改。可以按照需要对理想化部件执行几何体理想化，而不修改主模型部件。图 1-6 所示为理想化模型。

图 1-5　主模型文件　　　　　　　图 1-6　理想化模型

3. 有限元模型文件

有限元模型(FEM)文件包含网格(节点和单元)、物理属性和材料。FEM 文件中的所有几何体都是多边形几何体。如果对 FEM 进行网格划分，则会对多边形几何体进行进一步几何体抽取操作,而不是理想化部件或主模型部件。FEM 文件与理想化部件相关联,可以将多个 FEM 文件与同一理想化部件相关联。图 1-7 所示为有限元模型。

4. 仿真文件

仿真(SIM)文件包含所有仿真数据,例如解法、解法设置、解算器特定仿真对象(例如温度调节装置、表格、流曲面等)、载荷、约束、单元相关联数据和替代。可以创建许多与同一个 FEM 部件相关联的仿真文件。图 1-8 所示为仿真模型。

5. 装配文件

装配(FEM)文件是一个可选文件类型,可用于创建由多个 FEM 文件组成的系统模型。装配文件包含所引用的 FEM 文件的事例和位置数据,以及连接单元和属性覆盖。图 1-9 所示为装配文件。

图 1-7 有限元模型

图 1-8 仿真模型

图 1-9 装配文件

1.3 仿真导航器

仿真导航器提供一种图形方式,以查看和操控一个树形结构内 CAE 分析的不同文件和组件。每个文件或组件均显示为该树中的独立节点,如图 1-10 所示。

图 1-10 仿真导航器

可以使用仿真导航器执行分析过程中的所有步骤，右击导航器，弹出的快捷菜单中的命令可以完成以下操作。
- 在 FEM 文件内定义网格。
- 显示选定的多边形几何体。
- 使理想化部件成为显示部件。

1.3.1 仿真导航器节点

仿真导航器中的典型节点介绍见表 1-1。

表 1-1 仿真导航器节点描述

图标	节点名称	描述
	仿真	含有所有仿真数据，如专门求解器、解决方案、解决方案设置、仿真对象、载荷、约束和压制。可以有多个仿真文件与单个 FEM 文件关联
	FEM	含有所有网格数据、物理特性、材料数据和多边形几何体。FEM 文件总是相关到理想化。可以关联多个 FEM 文件到单个理想化部件
	理想化部件	含有理想化部件，当建立 FEM 时由软件自动建立
	主模型部件	当主模型部件是工作部件时，在主模型部件节点上右击，建立一个新的 FEM 或显示已有的理想化部件
	多边形几何体	含有多边形几何体(多边形体、表面和边缘)。一旦网格化有限元模型，任何进一步几何体提取都发生在多边形几何体上，而不是在理想化或主模型部件上
	0D 网格	含有所有零维(0D)网格
	1D 网格	含有所有一维(1D)网格
	2D 网格	含有所有二维(2D)网格
	3D 网格	含有所有三维(3D)网格
	仿真对象容器	含有解算器和解决方案专有的对象，如自动调温器、表格或流动表面
	载荷容器	含有指定到当前仿真文件的载荷。在一解决方案容器内，载荷容器(Load Container)含有指定到子工况的载荷
	约束容器	含有指定到当前仿真文件的约束。在一解决方案容器内，约束容器(Constraint Container)含有指定到解决方案的约束
	解决方案	含有解决方案对象、载荷、约束和对解决方案的子工况
	子工况	含有一解决方案内每一个子工况解决方案的实体，如载荷、约束和仿真对象
	结果	含有从一求解得来的任一结果。在后置处理器中，可以打开结果节点，并利用在仿真导航器内的可见复选框去控制各种结果组的显示

1.3.2 仿真文件视图

仿真文件视图是一个特殊浏览器窗口，存在于仿真导航器中。该窗口的功能如下。

- 显示所有已加载的部件，以及这些部件到主模型部件层次关系中的所有 FEM 和仿真文件。
- 允许轻松更改显示的部件，方法是双击要显示的部件。
  - ◆ 如果某一实体正在显示，图标则显示为彩色，且名称会高亮显示。
  - ◆ 如果某一实体不在显示，图标则变灰。
- 允许在任何设计或理想化部件上创建新的 FEM 和仿真文件，而不必首先显示部件。

仿真文件视图如图 1-11 所示。

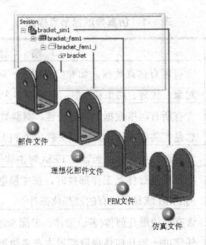

图 1-11　仿真文件视图

1.4　高级仿真工作流程

高级仿真软件非常灵活，它可以根据建模问题、组织的标准以及个人偏好启用多种工作流。其中两种基本工作流可以满足大多数情况下的使用。这些工作流的主要区别在于对物理、材料和网格属性的创建和管理方式。

1.4.1　选择工作流程

在开始分析之前，应对要解决的问题做一个全面的了解。应知道将使用的解算器、将执行的分析类型以及所需的解法类型。

- 在为大多数模型推荐的工作流中，需要在网格化之前在网格捕集器中显式定义所有材料、物理和网格属性；然后将网格分配给相应的捕集器；之后再创建边界条件和进行求解。此显式工作流对于由多个体、材料和网格构成的复杂模型非常有用，还有助于在完整定义模型时确保精确性和完整性。
- 对于由单个实体或一种材料的表面体构成的简单模型，可以使用自动化工作流快速定义 FEM 和仿真。此工作流利用属性继承性和常用默认值来自动创建网格捕集器。

高级仿真灵活的数据结构使用户可以扩展一般工作流，以便重用数据并执行多个分析。

1.4.2 自动工作流程和显示工作流程

在开始一个分析前，应该对试图求解的问题有一彻底了解。应知道将利用哪个求解器、执行什么类型的分析需要什么类型的解决方案。表1-2所示为高级仿真中通用的工作流程。

表1-2 自动工作流程和显示工作流程

自动工作流程	显示工作流程
创建新的FEM、仿真SIM和解算	创建新的FEM
将部件几何体理想化，将材料应用于理想化几何体	将部件几何体理想化
对几何体进行网格划分	定义模型使用材料 创建物理属性表 创建网格捕集器
在物理和材料属性中修改网格捕集器	网格几何化同时指定相应的目标捕集器
检查网格质量，必要时修整网格	检查网格质量，必要时修整网格
应用边界条件	创建新的仿真文件和解算方法 应用边界条件 指定输出请求
解算模型	解算模型
对结果进行后处理并生成报告	对结果进行后处理并生成报告

1.4.3 处理多个解法

可为单个仿真文件定义多个解法。通过在已定义的解法和步骤或子工况中进行拖放，可以轻松重用已定义的边界条件。使用此方法时，所有的解法都将使用相同的材料和物理属性。如图1-12所示为连杆的多个解法。

图1-12 连杆的多个解法

1.4.4 处理多个仿真文件

可为给定的 FEM 创建多个仿真。这可用于基于团队的分析、复杂加载或假设分析。FEM 的重复使用可以显著提高资源的利用率。可在不同的加载条件下对同一 FEM 建模。

在仿真文件中工作时，可以定义物理和材料属性"替代"。通过属性替代可以更改选定材料、物理属性或单元属性的值，而无需复制整个网格(FEM 文件)。如果求解包含替代的模型，软件会使用用户在替代中修改的值，而不是用户在原始模型中定义的值。例如，允许用户使用单个 FEM 模型来执行一系列材料研究，这样就节省了磁盘空间和建模时间。用户还可以使用替代来快速分析 2D 网格内单元厚度变化的影响。

图 1-13 所示为一个单元替代的示例，用于改变单元厚度。最初创建原始 FEM 文件时，没有定义厚度值。但是，随后在 SIM1 和 SIM2 文件中创建了两个不同的替代，其中单元厚度的替代值分别定义为 2mm 和 2.5mm。

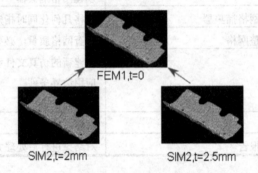

图 1-13 单元替代示例

1.5 上机指导：支架有限元仿真

设计要求：

在本练习中利用三维实体网格分析一个部件，并了解高级仿真工作流程。

设计思路：

(1) 打开部件及建立 FEM 和仿真文件。
(2) 在网格化前理想化几何体。
(3) 网格化部件。
(4) 为网格定义材料。
(5) 作用载荷和约束到部件。
(6) 求解模型。
(7) 观察分析结果。

练习步骤：

(1) 打开部件，启动高级仿真。
① 在 NX 中，打开 ch01\1.5\ bracket.prt，如图 1-14 所示。

② 启动【高级仿真】模块。选择【开始】|【高级仿真】命令。

(2) 创建 FEM 和仿真文件。

① 在仿真导航器中，右击 bracket.prt，从弹出的快捷菜单中选择【新建 FEM 和仿真文件】命令，弹出【新建 FEM 和仿真】对话框，该对话框列出了 3 个已自动建立的新文件。在【默认语言】选项组中选择求解器为 NX NASTRAN，分析类型选择【结构】，如图 1-15 所示。

图 1-14 bracket.prt

图 1-15 【新建 FEM 和仿真】对话框

② 单击【确定】按钮，弹出【创建解算方案】对话框，如图 1-16 所示。默认求解器是 NX NASTRAN。

③ 单击【确定】按钮，在弹出的【仿真导航器】对话框中显示了 Simulation 和 FEM 文件，如图 1-17 所示。

图 1-16 【创建解算方案】对话框

图 1-17 【仿真导航器】对话框

(3) 显示理想化模型。

① 在仿真文件视图中注意 Session 节点下的 4 个文件，如图 1-18 所示。

② 双击 bracket_fem1_i，使之成为理想化部件。理想化部件已经显示在仿真导航器中。

(4) 理想化几何体。

① 支架底部的倒角在分析时可不显示，因此，可以将其删除。

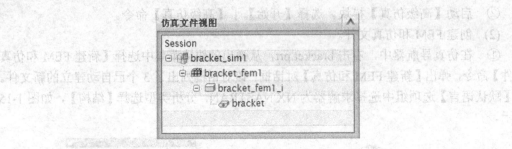

图 1-18 仿真文件视图

② 在【模型准备】工具条中单击【理想化几何体】按钮。选择如图 1-19 所示的倒圆。
③ 单击【确定】按钮后,倒角面被移除,如图 1-20 所示。

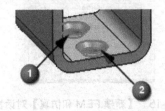
图 1-19 选择要移除的倒角面

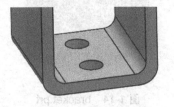
图 1-20 倒角面被移除

(5) 显示 FEM 并为网格定义材料。
① 在显示文件中双击 bracket_fem1。
② 在【高级仿真】工具条中单击【材料属性】按钮。
③ 材料选择为 Steel,单击【将库材料加载到材料中】按钮。选择支架模型,单击【确定】按钮。
(6) 创建物理属性表。
① 创建并修改列出物理属性表。
② 在【高级仿真】工具条中单击【物理属性】按钮,弹出【物理属性表管理器】对话框;类型选择 PSOLID,名称选择 steel,单击【创建】按钮,弹出 PSOLID 对话框;名称设置为 steel,单击【确定】按钮,如图 1-21 所示。

图 1-21 【物理属性表管理器】对话框和 PSOLID 对话框

(7) 创建 3D 网格捕捉器。
① 可以为集合定义网格显示属性,如单元颜色、收缩百分比等。集合中包含的所有

网格将继承集合的显示属性。当把一个网格从一个捕集器指定到另外一个时，网格的显示将自动更新到新的显示属性。

② 在【高级仿真】工具条中单击【网格捕集器】按钮，弹出【网格捕集器】对话框。在【单元族】下拉列表框中选择3D，在【物理属性】选项组中的Solid Property选择steel，名称设置为steel，如图1-22所示。

(8) 创建3D网格。

① 现在准备对模型进行划分网格。在【高级仿真】工具条中单击【3D四面体网格】按钮，弹出【3D四面体网格】对话框。在【单元属性】选项组中的【类型】下拉列表框选择CTETRA(10)，【网格参数】选项组中的【单元大小】设置为14.2mm，选中【尝试自由映射网格划分】复选框，在【目标捕集器】选项组中取消选中【自动创建】复选框，Mesh Collector(网格收集器)选择steel，选择支架模型，单击【确定】按钮，如图1-23所示。

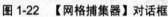

图1-22 【网格捕集器】对话框

图1-23 【3D四面体网格】对话框

② 在标准工具条中单击【保存】按钮保存当前操作。

(9) 检查单元质量。

① 在进行分析之前，应当检查模型网格的质量。

② 选择【分析】|【有限元模型检查】命令，弹出如图1-24所示的【模型检查】对话框，单击【确定】按钮。

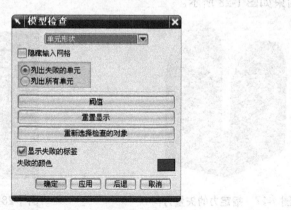

图1-24 【模型检查】对话框

(10) 激活仿真文件。

在仿真文件视图中双击 bracket_sim1,使之成为当前显示部件。

(11) 在底部面施加固定约束。

① 在【高级仿真】工具条中的【约束类型】中选择【固定约束】。

② 选择支架底部面,单击【确定】按钮,即在底部面生成固定约束,如图 1-25 所示。

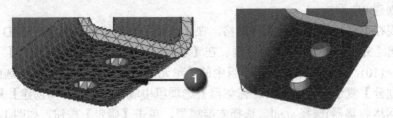

图 1-25 选择支架底部面

(12) 添加力载荷。

① 在【高级仿真】工具条中单击【力载荷】按钮。

② 选取如图 1-26 所示的支架侧壁上的孔边缘。

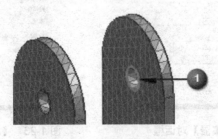

图 1-26 选择圆孔边缘

注意:为了便于选择,在类型过滤器中选择多边形边。

③ 在【力】对话框中设置类型为【幅值和方向】,力设置为 10N,方向选择如图 1-27 所示,压板内壁作为矢量方向,分布方法设置为【统计每个对象】,单击【确定】按钮。生成的力约束如图 1-28 所示。

 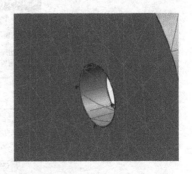

图 1-27 指定力的矢量方向   图 1-28 在孔边缘生成的力约束

④ 在仿真导航器中选择 Force(1)节点,重命名为 Bending Load。

(13) 添加推力。

① 将在两个空面创建推力载荷。在仿真导航器中选择 Solution 1 节点并右击,从弹出的快捷菜单中选择【创建子工况】命令。新创建工况的默认名称为 Subcase - Static Loads 2,单击【确定】按钮。

② 选择 Subcase - Static Loads 2 节点下的 load 并右击,从快捷菜单中选择【力】命令,弹出【力】对话框,选择如图 1-29 所示的两孔的内表面,设置力为 10N,矢量方向为压板的底面,如图 1-30 所示。分布的方法设置为【统计每个对象】。

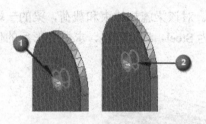 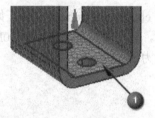

图 1-29　选择两孔的内表面　　　　　　　图 1-30　选择底部面为矢量方向

③ 单击【确定】按钮,在两孔面上施加了力载荷,如图 1-31 所示。

④ 在仿真导航器中选择 Force(2)节点并右击,从快捷菜单中选择【重命名】命令,重命名为 Pulling Load。

图 1-31　在压板的两孔面上施加推力约束

(14) 解算模型。

在【仿真】工具条中单击【求解】按钮，弹出【求解】对话框,单击【确定】按钮。此时系统会将施加网格和边界约束的模型送到 NX NASTRAN 解算器中进行解算。

(15) 观察仿真结果。

① 打开后处理导航器,选择 Solution 1 节点并右击,选择【加载】命令。

② 展开 Solution 1 和 Load Case 1 节点,如图 1-32 所示。

③ 单击 Stress – Element-Nodal 节点,观察模型受力后的变形状态,如图 1-33 所示。

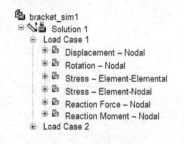 

图 1-32　后处理仿真节点　　　　　　　　图 1-33　模型受力后的变形状态

(16) 创建动画结果。

在后处理导航器中选择 Post View 1 并右击，选择【动画】命令，在后处理工具条中单击【播放】按钮▶，注意观察模型受力后的变化情况。单击【停止】按钮■。

(17) 保存并关闭模型。

1.6 习　　题

打开 ch01\1.6\ibeam.prt 文件，如图 1-34 所示。对该梁施加约束和载荷，梁的一端施加固定约束，另一端的截面施加 1000N 的力，材料为 Steel，划分网格，求梁变形后的位移以及最大应力值。

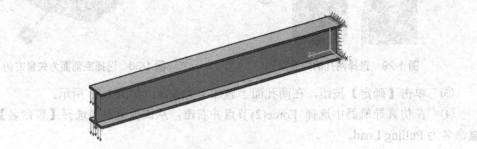

图 1-34　工字钢梁

第2章 模型准备

2.1 几何体理想化

2.1.1 几何体理想化概述

几何体理想化是在定义网格前从模型上移除或抑制特征的过程。此外，还可以使用几何体理想化命令来创建其他特征，如分割，以支持有限元建模目标。例如，可以使用几何体理想化命令来：

- 移除分析中不重要的特征，如凸台。
- 使用部件间表达式修改理想化部件的尺寸。
- 将较大的体积分割成多个较小的体积，简化映射的网格。
- 创建中位面，简化薄壁部件的壳单元网格。

NX 软件对理想化部件(该部件是主模型的装配实例)执行所有几何体理想化操作，不会对主模型直接执行任何理想化。

几何体理想化和几何体抽取操作在目的方面类似，两者都允许将几何体按特定的分析需要进行裁剪。但是，这两个还是完全不同的过程，它们对模型的不同方面进行操作。

- 几何体理想化操作是在理想化部件上执行的。几何体理想化允许用户移除或抑制不需要的特征，从而简化模型。例如，可以：
  - 添加特征到理想化部件，以使分析更便利。
  - 分割大的体积，使该体积的网格化更便利。
  - 在薄壁部件上创建一个中位面，以使 2D 网格化更便利。
- 几何体抽取操作是在 FEM 文件内的多边形几何体上执行的。几何体抽取消除了网格化模型时 CAD 几何体中会引起意外结果的那些问题。例如，可以使用几何体抽取命令来：
  - 从模型上移除那些会降低该区域上单元质量的非常小的曲面或小的边。
  - 添加几何体到模型，以供分析时使用。例如，可以添加边到几何体，以控制该区域中的网格，或者可以定义其他基于边的载荷或约束。

【模型准备】工具条如图 2-1 所示。

图 2-1 【模型准备】工具条

2.1.2 理想化几何体

理想化模型时会简化其几何结构，因为会从体或体上满足某些准则的区域上移除特征，或者移除显式选定要移除的特征。例如，可能要移除某些小的几何特征，因为这些特征会创建太多其他单元。请注意①中和②之后的网格之间的差别，后者中的两个孔已移除，如图 2-2 所示。

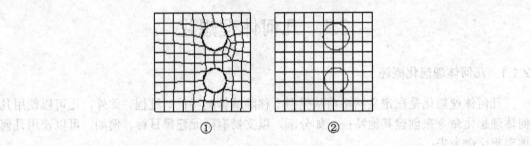

图 2-2 ①和②网格之间的差别

注意：在此示例中，不讨论孔周围的应力结果。

以下演示显示了一个部件，其中包含一些小的圆角、孔和面。
应用特征移除如图 2-3 所示。

- 所有的孔径 ≤ 10mm。
- 所有圆角的半径 ≤ 5 mm。

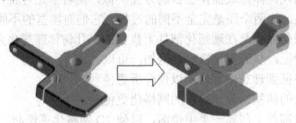

图 2-3 理想化几何体移除孔

理想化几何体命令可能无法移除具有某些不规则特性的孔。此类不规则特性的示例包括：

- 沿着圆柱面对孔进行了修剪。
- 对包含孔边缘的表面进行了修剪，如图 2-4 所示。

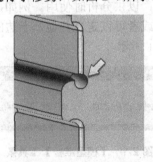

图 2-4 模型上不规则的孔

1. 理想化在一个体上的几何体

理想化在一个体上的几何体的操作步骤如下。

(1) 理想化部件显示在图形区域时，单击【理想化几何体】按钮。

(2) 在【理想化】对话框中单击【体】按钮。

(3) 在图形窗口中选择体。

(4) (可选)要移除指定面，单击【移除面(可选)】按钮，选择要移除的面。

(5) (可选)要移除圆角，选中【链选定的圆角】复选框。在图形窗口中选择一个圆角。系统选择半径相同的相邻圆角。

(6) (可选)要自动移除特征，在【自动特征移除】中选择【孔】或【圆角】。给准则输入一个值。系统选择体中满足准则的所有特征。

(7) 单击【确定】按钮，选定的特征就移除了。

2. 理想化区域中的几何体

理想化区域中的几何体的操作步骤如下。

(1) 显示理想化部件时，单击【理想化几何体】按钮。

(2) 在【理想化】对话框中单击【区域】按钮。

(3) 在图形窗口中选择一个种子面(区域中的第一个面)。

(4) (可选)要定义区域的外边界，单击【边界面(可选)】按钮并选择面。

(5) (可选)要自动选择要包含在区域内的相邻面，选择【相切边角度】，并输入一个角度值。如果垂直于种子面和垂直于相邻面之间的夹角小于等于该角度值，则软件选择与种子面相邻的面。

(6) (可选)要移除指定面，单击【移除面(可选)】按钮，选择要移除的面。

(7) (可选)要移除圆角，选中【链选定的圆角】复选框，选择一个圆角。系统选择半径相同的相邻圆角。

(8) 单击【预览区域】按钮，查看要简化区域的轮廓。

(9) (可选)要自动移除特征，在【自动特征移除】中选择【孔】或【圆角】。根据准则输入一个值，软件就选择满足准则的所有特征。

(10) 单击【确定】按钮，所有的特征就移除了。

2.1.3 移除几何特征

【移除几何特征】提供了一种流线型的方法来移除特征。移除模型的特征时，通过在图形窗口中移除一个面或一组面，来简化几何体。这是移除较大模型特征(例如包含多个面的槽或凸台)的比较快速的方法。

要使用【移除几何特征】命令，必须在图形窗口中显示理想化部件。

1. 单个面示例

在单个面示例中，【面规则】设置为【单个面】。此规则对移除孔非常有用，如图 2-5 所示。

2. 相切面示例

在相切面示例中，【面规则】设置为【相切面】。在型腔中心选择较大的面时，系统还会选择相切面。然后，可完成该命令以移除面集，如图 2-6 所示。

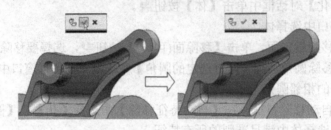

图 2-5　单个面移除孔示例

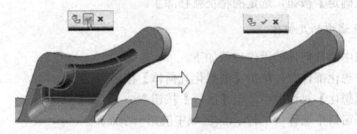

图 2-6　相切面示例

3. 区域面示例

在区域面示例中，【面规则】设置为【区域面】。可选择凸台内的较小面作为种子面，然后选择较大圆形面作为凸台的外部边界面。单击鼠标中键以接受选择，可完成该命令以移除凸台，如图 2-7 所示。

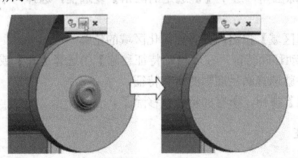

图 2-7　区域面示例

移除几何特征的操作步骤如下。

（1）在【模型准备】工具条中，单击【移除几何特征】按钮 。

（2）在【选择条】中，从【面规则】中选择适当的选项，以帮助用户选择要移除的特征中的面。

（3）在图形窗口中选择要移除的特征中的面。例如，如果选择【相切区域面】作为【面规则】，则选择要移除的特征的种子面。然后选择一个或多个面作为特征的外部限制。单击鼠标中键即可完成面选择。

(4) 在【移除特征】工具条中单击✓按钮以完成命令。
(5) 关闭【移除体特征】工具条。

2.1.4 中位面

使用【中位面】命令可简化薄壁几何体，并创建一个连续的曲面特征，该特征位于一个实体内两个相反面之间。父面(曲面对)的点数和法线数按相应参数是平均的。新的曲面或中位面包含有关曲面对的几何厚度信息。

> **注意**：在对中位面划分网格时，计算的厚度作为壳单元厚度。中位面厚度可以是非均匀几何体的可变厚度。如果几何体是均匀的并具有恒定厚度，则中位面厚度是恒定的。

图 2-8 所示为中位面示例。

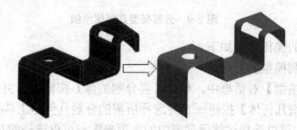

图 2-8 中位面示例

下面介绍中位面的创建方法。

- 面对：该方法在相反的面对之间的中间位置创建中位面。面对方法用于创建包含加强筋的薄壁几何体的中位面。
- 偏置：该方法将中位面从实体的一侧进行偏置，偏置的深度范围为 0%～100%(实体厚度)。
- 用户定义：该方法定义已创建为部件中位面的片体。即，可以手工对一个片体建模，以近似于薄壁部件的中位面，然后再将该体定义为部件的中位面特征。

2.1.5 分割模型

使用【分割模型】命令可分割理想化部件文件中的所选实体。分割对于准备复杂模型以进行网格化特别有用。例如，可以使用【分割模型】命令来：

- 将较大的模型细分为较小的可扫掠区域，以便于进行六面体(砖)网格化。
- 细分几何体，以便可以在模型的不同区域中使用不同的单元大小。

【分割模型】对话框中的【关联模型】选项用于控制软件创建分割的方式。

- 如果选中【关联模型】复选框，软件将保持分割模型和主部件的关联。如果希望使用在主部件中进行的任何更改更新理想化部件，此选项很有用。
- 如果取消选中【关联模型】复选框，软件将创建非关联分割模型。如果需要文件容量非常小的理想化部件，但并不关心是否能使用在主部件中进行的任何更改更新理想化部件，此选项很有用。

使用非关联选项时，理想化部件事实上会变为无源部件。例如，所有部件历史记录和任何部件表达式都会被删除。此外，如果用户使用基准平面引用实体作为分割几何体，则在非关联分割中可能会删除该基准平面。如果计划创建非关联分割，则应明确定义分割几何体，不要引用要分割的几何体。例如，应通过选择 3 个点而非引用几何体来定义基准平面。这将保证分割几何体不被分割操作删除。

图 2-9 所示为分割模型几何体示例。

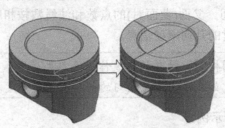

图 2-9　分割模型几何体示例

分割模型特征的操作步骤如下。

(1) 选择【分割模型】命令。

(2) 在【分割模型】对话框中，单击【要分割的体】按钮，并选择要分割的实体。

(3) 单击【分割几何体】按钮，并选择所需的分割几何体工具(基准平面、片体、曲线/边等)来细分体。可以选择过滤器列表中的选项来限制可以选择的几何体类型。

注意：如果选择隐藏分割几何体，系统将在执行分割操作后隐藏分割几何体。

(4) 如果需要，单击【方向】按钮并选择矢量方式，定义一个方向矢量来拉伸或旋转选定的截面。

(5) 单击【应用】按钮创建分割。

2.1.6　缝合

可以使用【缝合】命令将选定片体或实体连接在一起。

可以使用【缝合】命令来连接：

- 两个或多个片体以创建一个片体。如果所要缝合的多个片体闭合成一个体积，则软件会创建一个实体。
- 两个实体(如果它们共享一个或多个公共面)。

图 2-10 所示为【缝合】对话框。

图 2-10　【缝合】对话框

1. 创建实体和片体

如果要通过将一组片体缝合在一起来创建实体，则选定的片体间隙不能大于指定的缝合公差。否则，产生的体就是一个片体，而不是实体。图 2-11 所示为片体和实体缝合示例。

2. 将两个实体缝合在一起

只有两个实体共享一个或多个公共(重合)面时，才可以缝合这两个实体。在使用缝合时，软件删除公共面，将两个实体缝合成一个实体。

3. 缝合所有实例

如果选定的体是实例阵列的一部分，并且选中【缝合所有实例】复选框，则缝合整个实例阵列。

如果取消选中【缝合所有实例】复选框，则仅缝合选定的实例。

4. 缝合公差

只要边之间的距离小于指定的缝合公差，则不管这些边之间是否存在间隙，也不管它们是否重叠，都会将边缝合在一起。如果它们之间的距离大于这个公差，则无法将它们缝合在一起。图 2-12 所示为缝合公差。

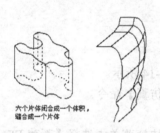

图 2-11　片体和实体缝合示例

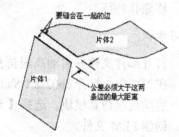

图 2-12　缝合公差

2.1.7 再分割面

【再分割面】命令允许使用各种细分几何体自动细分多个面，同时维持其关联性。此功能允许对一部分模型使用全局单元大小来控制一个 2D 网格。如果要将一个面细分成包含四边的区域，以便使用四边形单元来简化映射的网格，则该功能也很有用。一个细分面的边和面是关联的，且形成一个组特征。

对于简单的边和曲线，其行为如下所述。

- 在基准平面、片体或面用作工具的位置，工具与选定的用于细分的面相交，产生的曲线就用于进行细分。这些相交曲线将显示在成组的特征中。
- 在过滤器中选择两个点选项时，可以指定直线的终点。选定的最后两个点用于创建该直线。终点关联到基本几何体。产生的直线将用于细分面，会按需投影直线。

不能删除与细分的面特征关联的几何体对象。

如果变换与细分的面关联的对象，则该面本身也会更新。如果变换驻留了任何细分面的实体，则关联的曲线不会移动。但是，细分的面会相应更新。

图 2-13 所示为再分割面示例和对话框。

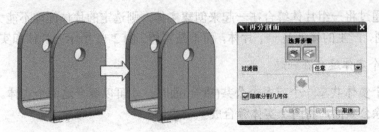

图 2-13 再分割面示例和【再分割面】对话框

2.1.8 上机指导：移除几何特征练习

设计要求：

在本练习中将使用移除几何特征命令来移除面上的圆台和孔，掌握移除几何特征的创建流程。

设计思路：

(1) 移除曲面上的圆台。

(2) 移除孔特征。

练习步骤：

(1) 打开部件文件并启动高级仿真模块。

① 在 NX 中，打开 ch02\2.1.8\clamp.prt，如图 2-14 所示。

② 启动高级仿真模块。选择【开始】|【高级仿真】命令。

(2) 创建 FEM 文件。

① 在仿真导航器中，单击 clamp.prt，右击，从快捷菜单中选择【新建 FEM】命令，弹出【新建部件文件】对话框。选择 NX Nastran 模板，在名称栏中输入 clamp_fem1.fem，指定保存路径，单击【确定】按钮。

② 在弹出的【新建 FEM】对话框中的【求解器】下拉列表框中选择 NX Nastran，在【分析类型】下拉列表框中选择【结构】选项，单击【确定】按钮，创建 FEM 文件。

(3) 显示理想化部件。

在仿真导航器的【仿真文件视图】窗口中双击 clamp_fem1_i，使其成为当前工作部件。

(4) 移除圆台。

① 在【模型准备】工具条中单击【移除几何特征】按钮，旋转模型直到能清楚地看到圆台显示在中央，如图 2-15 所示。

② 在【选择意图】下拉列表框中选择【区域面】选项，选择❶为【种子面】，选择❷为【边界面】，单击鼠标中键确认圆台被选中，单击【确定】按钮移除圆台，如图 2-16 所示。

③ 单击【关闭】按钮关闭工具条。

(5) 移除孔。

在【模型准备】工具条中单击【移除几何特征】按钮，选择如图 2-17 所示的两个孔，单击【确定】按钮移除孔，如图 2-18 所示。

第 2 章 模型准备

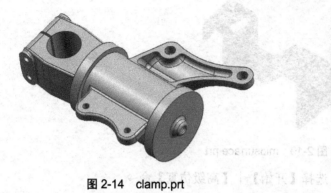
图 2-14 clamp.prt

图 2-15 显示圆台

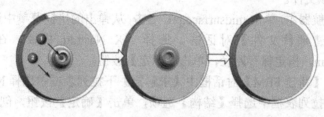
图 2-16 选择种子面和边界面并移除圆台

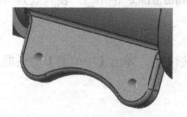
图 2-17 选择两个孔

图 2-18 移除孔

(6) 选择【文件】|【关闭】|【所有部件】命令。

2.1.9 上机指导：网格中位面练习

设计要求：

在本练习中将使用面配对方式创建网格中位面，掌握网格中位面的创建流程。

设计思路：

(1) 创建中位面。
(2) 创建网格中位面。

练习步骤：

(1) 打开部件文件并启动高级仿真模块。
① 在 NX 中，打开 ch02\2.1.9\ midsurface.prt，如图 2-19 所示。

23

图 2-19　midsurface.prt

② 启动【高级仿真】模块，选择【开始】|【高级仿真】命令。

(2) 创建 FEM 文件。

① 在仿真导航器中，单击 midsurface.prt，右击，从弹出的快捷菜单中选择【新建 FEM】命令，弹出【新建部件文件】对话框。选择 NX Nastran 模板，在名称栏中输入 midsurface_fem1.fem，指定保存路径，单击【确定】按钮。

② 在弹出的【新建 FEM】对话框中【求解器】下拉列表框中选择 NX Nastran 选项，在【分析类型】下拉列表框中选择【结构】选项，单击【确定】按钮，创建 FEM 文件。

(3) 显示理想化部件。

在仿真导航器的【仿真文件视图】窗口中双击 midsurface_fem1_i，使其成为当前工作部件。

(4) 创建中位面。

① 在【模型准备】工具条中单击【中位面】按钮，弹出【中位面】对话框。选中【自动递进】复选框。

② 选择如图 2-20 所示的第一组面对。

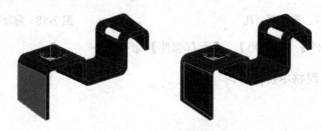

图 2-20　选择第一组面对

③ 依次选择剩余的面对，每选择一对面时在【中位面】对话框中的【过滤器】列表框中都会显示出来，如图 2-21 所示。

图 2-21　选择剩余的面以及对话框中显示的面对

④ 单击【自动创建】按钮,单击【取消】按钮,关闭对话框。创建的模型中位面如图 2-22 所示。

(5) 显示 FEM 文件。

在仿真导航器的【仿真文件】视图窗口中,双击 midsurface_fem1 使其成为当前工作部件。

(6) 网格化中位面。

① 在【高级仿真】工具条中的【3D 四面体网格】中选择【2D 网格】,弹出【2D 网络】对话框。

② 在【单元属性】选项组中的 Type 下拉列表框中选择 CQUAD4,单元大小设置为 1mm,单击【确定】按钮。创建的 2D 网格如图 2-23 所示。

(7) 关闭模型。选择【文件】|【关闭】|【所有部件】命令。

图 2-22　创建的模型中位面

图 2-23　为中位面创建的 2D 网格

2.2　使用 NX 建模工具修复几何模型

2.2.1　修复问题

对于许多模型,用户可以使用高级仿真中的抽取和理想化工具来修复几何模型。

有时,也可以灵活地使用建模模块当中的工具。例如:

- 几何体修复操作并不保留对所修复体的 NX 参数化。
- 抽取工具并不能为创建复杂几何体特征而准备。例如,在导入 STEP 或者 IGES 外部的几何 CAD 模型之后,如果几何模型丢失一个复杂的面,可以使用建模工具去创建。

自由曲面特征命令通常是修复几何模型常用到的命令。使用自由曲面中的 3D 曲线和曲面命令比标准的建模特征命令能创建更复杂的形状。

2.2.2　诊断问题

NX 能诊断几何体的问题有:

- 检查 NX log 文件。
- 使用片体边界来检查。
- 在多边形几何体中检查面的有用性。

1. NX log 文件

当创建 FEM 文件时，NX log 文件中含有系统信息，如运行分析的计算机的名称。它还包含任何在分析中遇到的系统错误。

如果为 FEM 创建多边形几何体发生错误时，可以选择【帮助】|【NX log 文件】命令查看错误的信息。

2. 片体边界检查

使用【分析】|【几何体检查】|【片体边界】命令可搜索选定片体的边界和缝隙。

仅对片体报告边界环的数量——外环和内(孔)环。应该检查边界环及其数量以确保其与预期相符。实体没有片体边界，图 2-24 所示的红色高亮处为检查出的片体边界。

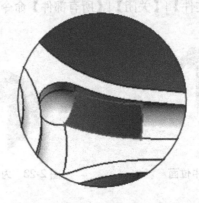

图 2-24　红色高亮的片体边界

2.2.3　修复几何模型的常用工具

1. 3D 曲线工具

3D 曲线工具可以为要创建的曲面定义新的边界。例如，可以用许多个小面来建立一个复杂的大面。

为了创建 3D 曲线，可以使用建模模块的【曲线】工具条和【基本曲线】对话框，如图 2-25 所示。

图 2-25　【曲线】工具条和【基本曲线】对话框

2. 曲面创建工具

为了创建新的曲面，可以使用【建模模块曲面】工具条中的功能按钮。表 2-1 所示为常用的曲面命令及功能。

表 2-1 常用曲面命令及功能

曲面命令	功能说明
通过曲线网格	此命令将从几个主线串和交叉线串集创建体。每个集中的线串必须互相大致平行，并且不相交。主线串必须大致垂直于交叉线串
N 边曲面	通过使用不限数目的曲线或边建立一个曲面，并指定其与外部面的连续性(所用的曲线或边组成一个简单的开放或封闭的环)
片体修剪	使用曲线、面或基准面来修剪片体的一部分面
修剪和延伸	此选项允许使用由边或曲面组成的一组工具对象来延伸和修剪一个或多个曲面

3. 添加和移除曲面命令工具

为了添加和移除曲面，可以使用表 2-2 所示的命令。

表 2-2 常用的添加和移除曲面命令及功能

曲面命令	功能说明
缝合	使用此命令将两个或更多片体连接成一个片体。如果这组片体包围一定的体积，则创建一个实体。选定片体的任何缝隙都不能大于指定公差，否则将获得一个片体，而非实体
取消缝合	可以将现有的片体或实体分割成多个。选择的面会沿着其边取消缝合，从而生成多个体
补片体	可以将实体或片体的面替换为另一个片体的面，从而修改实体或片体。还可以把一个片体补到另一个片体上
抽取	可通过从一个体中抽取对象来创建另一个体。可以抽取面、面区域或整个体

2.2.4 上机指导：活塞几何体修复练习

设计要求：

在本练习中将使用 N 边曲面和通过网格曲线命令创建一曲面来修复导入的几何模型，同时使用缝合命令将导入的面缝合起来，来创建一实体模型，再对模型划分网格。通过本练习掌握几何体修复命令的使用。

设计思路：

(1) 从 NX 中导入 STEP 几何体。
(2) 检查片体边界。
(3) 使用 N 边曲面命令来创建一曲面。
(4) 使用网格曲线命令来创建一曲面。
(5) 使用缝合和取消缝合命令对片体进行操作。

练习步骤:

(1) 在 NX 中创建一个新文件。

选择【文件】|【新建】命令,弹出【新建】对话框。在模板中选择【模型】\【建模】\【毫米】,在名称栏中输入 imported_piston.prt,指定保存路径,单击【确定】按钮,创建一个新文件。

(2) 导入 STEP 文件。

选择【文件】|【导入】|STEP214 命令,弹出【导入自 STEP214 选项】对话框。单击【浏览】按钮,打开 2.2.4 目录中的 piston.stp,选中对话框中的【曲面】和【自动缝合表面】复选框,单击【确定】按钮。导入的模型如图 2-26 所示。

(3) 检查导入的几何模型。

打开部件导航器,在空白处右击,取消选中【时间戳记顺序】。这时在部件导航器中将显示体的列表,如图 2-27 所示。

图 2-26　导入的 piston.stp　　　　　图 2-27　体的列表

尽管模型窗口中出现实体模型,但在部件中并没有实体,只显示两个片体。

(4) 检查片体边界。

① 选择【分析】|【几何体检查】命令,弹出【几何体检查】对话框。

② 在【类型】过滤器中选择【片体】,选中对话框中的【片体边界】复选框,框选整个模型,单击【检查几何体】按钮,选中【片体边界】旁的【高亮显示结果】复选框。系统检查出不符合要求的片体边界并高亮显示,如图 2-28 所示。单击【关闭】按钮。

③ 旋转模型观察高亮部分。

(5) 删除顶部片体。

① 选中模型顶部的片体,右击选择【删除】命令,将顶部面删除。结果如图 2-29 所示。

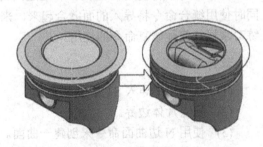

图 2-28　红色高亮显示片体边界 1　　　　　图 2-29　删除顶部面

② 选择【检查几何体】命令，选中【片体边界】对其进行检查，并选中【高亮显示结果】复选框，查看模型，如图 2-30 所示，将对顶部有问题的边界创建一新的面。

(6) 重新创建顶部面。

① 在【曲面】工具条中单击【N 边曲面】按钮，弹出【N 边曲面】对话框。

② 在【类型】下拉列表框中选择【已修剪】选项，选择图 2-31 所示的片体边界。

图 2-30　红色高亮显示片体边界 2　　　　图 2-31　选择高亮显示边界

③ 打开【UV 方位】选项组，指定 UV 方位为【矢量】，矢量方向为+X；打开【设置】选项组，选中【修建到边界】复选框，单击【确定】按钮，在模型顶部创建一曲面。结果如图 2-32 所示。

(7) 从体上取消缝合面。

旋转模型显示活塞底部。

① 选择【插入】|【组合体】|【取消缝合】命令，再选择如图 2-33 所示的矩形面，单击【确定】按钮，将矩形面与实体模型分离。

② 打开部件导航器，取消选中【片体"取消缝合"】复选框，显示模型结果如图 2-34 所示。

(8) 创建一新片体。

使用【通过曲线网格】命令来创建一个新的片体替换刚抑制的面，同时使用【修剪片体】命令将孔修剪掉。

 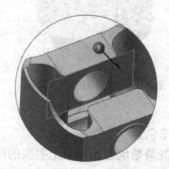 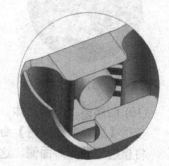

图 2-32　创建 N 边曲面　　　图 2-33　选择红色的矩形面　　　图 2-34　抑制"取消缝合"命令

① 在【曲面】工具条中单击【通过曲线网格】按钮。在弹出的对话框中的【选择意图】下拉列表框中选择【单条曲线】选项，然后选择如图 2-35 所示的两条主曲线，再选择如图 2-36 所示的两条交叉曲线。

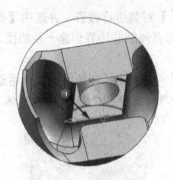 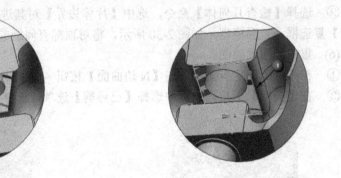

图 2-35　选择两条主曲线　　　　　　图 2-36　选择两条交叉曲线

② 单击【确定】按钮，创建的新曲面如图 2-37 所示。

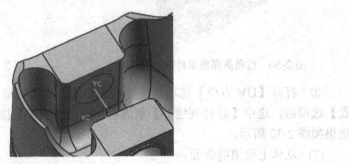

图 2-37　通过曲线网格创建的新曲面

(9) 修剪孔。

在【曲面】工具条中单击【修剪片体】按钮，选择如图 2-38 所示的矩形面，选择如图 2-39 所示的边界对象，单击【确定】按钮。创建的结果如图 2-40 所示。

  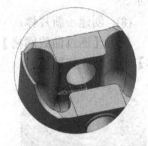

图 2-38　选择矩形目标体　　　图 2-39　选择圆形边界对象　　　图 2-40　修剪片体上的圆形孔

(10) 创建第二个新片体。

使用【通过曲线网格】命令来创建一个新的片体。

将模型旋转到对面侧，这时能清楚地看到模型上丢失的面，如图 2-41 所示。

① 在【曲面】工具条中单击【通过曲线网格】按钮。在弹出的对话框中的【选择意图】下拉列表框中选择【单条曲线】选项，然后选择如图 2-42 所示的第一条主曲线，再选择如图 2-43 所示的第二条主曲线。

图 2-41　模型上丢失的面　　　图 2-42　选择第一条主曲线　　　图 2-43　选择第二条主曲线

② 选择交叉曲线，选择如图 2-44 所示的第一条交叉曲线，选择如图 2-45 所示的第二条交叉曲线。

③ 单击【确定】按钮。创建的网格曲面如图 2-46 所示。

注意：确认两组主曲线和两组交叉曲线的方向一定要一致，否则，创建的曲面将扭曲。

图 2-44　选择第一条交叉曲线　　图 2-45　选择第二条交叉曲线　　图 2-46　创建的网格曲面

(11) 缝合片体。

当前模型中已创建了 3 个片体用来修补模型，使用缝合命令将这些片体与模型缝合到一起，以创建实体模型。

① 选择【插入】|【组合体】|【缝合】命令，弹出【缝合】对话框。选择如图 2-47 所示的目标体，选择如图 2-48 所示的工具体。

 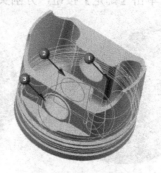

图 2-47　选择目标体　　　　　　图 2-48　选择工具体

② 单击【确定】按钮，缝合模型并创建实体模型。

(12) 创建 FEM 和仿真文件。

① 选择【开始】|【高级仿真】命令，打开高级仿真模块。

② 在仿真导航器中选择 imported_piston.prt，右击，选择【新建 FEM 和仿真文件】命令，弹出【新建 FEM 和仿真】对话框。在【求解器】下拉列表框中选择 NX NASTRAN 选项，在【分析类型】下拉列表框中选择【结构】选项，单击【确定】按钮。

③ 在弹出的【创建解算方案】对话框中单击【确定】按钮，创建仿真文件。

(13) 显示理想化部件。

打开仿真导航器中的【仿真文件视图】窗口，双击 imported_piston_fem1_i，使其成为当前工作部件。

(14) 分割模型几何体。

① 在【模型准备】工具条中单击【分割模型】按钮。在弹出的对话框中选择模型实体，单击【分割几何体】按钮，单击【创建基准面】按钮，弹出【基准平面】对话框。在【类型】下拉列表框中选择【Y-Z 平面】选项，选择如图 2-49 所示的基准面。

② 单击【确定】按钮，分割实体模型如图 2-50 所示。

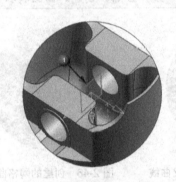
图 2-49　选择 Y-Z 基准面

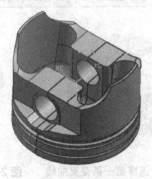
图 2-50　分割实体模型 1

(15) 再次分割模型。

① 在【模型准备】工具条中单击【分割模型】按钮。在弹出的对话框中选择如图 2-51 所示的模型实体，单击【分割几何体】按钮，单击【创建基准面】按钮，弹出【基准平面】对话框。在【类型】下拉列表框中选择【X-Z 平面】选项，选择如图 2-52 所示的基准面。

② 单击【确定】按钮，分割实体模型如图 2-53 所示。

图 2-51　选择模型实体

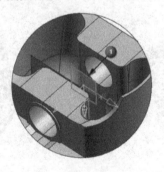
图 2-52　选择 X-Z 基准面

图 2-53　分割实体模型 2

(16) 显示 FEM 并隐藏几何体。

① 打开仿真导航器的【仿真文件视图】窗口，双击 imported_piston_fem1，使其成为

当前工作部件。

② 打开仿真导航器，展开 Polygon Geometry 节点，取消选中 Polygon Body_2、Polygon Body_3、Polygon Body_5，只显示如图 2-54 所示的 1/4 个模型几何体。

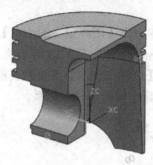

图 2-54 显示 1/4 模型几何体

(17) 创建物理属性。

① 在【高级仿真】工具条中单击【物理属性】按钮。在弹出的对话框中的【类型】下拉列表框中选择 PSOLID 选项，在名称栏中输入 Steel，单击【创建】按钮。

② 在弹出的 PSOLID 对话框中单击【选择材料】按钮，弹出【材料列表】对话框。在列表中选择 Steel 并右击，选择【将库材料加载到文件中】命令。在弹出的对话框中连续单击两次【确定】按钮，单击【关闭】按钮，关闭对话框。

(18) 创建网格捕集器。

在【高级仿真】工具条中单击【网格捕集器】按钮。在弹出的对话框中的【单元族】下拉列表框中选择 3D 选项，在【集合类型】下拉列表框中选择【实体】选项，在【物理属性】选项组中的【类型】下拉列表框中选择 PSOLID 选项，Solid Property 下拉列表框中选择 Steel 选项，名称栏中输入 Solid_Mesh，单击【确定】按钮。

(19) 划分网格。

应用 3D 四面体网格对模型进行网格划分。

① 在【高级仿真】工具条中单击【3D 四面体网格】按钮。在弹出的对话框中选择模型实体。

② 在【类型】下拉列表框中选择 CTETRA(10)选项，单元大小设置为【自动单元大小】，在【目标捕集器】选项组中取消选中【自动创建】复选框，在 Mesh Collector 下拉列表框中选择 Solid_Mesh 选项，单击【确定】按钮。创建的 3D 网格如图 2-55 所示。

图 2-55 创建的 3D 四面体网格

(20) 创建对称约束。

① 打开仿真导航器的【仿真文件视图】窗口，双击 imported_piston_sim1，使其成为当前工作部件。因为当前工作部件显示 1/4 的对称模型，所以对称约束必须施加到模型镜像面上。

② 在【高级仿真】工具条中单击【用户定义的约束】按钮。在弹出的对话框中的名称栏中输入 Symmetry_Constraint，选择如图 2-56 所示的 3 个侧面。

③ 在【方向】选项组中的【位移 CSYS】下拉列表框中选择【圆柱形】选项，选择如图 2-57 所示的活塞顶圆，指定新位置的圆柱坐标系。

 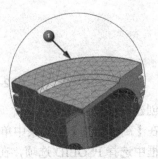

图 2-56　选择 3 个面　　　　　　　　　图 2-57　选择活塞顶圆

④ 在【自由度】选项组中的 DOF2 下拉列表框中选择【固定】选项，单击【应用】按钮，创建的约束如图 2-58 所示，不关闭对话框。

(21) 在活塞的圆柱面上创建固定约束。

① 在名称栏中输入 Radial_Constraint，选择如图 2-59 所示的活塞外圆柱面。

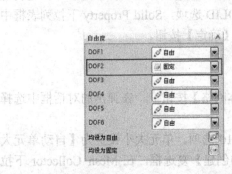 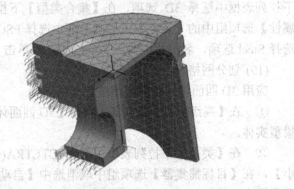

图 2-58　设置 DOF2 为固定并创建固定约束

② 在【方向】选项组中的【位移 CSYS】下拉列表框中选择【圆柱形】选项，选择如图 2-60 所示的坐标系。

③ 在【自由度】选项组中的 DOF1 下拉列表框中选择【固定】选项，单击【应用】按钮，创建的约束如图 2-61 所示，不关闭对话框。

(22) 在销钉面上创建轴向约束。

① 在名称栏中输入 Axial_Pin_Constraint，选择如图 2-62 所示的销钉圆柱面。

② 在【方向】选项组中的【位移 CSYS】下拉列表框中选择【圆柱形】选项，选择如图 2-63 所示的坐标系。

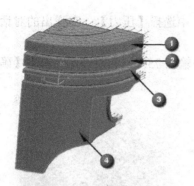
图 2-59 选择活塞外圆柱面

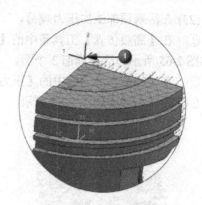
图 2-60 选择坐标系

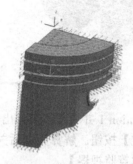
图 2-61 设置 DOF1 为固定并创建固定约束

图 2-62 选择销钉面

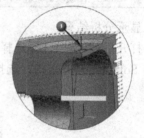
图 2-63 选择坐标系

③ 在【自由度】选项组中的 DOF3 下拉列表框中选择【固定】选项，单击【应用】按钮，创建的约束如图 2-64 所示，不关闭对话框。

图 2-64 设置 DOF3 为固定并创建固定约束

(23) 在活塞顶部施加压力载荷。

① 在【高级仿真】工具条中的【载荷类型】中选择【压力】。在弹出的对话框中选择如图 2-65 所示的活塞顶部 3 个面。

② 在【幅值】选项组中的【压力】文本框中输入 750 lbf/in^2 (psi)，单击【确定】按钮。创建的压力载荷如图 2-66 所示。

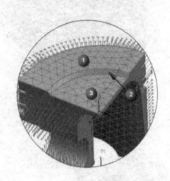 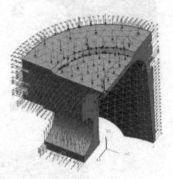

图 2-65　选择活塞顶部面　　　　　　图 2-66　创建的压力载荷

(24) 解算模型。

① 单击 Solution 1 并右击，在弹出的快捷菜单中选择【求解】命令，弹出【求解】对话框。单击【确定】按钮。解算完成后关闭信息和命令窗口。

② 关闭【解算监视器】。

注意：解算过程要花费几分钟的时间。

(25) 显示分析结果。

① 打开后处理导航器，选择 Solution_1 并右击，在弹出的快捷菜单中选择 Load 命令。再次选择 Solution_1 并右击，选择 New Postview 命令。生成的后处理仿真结果如图 2-67 所示。

图 2-67　显示仿真结果

② 观察后处理导航器中其他的节点，查看分析结果。

(26) 选择【文件】|【关闭】|【所有部件】命令，关闭文件。

2.3 习　　题

1. 打开 ch02\2.3\ generic_tank.prt，求模型的中位面，模型如图 2-68 所示。
2. 打开 ch02\2.3\ asa_mid_1.prt，求模型的中位面，模型如图 2-69 所示。

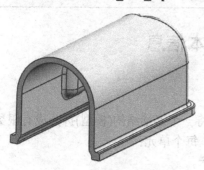

图 2-68　generic_tank.prt

图 2-69　asa_mid_1.prt

第 3 章 基本网格技术

3.1 网格基本信息

3.1.1 网格划分概述

网格化是有限元建模过程的阶段,其中,可将一个连续结构(模型)拆分成有限数量的区域。这些区域称为单元,并由节点连接在一起。每个单元:
- 是对模型物理结构中离散部分的数学表示。
- 包含一个假定的位移插值函数。

创建一个较好的有限元网格是分析过程中最关键的步骤之一,因为有限元结果的精度部分取决于网格的质量。

高级仿真中可以使用的网格划分功能可自动:
- 在选定点上生成 0D 单元。
- 在边上生成 1D(梁)单元。
- 在面上生成 2D(壳)单元。
- 在体积上生成 3D(实体)单元。

高级仿真还包含许多有助于创建专门类型的网格的工具。例如,可以使用曲面接触网格功能来帮助对执行接触分析必需的特殊连接类型建模。还可以使用工具(如网格配对条件)连接给定接触面上的两个独立网格。

软件在模型的多边形几何体上直接创建所有网格。软件在 FEM 文件中存储所有网格以及与网格相关的数据,如网格的材料属性和物理属性。

还可以在几何体上定义:在建模应用模块中创建的网格和从其他 CAD 建模包中导入的网格。

3.1.2 网格单元大小

【网格化】对话框中的【单元大小】(全局单元大小)选项允许用户控制自由或映射网格中的单元长度。该长度是单元边的近似长度。由于软件将周边几何体和单元质量问题考虑在内,因此,模型中单元边的实际长度可能会有所不同。

图 3-1 所示说明软件如何测量 1D 梁单元(a)、2D 壳单元(b)以及 3D 实体单元(c)的单元长度。

对于自由网格,软件自动计算沿相邻面边界的平均单元长度,使不同的单元长度按比例过渡,如图 3-2 所示。

图 3-3 所示说明软件如何在两个体的面之间生成单元长度过渡。

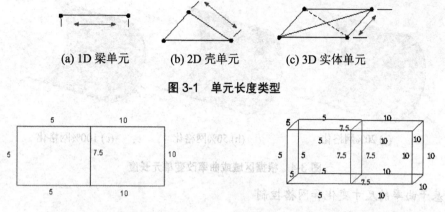

图 3-1 单元长度类型

图 3-2 自由网格　　　　图 3-3 在两个体的面之间生成单元长度过渡

如果基于全局单元大小的网格未充分修整到足以捕捉模型中的细节的程度，则可以：
- 使用【2D 网格】对话框中的【基于曲率的尺寸变化】滑块或【3D 四面体网格】对话框中的【基于曲面曲率的尺寸变化】滑块来让软件在曲面曲率更高的区域中改变单元的大小。
- 使用【网格控制】命令，可局部控制选定边或面上的单元大小。例如，可以使用【网格控制】对话框中的【边上的大小】选项指定要在特定边上使用的确切单元长度。

3.1.3 自动单元大小计算

尽管【单元大小】选项可以定义总体网格的单元长度，但也可以让软件在曲面曲率的区域中改变该长度。这样，便可以通过在特定的曲线区域中创建更多较小的单元来修整这些区域中的网格。可使用【2D 网格】对话框中的【基于曲率的尺寸变化】滑块和【3D 四面体网格】对话框中的【基于曲面曲率的尺寸变化】滑块来控制软件如何根据曲面曲率来改变三角形单元的长度。对于 3D 网格，这些三角形单元用于生成实体单元。

1. 控制基于曲率的变化

在【2D 网格】和【3D 四面体网格】对话框中，可使用【基于曲率的尺寸变化】和【基于曲面曲率的尺寸变化】滑块来指定一个百分比，【基于曲率的尺寸变化】和【基于曲面曲率的尺寸变化】可控制软件根据曲率来改变单元长度的量。
- 如果将滑块设置为 0，则软件在整个模型中使用全局单元长度，而不考虑曲率。
- 如果将滑块设置为 50%，则软件根据曲面曲率将单元长度在全局单元大小的 60%~100%之间改变。
- 如果将滑块设置为 100%，则软件将单元长度在全局单元大小的 10%~100%之间改变。

图 3-4 所示，说明如何根据区域或曲率改变单元长度，从而使网格更好地表示曲面曲率。图 3-4(a)所示为仅使用【单元大小】选项进行粗糙网格化的曲面；图 3-4(b)所示将为【基于曲率的尺寸变化】或【基于曲面曲率的尺寸变化】滑块设置为 50%的相同的网格化曲面。图 3-4(c)所示为将滑块设置为 100%的相同的网格化曲面。

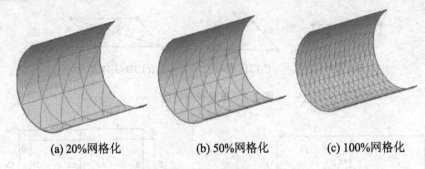

(a) 20%网格化　　　　(b) 50%网格化　　　　(c) 100%网格化

图 3-4　根据区域或曲率改变单元长度

2. 基于曲率的尺寸变化和网格控制

如果使用【基于曲率的尺寸变化】或【基于曲面曲率的尺寸变化】滑块根据曲率改变单元长度，并且还使用【网格控制】命令定义局部单元长度，则在软件生成网格时定义的任何局部单元长度都将优先。

3. 基于曲率的尺寸变化和圆角处理

如果使用【2D 网格】对话框中的【基于曲率的尺寸变化】滑块，并且还指定了【每 90 度的单元数或沿圆柱高度的单元大小】选项，软件将使用指定的圆角或圆柱设置对曲面曲率进行耦合。无论使用哪个选项创建单元，曲线区域中长度最短的单元都具有优先权。

3.2　物理和材料属性

3.2.1　材料属性

使用材料命令可选择和定义材料及材料属性，用于构建仿真和机构。

在能够解算模型之前，必须将材料分配给该模型。可选择使用从某个体继承的材料，或者将新材料分配给网格捕集器所用的物理属性表。网格捕集器定义共享相同的材料、物理和显示属性的网格组。

1. 创建材料

创建材料的操作步骤如下。

(1) 显示 FEM 时，在【高级仿真】工具条中，单击【材料属性】按钮。
(2) 在【新建材料】选项组中的【类型】列表框中选择【材料类型】。
(3) 单击【创建材料】按钮。
(4) 在【材料】对话框中输入材料的名称。
(5) 输入材料属性的值。对于某些属性，可以输入一个常数值。对于其他属性，可能拥有以下选项之一：

- 单击输入一个值列表。使用制表符来分隔每一行中的值。
- 选择【常数】，为材料属性输入常数值。
- 选择【表达式】，以使用常数值或 NX 表达式定义属性值。
- 选择【字段】，以定义变化的材料属性值。

(6) 单击【确定】按钮，新材料会显示在材料列表中。
　　(7) 单击【取消】按钮关闭此对话框。
　2. 使用网格捕集器分配材料
　　使用网格捕集器分配材料描述如何为网格捕集器使用的物理属性表分配材料。具体操作步骤如下。
　　(1) 显示 FEM 时，在仿真导航器中右击一个网格捕集器，选择【编辑】命令。
　　(2) 在【网格捕集器】对话框中单击【修改选定的】按钮。
　　(3) 在【物理属性】对话框中单击【选择材料】按钮。
　　(4) 在【材料列表】对话框中的【材料】列表框中选择材料。
　　(5) 在所有对话框中单击【确定】按钮。
　3. 在物理属性表中使用继承的材料
　　在物理属性表中使用继承的材料显示如何使用从已分配给网格捕集器的物理属性表中的体继承的材料。具体操作步骤如下。
　　(1) 显示 FEM 时，在仿真导航器中右击一个网格捕集器，选择【编辑】命令。
　　(2) 在【网格捕集器】对话框中单击【修改选定的】按钮。
　　(3) 在【物理属性】对话框中的【材料】列表框中选择【继承】。现在，物理属性表使用分配给体的材料。
　　(4) 在所有对话框中单击【确定】按钮。

3.2.2 材料类型

　　高级仿真包括一个材料库，它提供一些标准材料。此外，用户还可以创建各向同性、正交各向异性、各向异性、流体和超弹性材料。

- 各向同性材料是最简单也是最常用的材料类型。各向同性材料具有与方向无关的材料特性。换言之，各向同性材料的特性在各个方向上都相同。
- 正交各向异性材料具有 3 个相互垂直的对称平面以及 9 个独立的弹性常数。与各向异性材料相似，必须使用材料的方向矢量，在材料中定义和固定用来建立材料矩阵的基矢量。
- 对于弹性材料，应力通常是从应变能量密度函数推导出的。随后可以证明，最多有 21 个独立常数，而且弹性常数的矩阵是对称的。
- 流体材料用来为流体(包括液体和气体)定义材料特性。流体类型的材料通常不用在结构分析中，流体材料在热传递和流分析中比较常用，如使用 NX 热和流、NX 电子系统冷却和 NX 空间系统热解算器执行的分析。

3.2.3 创建和应用物理属性表

　　在定义网格时，可用的单元类型取决于在创建 FEM 或仿真文件时选择的解算器语言。根据所选的解算器类型和单元类型，可以通过物理属性表和单元属性来为单元指定其他属性。
　　物理属性描述单元的物理质量和特性，如厚度或非结构质量。可以在 FEM 文件或仿真文件的上下文中创建物理属性表以存储这些物理属性。如果物理属性表是在 FEM 处于活动状态时创建的，则可以将它指定给网格捕集器。因此，指定给网格捕集器的网格(以及其中的单元)会继承这些物理属性。

如果物理属性表是在仿真文件处于活动状态时创建的，则可以使用它来覆盖指定给网格捕集器的物理属性。如果有多个仿真文件，则可以使用覆盖功能来研究不同的物理属性对解算结果的影响。在 FEM 文件处于活动状态时，不能使用在仿真文件处于活动状态时创建的物理属性表。

使用物理属性表管理器创建物理属性表的操作步骤如下。

(1) 在【高级仿真】工具条中单击【物理属性】按钮。
(2) 在【物理属性表管理器】对话框中的【类型】下拉列表框中选择物理属性表的类型。可用的物理属性表类型取决于为 FEM 文件或仿真文件选择的解算器类型。
(3) 输入一个名称和标签，或者使用默认值。
(4) 单击【创建】按钮。
(5) (可选)从【材料】列表中选择一种材料，或者单击【选择材料】按钮并选择一种材料。
(6) (可选)对于梁单元，从【截面】列表中选择一种截面类型。

如果截面类型没有设置为【从几何体继承】，请选择截面的名称。还可以单击【显示截面管理器】按钮并创建一个新的梁横截面。

(7) 输入物理属性表值，单击【确定】按钮。

3.3 网格捕集器

3.3.1 网格捕集器概述

在处理复杂、非均质模型或基于装配的模型时，网格捕集器非常有价值。使用网格捕集器创建网格的逻辑分组以利于模型管理。可通过网格集合来控制可视性，以重点关注模型的特定区域。由于共享的属性是与集合一起存储而不是指派到多个网格，因此集合可提高处理大模型的性能。

网格捕集器作用：
- 包含共享相同的属性(如材料、物理属性和显示属性)的网格。
- 仅包含相同单元族的网格。例如，3D 网格捕集器仅包含 3D 类型单元。
- 允许将相同属性指定到该捕集器中的所有网格。

3.3.2 创建网格捕集器

创建网格捕集器的方法有以下 3 种。
- 可创建空网格集合并为其指派属性。在创建包含这些属性的网格时，可选合适的集合作为目标集合。
- 可在创建网格时创建网格集合。完整的网格将指派到新集合。
- 对于只有几个网格的简单模型，可以使用自动创建选项为每个网格指定捕集器。

自动网格捕集器使用默认的物理属性并继承实体模型的材料属性。可以随后再编辑自动网格捕集器，为其指定物理和材料属性。

下面介绍创建网格捕集器的操作步骤。

(1) 打开【网格捕集器】对话框，从中可进行如下操作。
- 要创建一个新的空网格捕集器，选择【插入】|【网格捕集器】命令，或在【高级仿真】工具条单击 。
- 在仿真导航器中，右键单击网格捕集器组节点，选择【新建捕集器】命令。
- 要为 0D、1D、2D 或 3D 网格创建目标捕集器，在【网格】对话框中的【目标捕集器】选项组中取消选中【自动模式】复选框，单击【新建捕集器】按钮 。

(2) 在【单元拓扑】选项组中指定单元族和捕集器类型。

注意：如果从【网格创建】对话框中打开网格捕集器，则自动设置单元族和类型。

(3) 为网格指定材料。从列表中选择材料，或单击【选择材料】按钮 定义新材料。
(4) 根据需要为网格指定物理属性。
- 如果需要，可从【类型】列表中选择单元物理属性表类型。
- 要使用现有物理属性表，可在列表中选择表。或者，单击【修改所选】按钮 修改所选的物理属性表。
- 要创建新的物理属性表，可单击【创建物理】按钮 。

(5) 在【属性】选项组中指定任何其他选项，如【热-光属性】。
(6) 在【属性】选项组中为网格捕集器输入名称。

新网格捕集器显示在仿真导航器中任何被指定到此捕集器的网格都显示为网格捕集器的子节点。

3.3.3 管理网格捕集器

在仿真导航器中，同一单元族的所有网格捕集器都被分到一个网格捕集器组节点中，如图 3-5 所示。

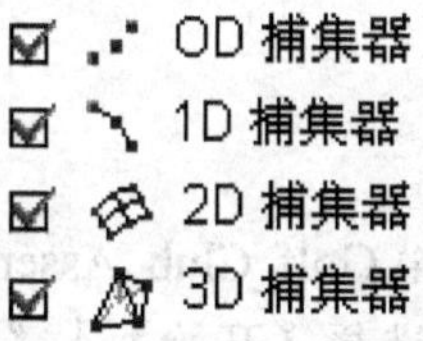

☑ 0D 捕集器
☑ 1D 捕集器
☑ 2D 捕集器
☑ 3D 捕集器

图 3-5 在仿真导航器中按单元族对捕集器分组

网格捕集器按名称列于每个网格捕集器组中，每个网格列于相应的网格捕集器下。可以通过网格捕集器组、网格捕集器和列于仿真导航器中的网格之间的相互作用管理网格和网格捕集器。

1. 控制网格可见性

可以通过【可见性】复选框控制仿真导航器中对象的可见性。红色的 ☑ 表明对象可见，灰色的☑表明对象被隐藏。

可以使用以下 3 种方法控制模型中网格的可见性。

- 选中网格捕集器组节点的【可见性】复选框显示或隐藏同一族的所有网格。
- 选中网格捕集器节点的【可见性】复选框显示或隐藏该网格捕集器中包含的所有网格。
- 选中单个网格节点的【可见性】复选框显示或隐藏该网格。

或者，在仿真导航器中选择网格捕集器或网格并单击【仅显示】按钮 时，只显示所选的网格或所选的捕集器中的网格。显示中的其他对象都被隐藏起来。

2．编辑网格捕集器

在仿真导航器中右键单击网格捕集器并选择【编辑】命令。在【网格捕集器】对话框中可以修改指定给网格的物理、材料和显示属性。所有修改后的属性都可以被指定给该网格捕集器的网格继承。

3．删除网格捕集器

右键单击仿真导航器中的网格捕集器节点并选择【删除】命令，可删除网格捕集器。同时也删除该捕集器中包含的所有网格。

3.3.4 上机指导：高尔夫球杆

设计要求：

在本练习中将使用网格显示属性来区别不同的网格，了解网格捕集器的创建流程。

设计思路：

(1) 创建和修改网格捕集器。
(2) 使用网格捕集器改变材料的属性和网格的显示颜色。
(3) 使用曲面到曲面粘合。
(4) 解算标准振荡方式，动态模拟高尔夫球杆的自然频率。

练习步骤：

(1) 打开部件，启动高级仿真。

① 在 NX 中，打开 ch03\3.3.4\ Golf_Club_Assem.prt，如图 3-6 所示。

② 启动【高级仿真】模块。选择【开始】|【高级仿真】命令。

(2) 创建 FEM 和仿真文件。

① 在仿真导航器中单击 Golf_Club_Assem.prt，右击并从快捷菜单中选择【创建 FEM 和仿真文件】命令，弹出【新建 FEM 和仿真】对话框。求解器选择 NX NASTRAN，分析类型选择【结构】，单击【确定】按钮。

② 在弹出【创建解算方案】对话框中的【解算方案类型】下拉列表框中选择 SEMODES 103 选项，如图 3-7 所示，单击【确定】按钮，创建仿真文件。

第3章 基本网格技术

图3-6 Golf_Club_Assem.prt

图3-7 【创建解算方案】对话框

(3) 指派材料。

① 在仿真导航器中打开仿真文件视图,双击 Golf_Club_Assem_fem1,使其成为当前工作部件。

② 在【高级仿真】工具条中单击【材料属性】按钮,弹出【指派材料】对话框。在材料列表中选择 Steel、Polycarbonate、Polypropylene,右击,选择【将库材料加载到文件中】命令,单击【取消】按钮。

注意:在材料列表中按住 Ctrl 键可依次选择多个材料。

(4) 创建材料并记录到 FEM 中。

创建一个新的材料——石墨(Graphite),使用聚碳酸酯(Polycarbonate)材料记录并作为起始点。将不覆盖聚碳酸酯材料。

① 从指派材料对话框中选择 Polycarbonate 并单击【复制选定材料】按钮,选择 Polycarbonate1,并单击【重命名选定材料】按钮,命名为 Graphite,单击【编辑选定材料】按钮。

② 在弹出的【材料】对话框中的【基本结构】选项组中指定质量密度为 1.4e-006 kg/mm^3,杨氏模量指定为 14500 N/mm^2 (MPa);打开【强度】选项组,指定屈服强度为 165 N/mm^2 (MPa),指定抗拉强度极限为 110 N/mm^2 (MPa),单击【确定】按钮。

③ 重复上面步骤并创建 Beryllium-Copper 材料,使用 Steel 作为出发点,其属性设置参见表 3-1。

表 3-1 Beryllium-Copper 材料的属性值

属 性	值
质量密度	8.9e-006 kg/mm^3
杨氏模量	117000 N/mm^2 (MPa)
泊松比	0.34
屈服强度	200 N/mm^2 (MPa)
抗拉强度极限	450 N/mm^2 (MPa)

④ 单击【确定】按钮，关闭【材料】对话框。单击【取消】按钮，关闭【指派材料】对话框。

(5) 创建网格捕集器。

① 在【高级仿真】工具条中单击【网格捕集器】按钮。

② 在弹出的【网格捕集器】对话框中指定单元族为 3D，集合类型为【实体】，单击【创建物理属性项】按钮，弹出 PSOLID1 对话框。在名称栏中输入 Grip，在 Material 下拉列表框中选择 Polypropylene，单击【确定】按钮。指派名称为 Grip，单击【应用】按钮。

(6) 创建剩余的网格捕集器。

① 在上一步打开的【网格捕集器】对话框中继续指定，相关属性设置参见表 3-2～表 3-6。

表 3-2　Ferrule 网格捕集器属性

Ferrule 属性	值
单元族	3D
集合类型	实体
物理属性项	创建物理属性 名称：Ferrule Material：Polycarbonate 确定
名称	Ferrule

表 3-3　Head steel 网格捕集器属性

Head steel 属性	值
单元族	3D
集合类型	实体
物理属性项	创建物理属性 名称：Head steel Material：Steel 确定
名称	Head steel

表 3-4　Head BeCu 网格捕集器属性

Head BeCu 属性	值
单元族	3D
集合类型	实体
物理属性项	创建物理属性 名称：Head BeCu Material：Beryllium-Copper 确定
名称	Head BeCu

表 3-5　Shaft steel 网格捕集器属性

Shaft steel 属性	值
单元族	2D
集合类型	Thin Shell
物理属性项	创建物理属性 名称：Shaft steel Material：Steel 默认厚度：0.5mm 确定
名称	Shaft steel

表 3-6　Shaft graphite 网格捕集器属性

Shaft graphite 属性	值
单元族	2D
集合类型	Thin Shell
物理属性项	创建物理属性 名称：Shaft graphite Material：Graphite 默认厚度：1.5mm 确定
名称	Shaft graphite

② 在创建完所有网格捕集器后，单击【取消】按钮，关闭对话框，并打开仿真导航器，观察 2D 和 3D 网格捕集器的节点变化，如图 3-8 所示。

(7) 通过捕集器改变网格显示颜色。

可以定义网格颜色显示属性，例如，网格颜色、收缩百分比等。所有的网格都会继承显示捕集器属性，当重新指定从一个捕集器到另一个捕集器时，网格显示将自动更新并显示新的属性。

① 打开仿真导航器，展开 2D Collectors 节点，选择 Shaft steel 右击，选择【编辑显示】命令，单击【颜色】按钮，弹出【颜色】对话框。指定 ID 为 44 并按 Enter 键。连续单击两次【确定】按钮。

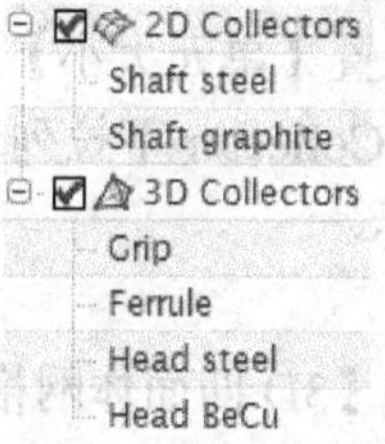

图 3-8　2D 和 3D 网格捕集器节点

② 使用上面步骤，改变剩余网格捕集器的颜色显示，捕集器和颜色对应见表3-7。

表3-7 捕集器和颜色对应

捕 集 器	颜色 ID
Shaft graphite	155 (red)
Grip	5 (yellow)
Ferrule	216 (black)
Head steel	50 (very light gray)
Head BeCu	125 (dull orange)

(8) 为金属环划分网格。

① 在【高级仿真】工具条中单击【3D 四面体网格】按钮，弹出对话框。选择如图 3-9 所示的黑色金属环。

② 在【网格参数】选项组中设置【单元大小】为【自动单元大小】，在【目标捕集器】选项组中取消选中【自动创建】复选框。在 Mesh Collector 下拉列表框中选择 Ferrule 选项，单击【应用】按钮。创建的网格如图 3-10 所示。

(9) 为把手创建网格。

① 在第 8 步打开的对话框中选择如图 3-11 所示的把手。

图 3-9 选择黑色金属环　　图 3-10 创建 3D 四面体网格 1　　图 3-11 选择把手

② 在【网格参数】选项组中设置【单元大小】为【自动单元大小】，在【目标捕集器】选项组中取消选中【自动创建】复选框，在 Mesh Collector 下拉列表框中选择 Grip 选项，单击【应用】按钮。创建的网格如图 3-12 所示。

(10) 为高尔夫球杆头部创建网格。

① 在第 9 步打开的对话框中选择如图 3-13 所示的把手。

② 在【网格参数】选项组中设置【单元大小】为 4，在【目标捕集器】选项组中取消选中【自动创建】复选框，在 Mesh Collector 下拉列表框中选择 Head steel 选项，单击【应用】按钮。创建的网格如图 3-14 所示。

(11) 为球杆创建网格。

① 在【高级仿真】工具条中的【3D 四面体网格】中选择【2D 网格】。

图 3-12　创建 3D 四面体网格 2　　图 3-13　选择球杆头部　　图 3-14　创建 3D 四面体网格 3

② 在弹出的【2D 网格】对话框中选择如图 3-15 所示的球杆。

③ 在【网格参数】选项组中设置单元大小为 2mm，打开【目标捕集器】选项组，取消选中【自动创建】复选框，在 Mesh Collector 下拉列表框中选择 Shaft steel 选项，单击【确定】按钮。创建的网格如图 3-16 所示。

(12) 为球杆和把手创建粘合仿真。

① 在仿真导航器中打开【仿真文件视图】窗口，双击 Golf_Club_Assem_sim1，使其成为当前工作部件。

② 打开仿真导航器，展开 2D Collectors 节点，取消选中 Shaft steel。

③ 在【高级仿真】工具条中的【仿真对象类型】中选择【曲面和曲面粘合】。在弹出的对话框中的【类型】下拉列表框中选择【手工】选项，【源区域】选择如图 3-17 所示的手柄。

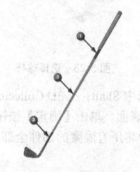 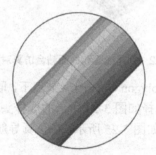 

图 3-15　选择球杆　　　　图 3-16　创建 2D 网格　　　　图 3-17　选择手柄

④ 在选择目标区域时(不要关闭【曲面和曲面粘合】对话框)，在仿真导航器中展开 Polygon Geometry 节点，取消选中 Shaft，展开 3D Collectors 节点，取消选中 Grip，选择如图 3-18 所示的手柄内表面，单击【应用】按钮。创建的曲面和曲面粘合仿真对象如图 3-19 所示。

(13) 创建球杆和金属环表面粘合。

① 在仿真导航器中的 Polygon Geometry 节点下选中 Shaft，在 3D Collectors 节点下取消选中 Ferrule。

② 在上一步打开的【曲面和曲面粘合】对话框中，【源区域】选择如图 3-20 所示的球杆。

图 3-18　选择手柄内表面　　图 3-19　创建曲面和曲面粘合仿真对象 1　　图 3-20　选择球杆外表面

③ 在选择目标区域时，在仿真导航器中的 Polygon Geometry 节点下，取消选中 Shaft，选择如图 3-21 所示的金属环内表面，单击【应用】按钮。创建的曲面和曲面粘合仿真对象如图 3-22 所示。

(14) 创建头部表面和球杆表面粘合。

① 打开仿真导航器，在 Polygon Geometry 节点中的中 Shaft，取消选中 Ferrule，展开 Simulation Object Container 节点，取消选中 Face Gluing(2)。

② 在【曲面和曲面粘合】对话框中，【源区域】选择如图 3-23 所示的球杆。

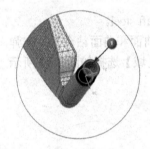 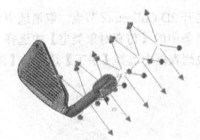 

图 3-21　选择金属环内表面　　图 3-22　创建曲面和曲面粘合仿真对象 2　　图 3-23　选择球杆

③ 在【目标区域】上，在 Polygon Geometry 节点下，取消选中 Shaft；在 3D Collectors 节点下，取消选中 Head steel，选择如图 3-24 所示的球杆头部内表面，单击【确定】按钮。创建的曲面和曲面粘合仿真对象如图 3-25 所示，在仿真导航器中将所有隐藏的部件全部显示出来，如图 3-26 所示。

(15) 改变粘合符号的尺寸。

在仿真导航器中的 Simulation Object Container 节点下，按 Ctrl+鼠标左键选中 Face Gluing (1)、Face Gluing (2)和 Face Gluing (3)并右击，选择【编辑显示】命令，弹出【边界条件显示】对话框。调整【比例】滑动条到【微小的】，如图 3-27 所示，单击【确定】按钮。

(16) 为把手施加约束。

在把手的外表面施加固定自由度来模拟高尔夫球手的抓紧力。

① 在仿真导航器上，展开 3D Collectors 节点，取消选中 Grip，在【高级仿真】工具条中单击【固定约束】按钮。

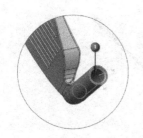
图 3-24　选择球杆头部内表面

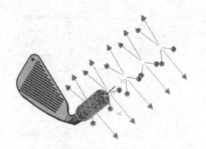
图 3-25　创建曲面和曲面粘合仿真对象 3

图 3-26　施加载荷的高尔夫球杆

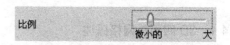
图 3-27　调整【比例】滑动条

② 在弹出的【固定约束】对话框中，在【类型过滤器】中选择【多边形面】，选择如图 3-28 所示的手柄外表面，单击【确定】按钮。生成的固定约束如图 3-29 所示。

图 3-28　选择手柄外表面

图 3-29　创建固定约束

③ 展开 3D Collectors 节点，选中 Grip，单击【保存】按钮。

(17) 解算模型。

① 单击 Solution 1，右击，选择【求解】命令，弹出【求解】对话框。单击【确定】按钮，解算完成后关闭信息和命令窗口。

② 关闭【解算监视器】。

注意： 解算过程要花费几分钟的时间。

(18) 显示结果。

① 打开后处理导航器，选择 Solution_1 并右击，选择 Load 命令。展开 Solution_1 节点，展开 Mode 7，双击【位移-节点的】。仿真结果如图 3-30 所示。

② 观察模式 8～模式 10 的位移结果，当观察完结果时返回模型，在【布局管理】工具条中单击【返回到模型】按钮 。

(19) 保存并关闭所有文件。

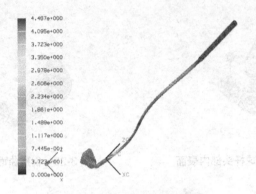

图 3-30 位移-节点的仿真结果

3.4 3D 网格划分

3.4.1 3D 四面体网格概述

3D 四面体网格如图 3-31 所示。【3D 四面体网格】对话框如图 3-32 所示。

图 3-31 3D 四面体网格

图 3-32 【3D 四面体网格】对话框

NX 软件使用以下过程生成四面体网格。

(1) 抽取选定的多边形几何体,以移除可能会在网格化过程中导致问题的较小的面或边。软件根据在【3D 四面体网格】对话框中指定的【单元大小】和【小特征公差(单元大小的百分比)】来进行抽取。

(2) 创建面网格域。这是软件使多边形面参数化并在 2D 空间中为网格化它们做准备所使用的过程。

(3) 在模型中的所有面上生成三角形 2D(壳)单元的网格。当软件完成此面的三角形化过程后,进度尺指示总过程的大约 66%已完成。

(4) 使用三角形单元在模型中生成 3D(实体)单元。

(5) 如果要创建抛物线四面体单元的网格,会插入中间节点。

(6) 检查实体单元的质量,并且只要可能就试图修复质量问题。

- 通过抽取小于10%的单元大小的拓扑特征来达到大多数的质量目标。
- 如果用户要创建抛物线单元的网格，软件将在中节点插入过程中更正单元的雅可比值。如果将【中节点方法】选项设置为【混合】，软件将调整中间节点的位置，使其都在一条直线上。这改善了计算的最大雅可比值的问题。
- 如果选择【自动修复有故障的单元】选项，并且软件在网格划分过程中检测到单元质量问题，则可自动按10%减少单元大小。

(7) 将网格与底层多边形几何体关联。
(8) 在图形窗口中生成已完成网格的显示。

3.4.2 创建3D四面体网格

创建3D四面体网格的操作步骤如下。
(1) 单击【3D四面体网格】按钮。
(2) 在图形窗口中，选择要网格化的实体。
(3) 从【类型】下拉列表框中选择一种单元类型。
(4) 输入一个单元大小，或单击【自动判断】 让软件计算合适的单元大小。
(5) 对于抛物线四面体单元，可使用【网格质量选项】选项组中的选项控制软件将单元的中节点投影到几何体上的方式。
(6) (可选)使用【网格设置】和【模型清理选项】选项组中的选项指定其他网格设置。
(7) 指定目标网格捕集器。
- 选中【自动创建】复选框，让软件创建新的目标网格捕集器。此网格捕集器使用默认的物理属性，并继承实体模型的材料属性。
- 要使用现有的网格捕集器，需取消选中【自动创建】复选框，并从【网格捕集器】列表框中选择一个捕集器。
- 要创建新的目标捕集器，需取消选中【自动创建】复选框，并单击【新建捕集器】按钮。

(8) (可选)选中【预览】复选框可查看节点沿体的边界的分布情况。如果预览的网格不理想，可以修改单元大小值。
(9) 单击【确定】或【应用】按钮，生成网格。

3.4.3 3D扫描网格概述

使用【3D扫掠网格】命令，可以通过扫掠实体中的自由或映射曲面网格，生成六面体或楔形单元的映射网格。可以使用【3D扫掠网格】在任何满足某种准则的 $2\frac{1}{2}$ 维实体(在一个方向上始终具有恒定横截面的实体)上生成各层一致的结构网格。

1. 扫掠术语

源面(A)是在体中扫描其网格的面；目标面(B)是软件将源面中的网格投影到的面；源面和目标面之间的面是壁面(C)，每个壁面都由单个"轨"曲线组成，如图3-33所示。

2. 了解扫掠过程

通过3D扫掠网格，软件使用源面上现有的自由或映射网格在实体中扫掠映射网格，一直扫掠到目标面。当软件生成扫掠网格时，它将网格一层一层地传播到体，直到整个实体中充满单元。

在扫掠网格中，将源面上的所有节点传播到目标面。例如，将在源面上基于点的边界条件位置创建的任何节点复制到目标面上。但是，不使用目标面上的任何现有实体(如网格点或边密度)。

图 3-34 显示在源面(A)上具有四边形单元的现有自由网格的模型。在体积中扫掠这些单元，以创建六面体单元(B)的实体网格。

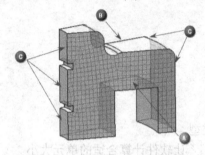
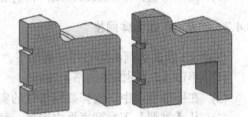

图 3-33　3D 扫描网格　　　　　　　　　图 3-34　3D 实体网络

3. 选择要创建的扫掠网格的类型

【3D 扫描网格】对话框中的【类型】选项组允许用户控制软件在选定体中扫掠网格的方式。

- 选择【多个源】，可以从选定的源面到由软件确定的目标面扫掠网格。可以使用【多个源】在单个体或多个体中扫掠网格。如果从多个体中选择源面，则软件将在各个体中扫掠独立网格。
- 在此示例中，从【类型】选项组中选择【多个源】，然后选择 A、B 和 C 作为源面。注意，这些源面分属不同体。单击【确定】按钮后，软件将在 3 个体的各个体中扫掠网格，如图 3-35 所示。
- 只要介入体是相邻的，则选择直到目标即可从某个体中的源面到另一个体中的目标面扫掠网格。
- 在此示例中，从【类型】列表中选择直到目标。然后选择 A 面作为源面，选择 B 面(在模型底部)作为目标面。单击【确定】按钮，软件从源面经过中间体到目标面扫掠网格，如图 3-36 所示。

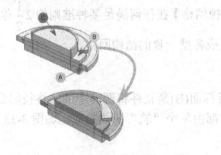
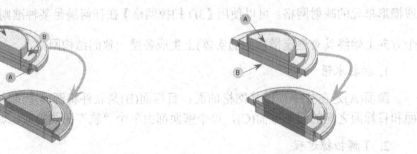

图 3-35　选择多个源创建 3D 映射网格　　　　图 3-36　选择直到目标创建 3D 映射网格

3.4.4 创建 3D 扫描网格

创建 3D 扫描网格的步骤如下。

(1) 如果计划在多个体中扫掠网格，请确保已在体之间定义了网格配对条件。

(2) 在【高级仿真】工具条中单击【3D 扫掠网格】按钮 。

(3) 在弹出的【3D 扫掠网格】对话框中，选择要根据【类型】列表生成的扫掠网格的类型。这样可以控制软件在选定的体中扫掠网格的方式。

(4) 单击【选择源面】按钮来选择要从其中扫掠网格的一个或多个源面。只要在体之间定义了网格配对条件，即可以从不同的体中选择源面。

(5) 如果在【类型】列表中选择了【直到目标】，则单击【选择目标面】来选择一个目标面。目标面可以位于与源面相同的体中，或在另一个体中。如果在另一个体中选择目标面，则在包含源面和目标面的体之间的任何体都必须是相邻的。

(6) 使用【单元属性】选项组中的【类型】列表来选择在扫掠网格中生成的单元的类型。

(7) 如果所选的源面未网格化，在【源单元大小】文本框中输入单元大小。

注意：如果选择的面是已网格化的，则使用该网格中的单元的大小来生成扫掠单元。

(8) (可选)如果所选的源面未网格化，则可使用【尝试自由映射网格划分】选项来控制软件是否在源曲面上生成类似映射的网格。

(9) (可选)单击【预览】按钮以查看沿扫掠网格边界的节点。如果不理想，则可以修改【单元大小】的值。

(10) 单击【确定】或【应用】按钮，生成网格。

3.4.5 上机指导：3D 网格划分

设计要求：

在本练习中将为产品创建一个高质量的网格，了解 3D 网格划分的流程。

设计思路：

(1) 划分网格。

(2) 重新划分不同的网格。

(3) 使用基于曲面曲率的尺寸变化选项。

练习步骤：

(1) 打开部件，启动高级仿真。

① 在 NX 中，打开 ch03\3.4.5\ knuckle.prt，如图 3-37 所示。

② 启动【高级仿真】模块。选择【开始】|【高级仿真】命令。

(2) 创建 FEM 文件。

① 在仿真导航器中选择 knuckle，右击，从弹出的快捷菜单中选择【新建 FEM】命令，弹出【新建部件文件】对话框，选

图 3-37 knuckle.prt 部件

择 NX Nastran 模板，名称指定为 knuckle_fem1.fem，指定文件的保存路径，单击【确定】按钮，如图 3-38 所示。

② 在弹出的【新建 FEM】对话框中的【求解器】下拉列表框中选择 NX NASTRAN 选项，在【分析类型】下拉列表框中选择【结构】选项，如图 3-39 所示。单击【确定】按钮，创建 FEM 部件。

图 3-38　【新建部件文件】对话框　　　　　图 3-39　【新建 FEM】对话框

(3) 划分网格。

① 在仿真导航器中选择 knuckle_fem1.fem，右击，从弹出的快捷菜单中选择【新建网格】|3D|【四面体网格】命令。

② 在弹出的【3D 四面体网格】对话框中选择 knuckle.prt 部件，在【单元属性】选项组中的【类型】下拉列表框中选择 CTETRA(4)，在【网格参数】选项组中的【单元大小】设置为【自动单元大小】，单击【应用】按钮。创建的 3D 网格如图 3-40 所示。

(4) 重新对部件划分不同的网格。

在第 3 步中打开的对话框中继续选择 knuckle.prt 部件，在【单元属性】选项组中的【类型】下拉列表框中选择 CTETRA(10)选项，单击【应用】按钮。创建的 3D 网格如图 3-41 所示。

图 3-40　创建 3D 四面体网格　　　　　图 3-41　创建 CTETRA(10)类型的 3D 四面体网格

(5) 基于曲面曲率的尺寸变化。

现在使用【基于曲面曲率的尺寸变化】选项来控制单元大小减小量或单元精细程度，以用于曲线化的曲面。

① 在第3步打开的对话框中继续选择 knuckle.prt，打开【网格设置】选项组，在【基于曲面曲率的尺寸变化】选项中将滑块调整到 25，单击【应用】按钮。创建的 3D 网格如图 3-42 所示。

② 在【基于曲面曲率的尺寸变化】选项中将滑块调整到 75，单击【确定】按钮。创建的 3D 网格如图 3-43 所示。

图 3-42　调整到 25 的 3D 网格

图 3-43　调整到 75 的 3D 网格

(6) 选择【文件】|【关闭】|【所有部件】命令。

3.5　2D 网格划分

3.5.1　2D 网格概述

可以使用【2D 网格】命令在选定的面上生成线性或抛物线三角形或四边形单元网格。2D 单元一般也称为壳单元或板单元。可以使用【2D 网格】命令在选定的面上创建单元网格。例如，可以使用【2D 网格】命令在中位面模型(如图 3-44 所示的托架中位面)上生成的网格。【2D 网格】对话框如图 3-45 所示。

图 3-44　托架中位面 2D 网格

图 3-45　【2D 网格】对话框

对于某些模型(如中位面模型)，面上只需具有 2D 网格就足可以执行分析。但是，在其他类型的模型中，可能还需要在体上生成 3D 网格。在这些情况下，可能要首先在选定的面上创建2D网格；然后，当用户生成3D网格时，软件使用现有的2D单元作为起始点，从该处创建("种植")整个体中的3D单元。

使用【2D网格】命令时，软件在用户的几何体上自动生成自由(无结构)网格。自由网格是柔性的，允许通过较少的用户输入来对复杂几何体自动划分网格。但是，如果执行的分析需要较规则的网格，可以：

- 选中【2D网格】对话框中的【尝试自由映射网格划分】复选框，让软件在全局自由网格的上下文中创建类似于映射的网格。
- 使用【2D映射网格】命令在整个模型中创建结构网格。
- 使用【2D网格】对话框中的【网格划分方法】下拉列表框，可以控制软件用于生成网格的算法。

1. 细分网格化方法

使用细分网格化方法时，软件使用递归细分技术在选定面上生成网格。使用递归细分时，软件重复进行分割，然后细分选定几何体以创建网格。使用此方法时，一旦软件生成初始单元集，便会执行一系列清理和光顺操作来提高网格的整体质量，如图3-46所示。

2. Paver 网格化方法

使用Paver网格化方法时，软件使用混合技术在选定面上生成网格。使用Paver方法时，软件将 Paver 技术与递归细分技术结合使用，以生成结构化程度更高的、边界合格的高质量自由网格。使用这种混合方法，NX 软件能够在面的外边界以及任何内部洞(或"环")周围创建结构化程度更高的网格，同时仍旧在面的其余部分生成自由网格，如图3-47所示。

使用 Paver 方法时，根据用户在网格中使用的单元类型，软件用于生成网格的确切过程会略有不同。

- 如果网格只包含三角形单元，软件会在面的外边界以及任何内部环周围创建尽可能多的结构化单元层。Paver将继续创建结构化单元层，直到它们相交或相互干扰。然后，软件使用递归细分方法在面的其余部分生成网格。
- 如果网格只包含四边形单元，或者既包含四边形单元又包含三角形单元，则首先会在面的外边界周围生成单层结构化单元，并在任何内部环周围生成两层结构化单元。然后，使用递归细分方法在面的其余部分生成网格。

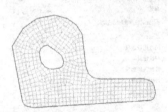

图3-46 使用细分方法网格化的面的示例

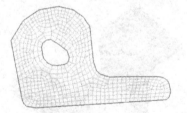

图3-47 使用 Paver 方法网格化的面的示例

3.5.2 创建2D自由网格

创建2D自由网格的操作步骤如下。

(1) 单击【2D 网格】按钮 。
(2) 选择要网格化的中位面或面。
(3) 从【类型】列表中选择要生成的单元的类型。可用类型取决于指定的解算器和分析类型。
(4) 从【网格划分方法】下拉列表框中选择用于生成网格的网格化算法。
(5) 在【单元大小】文本框中输入一个大小，或单击【自动判断】 让软件计算单元大小。
(6) (可选)使用【网格质量选项】、【网格设置】和【模型清理选项】选项组中的选项指定网格的其他参数。
(7) 指定目标网格捕集器。
(8) 单击【预览】按钮查看节点沿选定面的边界的分布情况。如果节点分布不理想，则可以修改指定的单元大小。
(9) 单击【确定】或【应用】按钮生成网格。

3.5.3 自由映射网格

【2D 网格】和【3D 四面体网格】对话框中的【尝试自由映射网格划分】选项和【3D 扫掠网格】对话框中的【尝试映射源】选项，允许在自由网格环境中创建类似于映射的网格。这些类型的网格称为自由映射网格。使用自由映射网格时，软件会尝试在所有四边面上以及任何圆柱上创建映射网格。

1. 自由映射网格的优点

自由映射网格很有用，因为它们能提供自由网格的灵活性，同时提供结构化程度更高的映射外观。图 3-48 所示为四边形单元的自由网格(见图 3-48(a))和四边形单元的自由映射网格见图 3-48(b)之间的区别的示例。注意，自由映射网格更为规则。

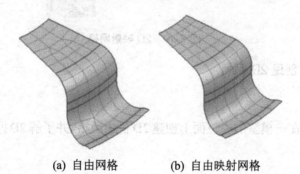

(a) 自由网格　　(b) 自由映射网格

图 3-48　自由映射网格划分

2. 自由映射创建

使用自由映射网格时，软件会调整面上的节点计数以保证沿边的节点数相等，从而创建类似于映射的外观。在一些情况下，由于面的某个边位于另一面的现有网格旁边，因而可能已经网格化。如果面上的一条或多条边已网格化，软件会尝试在节点最多的边上插入节点以调整节点计数。软件永远不会移除节点来调整节点计数。

3. 自由映射网格是以四边形为主的

使用自由映射网格时，软件创建以四边形为主的网格，这表示得到的网格主要包含(但不是只包含)四边形单元。软件仅在需要时插入三角形单元。

如果允许在自由映射网格中使用三角形单元，将不再要求仅含四边形的网格偶数奇偶同位(节点为偶数)。去除偶数奇偶同位要求有助于避免出现"软件不能调整相邻面上的节点"这种情况。

3.5.4 2D 映射网格概述

使用【2D 映射网格】命令可在选定的面上生成线性或抛物线三角形或四边形单元结构网格。【2D 映射网格】命令允许在选定的三边和四边面上创建映射网格。如果在三边面上生成映射网格，可以控制网格退化所在的顶点。

【2D 映射网格】命令使用的网格化方法基于无限插值技术。相对于自由网格，使用映射网格能够更好地控制单元在整个面上的分布。图 3-49 所示为三边面(A)和四边面(B)上的映射网格示例。

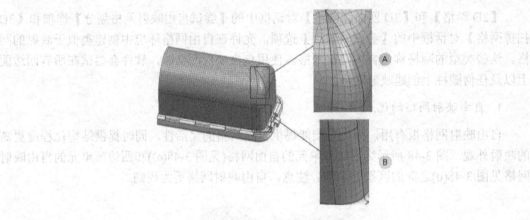

图 3-49　2D 映射网格

3.5.5 上机指导：创建 2D 网格

设计要求：

在本练习中将在一模型的中位面上创建 2D 自由网格，并了解 2D 网格创建的工作流程。

设计思路：

(1) 创建模型中位面。
(2) 在中位面上创建 2D 自由网格。

练习步骤：

(1) 打开部件，启动高级仿真。
① 在 NX 中，打开 ch03\3.5.5\ bracket2，如图 3-50 所示。

第3章 基本网格技术

图 3-50　bracket2 部件

② 启动【高级仿真】模块。选择【开始】|【高级仿真】命令。

(2) 创建 FEM 文件。

① 在仿真导航器中选择 bracket2，右击，从弹出的快捷菜单中选择【新建 FEM】命令，弹出【新建部件文件】对话框。选择 NX Nastran 模板，名称指定为 bracket2_fem1.fem，指定文件保存路径，单击【确定】按钮，如图 3-51 所示。

② 在弹出的【新建 FEM】对话框中的【求解器】下拉列表框中选择 NX NASTRAN 选项，在【分析类型】下拉列表框中选择【结构】选项，单击【确定】按钮，如图 3-52 所示。

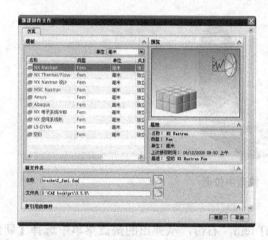

图 3-51　【新建部件文件】对话框

图 3-52　【新建 FEM】对话框

(3) 显示理想化部件。

在仿真导航器中打开【仿真文件视图】窗口，双击 bracket2_fem1_i，显示理想化部件。

(4) 创建中位面。

使用【中位面】命令可简化薄壁几何体，并创建一个连续的曲面特征，该特征位于一个实体内两个相反面之间。

① 在【高级仿真】工具条中的【理想化部件】中选择【中位面】。

② 在弹出的【中位面】对话框中选择如图 3-53 所示的零件一内表面，单击【自动创建】按钮，再单击【取消】按钮，创建的零件中位面如图 3-54 所示。

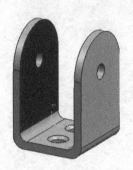   

图 3-53　选择零件一内表面　　　　　　图 3-54　创建的零件中位面

(5) 显示 FEM 文件。

因为已创建网格中位面且不需要原始零件模型,下面将隐藏原始零件只显示模型中位面。

① 打开仿真导航器中的【仿真文件】视图窗口,双击 bracket2_fem1,显示 FEM 文件。

② 展开 Polygon Geometry 节点,取消选中 Polygon Body_1,显示模型中位面,如图 3-55 所示。

图 3-55　模型中位面

(6) 在中位面上创建 2D 网格。

① 在仿真导航器中选择 bracket2_fem1.fem,右击,从弹出的快捷菜单中选择【新建网格】|2D|【自动网格】命令。

② 在弹出的【2D 网格】对话框中选择模型中位面,在【单元属性】选项组中的 Type 下拉列表框中选择 CQUAD4 选项,将【网格参数】选项组中的单元大小设置为【自动单元大小】,单击【应用】按钮。创建的 2D 网格如图 3-56 所示。

③ 选择模型中位面,在【单元属性】选项组中的 Type 下拉列表框中选择 CQUAD8 选项,单击【应用】按钮,结果如图 3-57 所示。

(7) 改变网格尺寸和方法。

改变网格尺寸大小使其变得更加均匀。

选择模型中位面,将【单元大小】设置为 6mm,将【网格划分方法】设置为【修铺】,单击【确定】按钮。创建的 2D 网格如图 3-58 所示。

选择【修铺】,可以让软件使用混合网格化方法,在外部边界和任何内部孔周围生成结构化更强的网格,并在几何体的其余部分生成自由网格。

(8) 选择【文件】|【关闭】|【所有部件】命令。

图 3-56　CQUAD4 2D 网格　　　　图 3-57　CQUAD8 2D 网格　　　　图 3-58　重新划分的 2D 网格

3.5.6　上机指导：创建 2D 映射网格

设计要求：

在本练习中将在一模型的中位面上创建 2D 自由网格，并了解 2D 网格创建的工作流程。

设计思路：

创建 2D 自由映射网格。

练习步骤：

(1) 打开 FEM 文件。

在 NX 中，打开 ch03\3.5.6\ section_splits_fem1，如图 3-59 所示。

这个片体已被分割成多个面，下面将在这多个面上创建映射网格。

(2) 为第一个面划分网格。

① 在仿真导航器中选择 section_splits_fem1.fem 并右击，从弹出的快捷菜单中选择【新建网格】|2D|【自动网格】命令，弹出 2D 对话框。选择如图 3-60 所示的面。

② 在【单元属性】选项组中的 Type 下拉列表框中选择 CQUAD4 选项，【单元大小】设置为 4mm，选中【目标捕集器】选项组中的【自动创建】复选框，单击【应用】按钮。创建的 2D 网格如图 3-61 所示。

 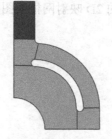 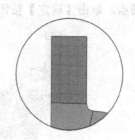

图 3-59　section_splits_fem1　　　图 3-60　选择红色区域面 1　　　图 3-61　创建的 2D 网格

(3) 为下一个面创建网格。

继续第 2 步打开的 2D 对话框，选择如图 3-62 所示的面，取消选中【目标捕集器】选项组中的【自动创建】复选框，单击【应用】按钮，创建 2D 网格。

(4) 为以下两个面创建网格。

在以下两个红色区域面上创建自由网格，将两个面的网格连在一起。

继续第 2 步打开的 2D 对话框，选择如图 3-63 所示的面，单击【确定】按钮。创建的 2D 网格如图 3-64 所示。

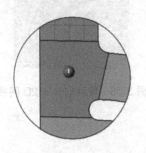 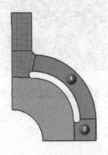 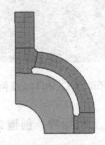

图 3-62　选择红色区域面 2　　　图 3-63　选择红色区域面 3　　　图 3-64　创建的 2D 网格

(5) 为最后一个面创建映射网格。

① 在仿真导航器中选择 section_splits_fem1.fem，右击，从弹出的快捷菜单中选择【新建网格】|2D|【映射网格】命令，弹出【2D 映射网格】对话框。选择如图 3-65 所示的面。

② 在【单元属性】选项组中的 Type 下拉列表框中选择 CQUAD4 选项，将【网格划分参数】选项组中的【全局单元大小】设置为 4mm，单击【显示结果】按钮，结果如图 3-66 所示。

图 3-65　选择红色区域面 4　　　　　　　　　图 3-66　预览结果

③ 单击【定义拐角】命令中的【选择面拐角】按钮，选择如图 3-67 所示的面的 4 个顶点，单击【确定】按钮。生成的 2D 映射网格如图 3-68 所示。

 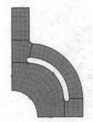

图 3-67　选择面的顶点　　　　　　　　　图 3-68　创建的 2D 映射网格

(6) 选择【文件】|【关闭】|【所有部件】命令，关闭所有部件。

3.6 1D 和 0D 网格划分

3.6.1 1D 网格概述

使用【1D 网格】命令可创建与几何体关联的一维单元的网格。用户可以沿曲线或多边形的边创建或编辑一维单元。

一维单元是包含两个节点的单元，根据类型的不同，这些单元可能需要方向分量。一维单元是单元属性沿直线或曲线定义的单元。1D 单元通常应用于梁、加强筋和桁架结构。

NX 软件提供多种用于创建和定义 1D 单元的工具，这取决于用户对其进行建模的问题。

- 使用 1D 网格沿几何体定义网格，以创建梁模型。
- 使用 1D 连接可连接使用 1D 单元的离散网格或几何体(例如，创建蛛网单元)。
- 使用点焊通过对两个面之间的曲线或点投影来创建 1D 连接网格。

还可手工创建 1D 单元，以创建与任何几何体不关联的梁模型。

【1D 网格】对话框及 1D 网格如图 3-69 所示。

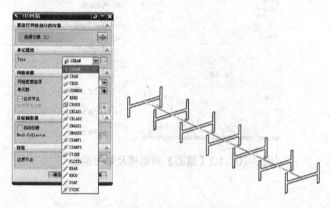

图 3-69 【1D 网格】对话框以及 1D 网格

3.6.2 创建 1D 网格

创建 1D 网格的操作步骤如下。

(1) 在【高级仿真】工具条中单击【1D 网格】按钮。

(2) 选择要划分网格的对象。如果选择曲线或多边形边，软件将沿着该曲线或边生成梁网格；如果选择多边形面，软件将在面的每条边上生成梁网格。

(3) 选择一个单元类型。

(4) 指定目标网格捕集器。

(5) 在【网格密度选项】下拉列表框中选择【数目】或【大小】，然后输入值。

- 如果选择【数目】，则输入单元数目。例如，如果输入 9，并选择一条边，则将沿选定的边分布 9 个单元。
- 如果选择【大小】，则以模型单位输入一个大小。

(6) 单击【应用】或【确定】按钮，就沿选定用于网格化的对象或在这些对象之间构建了 1D 单元。

3.6.3 1D 截面

可以创建横截面并将它们指定到 1D 杆或梁单元的网格。

创建截面后，可在网格捕集器的物理属性表中将其指定到 1D 网格。当划分了网格的几何体更新时，梁截面、方位和偏置都会更新。

通过指定所需的方位矢量，可将截面与杆或梁单元对齐，并且可定义偏置。在何处以及如何定义方位和偏置取决于所使用的解算器。

1D【截面】对话框及类型如图 3-70 所示。

图 3-70　1D【截面】对话框及截面类型

3.6.4　0D 网格

【0D 网格】命令可提供在指定节点创建集中质量单元的工具。没有空间维度的单元也称为标量单元。要在节点上创建集中质量的单元，可以选择点、线、曲线、面、边缘、实体或网格。

【0D 网格】对话框及 0D 网格如图 3-71 所示。

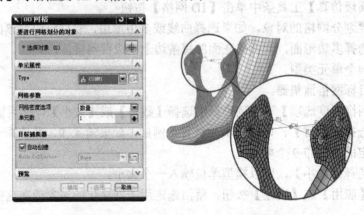

图 3-71　【0D 网格】对话框及 0D 网格

创建 0D 网格的操作步骤如下。

(1) 在【高级仿真】工具条中单击【0D 网格】按钮。

(2) 在【0D 网格】对话框中单击【选择对象】按钮，选择要在其上创建 0D 单元的几何体。

(3) 从【类型】列表中选择适当的单元类型。

(4) 单击【编辑与网格相关联的数据】按钮，在【与网格相关联的数据】对话框中指定单元的属性，如质量。

(5) 在【0D 网格】对话框中，从【网格密度选项】下拉列表框中选择【数目】或【大小】，并输入值。

- 如果选择【数目】，则指定要沿着选定几何体创建的单元的数目。
- 如果选择【大小】，则输入 0D 单元间的平均距离。

(6) 指定单元的目标网格捕集器。

(7) 单击【应用】或【确定】按钮。NX 软件将在选定几何体上创建 0D 单元。

3.6.5 上机指导：创建 1D 网格

设计要求：

在本练习中将创建一横梁 1D 网格并给横梁指派 1D 横截面，了解 1D 网格创建的工作流程。

设计思路：

(1) 创建几何体。
(2) 创建梁单元。
(3) 指派梁截面到单元。

练习步骤：

(1) 新建一部件并启动高级仿真模块。

① 选择【文件】|【新建】命令，弹出【新建】对话框。选择【模型】模板，单位设置为【英寸】，指定名称为 beam.prt，指定保存路径，单击【确定】按钮，如图 3-72 所示。

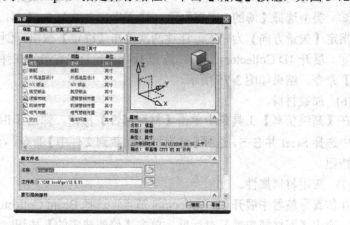

图 3-72　【新建】对话框

② 启动【高级仿真】模块。选择【开始】|【高级仿真】命令。

(2) 创建 FEM 和仿真文件。

在仿真导航器中选择 beam，右击，从弹出的快捷菜单中选择【新建 FEM 和仿真文件】命令。在弹出的对话框中，求解器选择 NX NASTRAN，分析类型选择【结构】，连续两次单击【确定】按钮，创建仿真文件。

(3) 创建几何体。

① 在仿真导航器中打开【仿真文件视图】窗口，双击 beam_fem1，显示 FEM 部件。

注意：因为还没有创建几何体，所以图形窗口是空的。

② 选择【插入】|【曲线】|【基本曲线】命令，弹出【基本曲线】对话框，在跟踪条上输入第一点坐标 XC=0，YC=0，ZC=0，按 Enter 键，然后输入第二点坐标 XC=24，YC=0，ZC=0，按 Enter 键，单击【取消】按钮。结果如图 3-73 所示。

(4) 创建 1D 网格。

① 在【高级仿真】工具条中的【3D 四面体网格】中选择【1D 网格】。

② 在弹出的【1D 网格】对话框中选择直线，在【单元属性】选项组中的 Type 下拉列表框中选择 CBEAM 选项，在【网格参数】选项组中的【网格密度选项】下拉列表框中选择【数量】选项，【单元数】指定 6，单击【确定】按钮。创建的 1D 网格如图 3-74 所示。

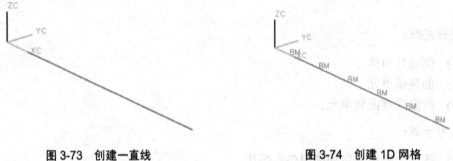

图 3-73　创建一直线　　　　　　　　图 3-74　创建 1D 网格

(5) 指定 1D 单元截面。

① 在【高级仿真】工具条中的【3D 四面体网格】中选择【1D 单元截面】。

② 类型选择【薄的 I 字钢】，输入指定参数 b=2，h=4，t=0.25，tw=0.25，选择直线，指定【矢量方向】为+YC，连续两次单击【确定】按钮，创建截面。

③ 展开 1D Collectors 节点，选择 1d_mesh(1)并右击，在弹出的快捷菜单选择【显示截面】命令。结果如图 3-75 所示。

(6) 加载材料。

在【高级仿真】工具条中单击【材料属性】按钮，弹出【指派材料】对话框。在材料列表中选择 Steel 并右击，选择【将库材料加载到文件中】命令，在弹出的对话框中单击【取消】按钮。

(7) 应用材料属性。

在仿真导航器中展开 1D Collectors 节点，选择 Beam Collector(1)并右击，选择【编辑】命令，弹出【网格捕集器】对话框。单击【修改选定的】按钮，在 Material 下拉列表框中选择 Steel，名称栏中输入 Steel，连续两次单击【确定】按钮。

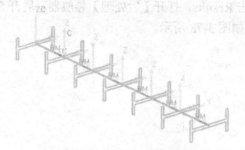

图 3-75　I 字形 1D 单元截面

(8) 施加约束。

① 在仿真导航器中的【仿真文件视图】窗口中双击 beam_sim1，显示仿真文件。在模型的两端分别施加固定约束。

② 选择【首选项】|【节点和单元显示】命令，在弹出的对话框中的【节点标记器】下拉列表框中选择【星号】，单击【确定】按钮。

③ 在【高级仿真】工具条中的【约束类型】中选择【固定约束】。弹出【约束】对话框。在【类型过滤器】中选择【节点】，选择线的左右两端，单击【确定】按钮，创建固定约束，如图 3-76 所示。

(9) 施加载荷。

在梁的中间施加载荷。

① 在【高级仿真】工具条中的【载荷类型】中选择【力】，弹出【力】对话框。

② 在【类型过滤器】中选择【节点】，力指定 2000lbf，指定矢量方向为-Z，在【分布】选项组中的【方法】下拉列表框中选择【统计每个对象】选项，单击【确定】按钮。创建的力载荷如图 3-77 所示。

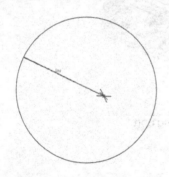

图 3-76　施加固定约束

图 3-77　创建的力载荷

(10) 解算模型。

① 单击 Solution 1，右击，选择【求解】命令，弹出【求解】对话框。单击【确定】按钮，解算完成后关闭信息和命令窗口。

② 取消【解算监视器】复选框。

(11) 显示结果。

在仿真导航器中双击 Results，打开【后处理】导航器，展开 Solution 1 节点，展开【位移-节点的】。仿真结果如图 3-78 所示。

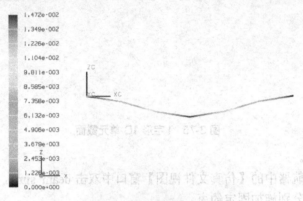

图 3-78　位移-节点的仿真结果

当观察完结果时返回模型，在【布局管理】工具条中单击【返回到模型】按钮。

(12) 保存并关闭所有文件。

3.7　习　　题

打开 ch03\3.7\ gearbox_housing1.prt，将模型(见图 3-79)上的所有孔填补上，然后对模型进行 3D 四面体网格的划分，求划分后的网格模型。

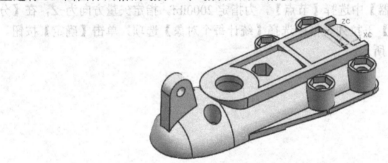

图 3-79　gearbox_housing1.prt

第4章 高级网格技术

4.1 网格控制

4.1.1 网格控制概述

使用【网格控制】命令可以为自由网格和映射网格创建边界密度和面密度。使用边界密度和面密度,可以在本地控制特定边界和特定面上单元的数量及其分布情况。可以在生成网格之前或之后,使用【网格控制】命令来创建边界密度和面密度。

1. 控制网格控制符号的外观

在边界或面上定义网格控制时,软件会自动在边界或面上插入特殊符号,如图 4-1 所示。可以使用"仿真"用户默认设置中的网格控制来控制这些符号的外观(如颜色和线宽)。

2. 图形区域中的可视性和仿真导航器的可用性

当创建边界密度或面密度时,软件会在仿真导航器中创建一个网格控制节点。用户可以使用此模式来控制图形区域中边界/面密度符号的外观。

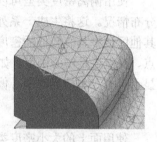

图 4-1 网格控制符号

4.1.2 网格控制密度类型

1. 边界上的数量

使用边界上的数量密度类型可以指定要在所选的编辑上创建的单元数量。图 4-2 所示的举例说明了边界上的数量密度类型,该类型的单元数选项设置为 4。

可以使用边界上的数量来针对每个边界定义数量不等的单元。当曲面具有不同长度的对侧时,或者当希望边界上有更多的单元具有高应力时,这非常有用。当指定数量不等的单元时,软件会转换具有三角形单元的网格。转换层总是靠近单元数较少的边界。

2. 边界上的大小

使用边界上的大小密度类型可以指定选定边界上的近似单元大小。有了这种密度类型,就可以使用位置选项来指定要在其上定义单元大小的边界位置。

- 如果选择的是起点,则将向选择的整个边界或曲线应用近似的单元大小。
- 如果选择的是起点或终点,则将仅向所选边界或曲线的指定部分应用近似的单元大小。
- 如果选择的是起点和终点,则可以为边界或曲线的起点和终点指定不同的单元大小。

3. 边界上的弦高公差

弦高公差被定义为曲线上某段弧与曲线本身之间的最大距离。使用边界上的弦高公差密度类型，软件将从与边界或曲线的曲率有关的方程生成一组参数化节点。在曲率较大的边界，节点密度较高；在曲率较小的边界，节点密度较低，如图 4-3 所示。

图 4-2 边界上的数量示例

图 4-3 弦高公差示例

4. 边界上的偏离

使用偏离密度类型可以指定一个比例，软件将使用该比例来控制节点在选定边界上的分布情况。这将生成一系列节点位置，这些位置在边界的某个区域中具有较高的密度，在其他区域中具有较低的密度。可以使用偏离原点选项来控制节点在边界上的哪个位置在起点、终点还是中心密度。如图 4-4 所示，图 4-4(a)显示一个没有偏离的映射网格，图 4-4(b)显示一个在右边界的中心偏离的映射网格。

5. 面上的大小

使用面上的大小密度类型，可以为所选的面指定近似的单元大小。如图 4-5 所示，针对一个单元大小为 1 毫米的面上的大小密度，显示了节点的预览分布情况(图 4-5(a))，和所得到的网格(图 4-5(b))。

(a) 没有偏离的映射网格　(b) 中心偏离的映射网格

图 4-4 "边界上的偏离"示例

(a) 节点预览　　　　(b) 毫米网格

图 4-5 面上的大小示例

4.1.3 上机指导：网格控制

设计要求：

在本练习中将对一油箱进行网格控制，并了解网格控制的创建流程。

设计思路：

(1) 设置在边上控制网格。

(2) 设置在面上控制网格。

(3) 使用曲面到曲面粘合。

练习步骤：

(1) 打开部件文件。

① 在 NX 中，打开 ch04\4.1.3\generic_tank.prt，如图 4-6 所示。

② 启动【高级仿真】模块。选择【开始】|【高级仿真】命令。

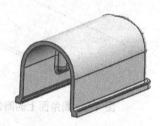

图 4-6 generic_tank.prt

(2) 创建 FEM 文件。

① 在仿真导航器中单击 clamp.prt，右击，从快捷菜单中选择【新建 FEM】命令，弹出【新建部件文件】对话框。选择 NX Nastran 模板，在名称栏中输入 tank_fem1.fem，指定保存路径，单击【确定】按钮。

② 在弹出的【新建 FEM】对话框中的【求解器】下拉列表框中选择 NX Nastran 选项，在【分析类型】下拉列表框中选择【结构】选项，单击【确定】按钮。

(3) 显示圆角面。

为了更容易地应用网格控制，现只显示半径在 1.25～1.75mm 之间的圆角面。

① 在【高级仿真】工具条中单击【仅显示】按钮。

② 在【选择】工具条的方法过滤器下拉列表框中选择【圆角面】选项，单击【智能选择器选项】按钮，弹出【智能选择器选项】对话框。在【圆角最小半径】文本框中输入 1.25mm，【圆角最大半径】文本框中输入 1.75mm，如图 4-7 所示，单击【确定】按钮。选择模型实体，这时将位于指定范围的圆角过滤出来。单击【确定】按钮，结果如图 4-8 所示。

图 4-7 【智能选择器选项】对话框

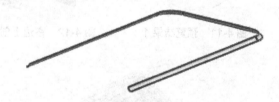

图 4-8 过滤的圆角面

(4) 在圆角面上创建网格控制。

使用网格控制来设置圆角面边缘的单元大小。

① 在【高级仿真】工具条中的【3D 四面体网格】中选择【网格控制】。

② 在弹出的【网格控制】对话框中的【密度类型】下拉列表框中选择【边上的大小】选项，选择所有的圆角面，在【边上的大小】选项组中的【边上的位置】下拉列表框中选择【总体】选项，单元大小设置为 2mm，单击【确定】按钮，结果如图 4-9 所示。

(5) 设置边上的偏差。

① 选择【编辑】|【显示和隐藏】|【全部显示】命令，显示整个模型实体。

② 在【3D 四面体网络】中单击【网格控制】按钮❖，弹出【网格控制】对话框，在【密度类型】下拉列表框中选择【边上的偏置】选项，【类型过滤器】下拉列表框中选择【多边形边】选项，选择如图 4-10 所示的两条边。

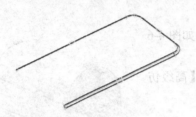
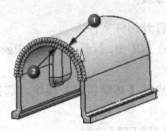

图 4-9　圆角面上的网格控制　　　　　图 4-10　选择两条边

③ 在【偏置原点】下拉列表框中选择【边的中心】选项，单元数设定为 10，偏差率设定为 0.75，单击【预览】按钮，结果如图 4-11 所示。单击【确定】按钮，结果如图 4-12 所示。

(6) 在部件底部面上创建网格控制。

① 在【3D 四面体网络】中单击【网格控制】按钮，弹出【网格控制】对话框，在【密度类型】下拉列表框中选择【面上的大小】选项，【类型过滤器】下拉列表框中选择【多边形面】选项，选择如图 4-13 所示的零件的底部面。

② 将【面上的大小】选项组中的单元大小设置为 4mm，单击【预览】按钮，结果如图 4-14 所示。单击【确定】按钮，结果如图 4-15 所示。

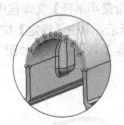
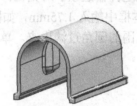

图 4-11　预览结果 1　　　图 4-12　在边上创建网格控制　　　图 4-13　选择零件底部面

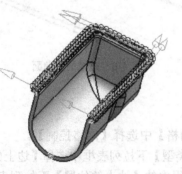

图 4-14　预览结果 2　　　　　　图 4-15　在底面上创建网格控制

(7) 改变网格控制显示。

在仿真导航器中，可以控制网格符号的大小和显示。

在仿真导航器中，选择【网格控制】，右击，从弹出的快捷菜单中选择【显示首选项】命令，弹出【网格控制显示】对话框。将【全局边缘密度】和【面密度】滑块调整到25，打开【常规属性】选项组，选中【着色符号】和【简单值文本显示】复选框，单击【确定】按钮，结果如图4-16所示。

(8) 划分网格。

① 在【高级仿真】工具条中单击【3D四面体网格】按钮。

② 选择模型实体，将单元大小设置为【自动单元大小】，在【网格设置】选项组中取消选中【平移单元大小】复选框，单击【确定】按钮。创建的3D网格如图4-17所示。

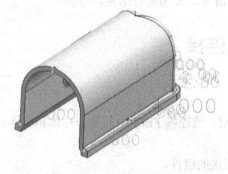 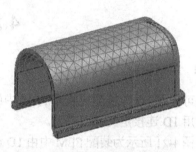

图4-16　显示网格控制符号　　　　　　图4-17　创建的3D四面体网格

(9) 打开平移单元大小选项。

使用平移单元大小选项可以在网格控制中提高单元尺寸之间的逐渐过渡。

打开仿真导航器，展开3D Collectors节点，选择3d_mesh(1)，右击，从弹出的快捷菜单中选择【编辑】命令，弹出【3D四面体网格】对话框。选择【平移单元大小】选项，单击【确定】按钮，结果如图4-18所示。

(10) 删除网格控制并重新生成网格。

可以删除所选择的网格控制，在删除网格控制后，必须更新网格并重新生成网格。

① 打开仿真导航器，选择【网格控制】节点，选择如图4-19所示的两个网格符号，按Delete键。

 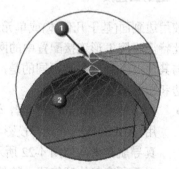

图4-18　3D四面体网格　　　　　　图4-19　选择网格控制符号

② 在【高级仿真】工具条中单击【更新有限元模型】按钮，系统重新生成网格，取消选中Mesh Controls节点。更新后的网格模型如图4-20所示。

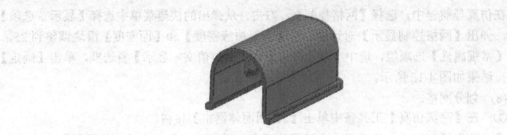

图 4-20 重新生成的 3D 网格

(11) 选择【文件】|【关闭】|【所有部件】命令，关闭所有部件。

4.2 1D 连接

4.2.1 1D 连接概述

可使用 1D 连接连接装配 FEM 中的组件 FEM，或连接 FEM 中的多个片体和实体。还可使用 1D 连接定义蛛网单元。

图 4-21 所示为装配 FEM 中由 1D 连接单元连接的组件。此模型包含节点到节点、点到边(蛛网单元)、边到面和边到边的连接。

1D 连接同时支持基于几何体的连接和基于 FEM 的连接。基于几何体的连接类型包括以下几个。

- 点到点。
- 点到边。
- 点到面。
- 边到边。
- 边到面。

图 4-21 装配 FEM 的 1D 连接

4.2.2 边到面连接

使用边到面(基于几何体)或单元边到单元面(基于 FEM)类型将一组边连接到一组面。可使用此特征连接 T 形连接配置中的网格，例如，将翼或加强筋连接到曲面。

与其他 1D 连接类型不同的是，边到面和单元边到单元面始终使用预先确定的单元类型在边和面之间创建粘合连接。

- 如果使用 Nastran 解算器，软件将 RBE2 单元从选定的边投影到选定的面，然后使用 RBE3 蛛网单元将投影节点绑定到面网格上的节点。网格方法和网格显示在仿真导航器中，如图 4-22 所示。
- 对于所有其他解算器，软件使用刚性链接和多点约束(MPC)将选定边绑定到面。粘合类型的连接不会修改源网格或目标网格。

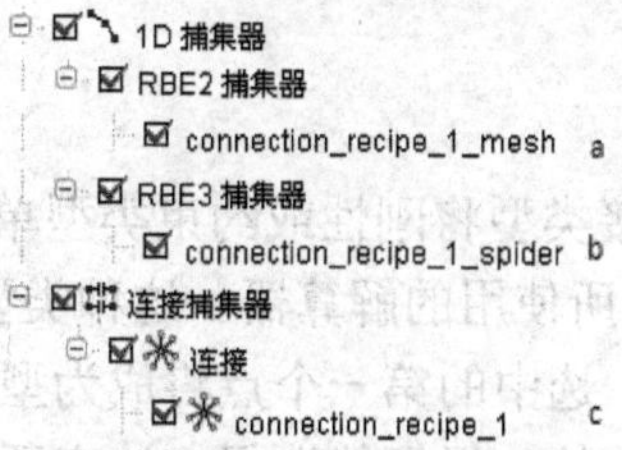

第 4 章　高级网格技术

```
☐ ☑ 1D 捕集器
  ☐ ☑ RBE2 捕集器
      ☑ connection_recipe_1_mesh   a
  ☐ ☑ RBE3 捕集器
      ☑ connection_recipe_1_spider  b
☐ ☑ 连接捕集器
  ☐ ☑ 连接
      ☑ connection_recipe_1   c
```

(a) 投影的 RBE2 单元；(b) 蛛网单元；(c) 网格方法

图 4-22　仿真导航器中的网格方法和网格显示

4.2.3　点到点及节点到节点连接

可使用点到点(基于几何体)和节点到节点(基于 FEM)连接器将一个体或组件 FEM 上的节点或点连接到另一个体或组件 FEM 上的节点或点。这些连接类型的典型用法包括：
- 对结构(如销、螺栓或支柱)建模。
- 创建蛛网单元以分布质量或载荷。
- 当边到边或边到面连接不适用时连接网格。例如，可使用节点到节点连接来连接没有基础几何体的导入网格。

1. 一对一连接

如果选择了一个源节点或点以及一个目标节点或点，并单击【应用】或【确定】按钮，将生成指定类型的一个单元。此方法通常与结构 1D 单元结合使用，以对诸如销、螺栓或支柱等结构建模，如图 4-23 所示。

2. 一对多连接

如果选择了一个源节点或点以及多个目标节点或点(反之亦然)，并指定刚性或约束单元类型(如 Nastran RBE2 或 RBE3)，将创建蛛网单元。单个源节点是核心节点，多个目标节点是分支节点，如图 4-24 所示。

图 4-23　一对一、点到点的梁单元

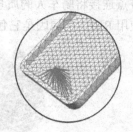

图 4-24　一对多、节点到节点的蛛网单元

如果使用结构 1D 单元创建一对多连接，将生成共享一个端节点的多个单元的网格。

3. 多对多连接

如果选择多个源节点或点以及多个目标节点或点，将对源和目标节点配对，以创建连接网格。图 4-25 所示为连接相邻面处的两个实体网格的刚性链接。

图 4-25　刚性链接单元的连接

4.2.4 蛛网单元连接

可使用点到边或点到面连接类型将刚性或约束类型单元的单个节点(型芯节点)连接到多个节点(分支节点)，这取决于所使用的解算器。这种类型的连接通常称为蛛网单元。

在定义这种类型的连接时，选中的第一个点将成为型芯节点，选中的边或面将定义分支节点的位置。可使用选择条上的一组智能选择方法来帮助用户选择分支节点。在创建蛛网单元后，可通过编辑单元属性使特定的自由度变为活动状态或不活动状态。

还可使用点到点或节点到节点连接类型定义蛛网单元。这些连接可更好地控制分支节点的位置，并且在使用蛛网单元分布质量或载荷时特别有用。

蛛网单元的典型应用包括：

- 表示孔中的销。如图 4-26 所示，使用两个点到面的连接和一个节点到节点的梁单元对销进行建模。在孔的中心位置定义蛛网单元的型芯节点，并且分支节点连接到孔内面中的网格。
- 表示螺栓。如图 4-27 所示，使用点到边连接对螺栓头进行建模，使用梁单元对柄进行建模。在对螺栓建模后，可使用螺栓预载边界条件应用预拉伸载荷。

图 4-26 蛛网单元　　　　　　　　图 4-27 点到边连接

- 添加和分布质量或载荷。在如图 4-28 所示的摩托车示例中，RBE3 单元的节点到节点连接将骑车人的质量(由集中质量单元表示)分布到车座和车把。在此示例中使用 RBE3 的原因是它包括质量而且不会添加刚度。

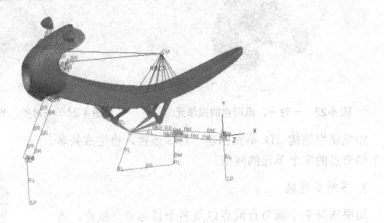

图 4-28 摩托车示例

4.2.5 使用 RBE2 和 RBE3 蛛网单元

在使用 Nastran 解算器时，RBE2 和 RBE3 单元的行为方式不同。

- RBE2：单个型芯节点(独立)的活动自由度强制分支节点(依附)的活动自由度。因此，RBE2 单元中包含的所有节点的活动自由度被认为是严格连接的，如图 4-29 所示。
- RBE3：分支节点(独立)的活动自由度的加权平均值强制单个型芯节点(依附)的活动自由度。加权设置为 1，且不能在 NX 中更改；所有节点都平等地参与运动。与 RBE2 不同的是，由于分支节点允许的自由度，RBE3 单元是柔性的(不是无限刚性)。此单元类型的常见用法包括添加和分布质量而不添加刚度，以及将载荷从多个点分布到单个点，如图 4-30 所示。

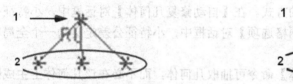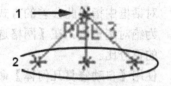

图 4-29 RBE2 单元　　　　　　图 4-30 RBE3 单元

当两个单元共享一个依附节点时，就会发生双依附性。如果模型包含双依附性，解算器可能无法正确解析模型中的自由度，如图 4-31 所示。

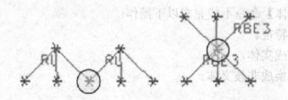

图 4-31 RBE2(左)单元和 RBE3(右)单元中的双依附节点

4.3 网格修复

4.3.1 自动修复几何体

可以使用【自动修复几何体】命令从模型中提取在进行网格化时可能有问题的特定类型的特征。

在模型上创建 2D 或 3D 网格时，软件自动抽取多边形几何体来修复有问题的拓扑结构，如小特征，这些结构会降低网格的质量。在进行 2D 和 3D 网格化时，使用【网格选项】对话框中的选项来控制抽取。图 4-32 所示为使用自动修复几何体修复的模型。

【自动修复几何体】命令可以提供另一种抽取操作的方法，这些操作嵌在 2D 和 3D 网格化命令内。不过这两种方法存在一些细微差别。

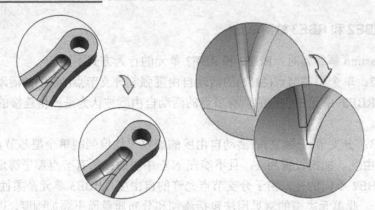

图 4-32 使用自动修复几何体修复模型

- 在【自动修复几何体】对话框中指定【小特征公差】的方式不同于在【网格选项】对话框中指定此公差的方式。在【自动修复几何体】对话框中,小特征公差定义为绝对测量值。在【网格选项】对话框中,小特征公差定义为一个全局单元大小的百分比。
- 使用【自动修复几何体】命令可抽取几何体,而不必在该几何体上生成网格。如果要在网格化之前对模型执行更多的手工抽取操作,则这种方法有很多优点。

可以使用【自动修复几何体】命令在网格化之前有限元建模过程的任何时候抽取模型。此外,如果使用【自动修复几何体】命令来抽取模型,则软件不会在网格化过程中再次抽取部件。

【自动修复几何体】命令不能完成以下操作:
- 抑制通孔或特征。
- 将片体转换成实体。
- 将歧义体变换成非歧义体。

4.3.2 塌陷边、面修复

1. 塌陷边

使用【塌陷边】命令可使一条边塌陷为它的一个端点或沿该边的一个指定点。

【塌陷边】命令允许通过在模型上使非常小的边塌陷为一个点来手工移除这些边,如图 4-33 所示。

图 4-33 塌陷边

可以使用【塌陷边】命令将选定的多边形的一条边塌陷成沿该边的任何点。

例如一个非常小的多边形边,使用【塌陷边】命令使该边塌陷成其一个端点,如图 4-34 所示。

2. 面修复

使用【面修复】命令可以从周边体的自由多边形边创建新的多边形面。

第一次创建 FEM 文件时,软件从理想化部件创建多边形几何体。该多边形几何体是原始几何体的一对一小平面化(细分)表示。有时候,软件在此过程中可能会遇到问题,无法完整地或正确地细分某些面。【面修复】命令可修复受损的或完全缺少的多边形面，如图 4-35 所示。例如，可以使用【面修复】命令来完成以下操作：
- 修复损坏的或质量较差的多边形面。
- 创建一个新的多边形面，填充模型中缺少的空白。

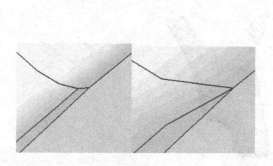

图 4-34 塌陷边示例

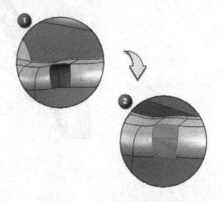

图 4-35 对模型进行面修复

4.3.3 合并边、合并面

1. 合并边

【合并边】命令允许将选定的多边形边在选定的端点处合并。例如，在网格化之前要创建较大的或更多连续的边界边时就很有用。还可以使用【合并边】命令将以前使用【分割边】命令分离的边重新合并，如图 4-36 所示。

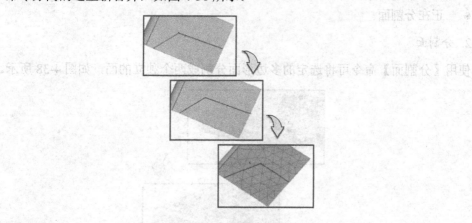

图 4-36 对模型合并边

注意：不能使用【合并边】命令将在一个端点处相交的多条多边形边合并。

2. 合并面

可以使用【合并面】命令将两个相邻的多边形面合并成一个面。例如，如果要在网格化之前创建较大的面时，就很有用。还可以使用【合并面】命令重新组合以前使用【分割面】命令分割的面，如图 4-37 所示。

使用【合并面】命令，可以手工将选定位置处的面合并，也可以让软件根据指定的准则自动组合面。【合并面】对话框中的选项允许在手工方法和自动方法之间选择。还可以使用【合并面】对话框中的选项来指定软件在自动合并面时应该使用的准则。

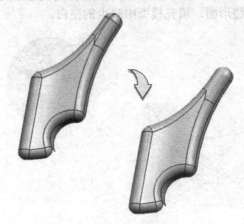

图 4-37 合并面

4.3.4 分割边、分割面

1. 分割边

使用【分割边】命令可在指定位置将一条边分割成两条独立的边。【分割边】命令允许将模型中的任何多边形边分割成两条独立的边。发生以下情况时需要分割边。

- 在一条边的不同部分要定义不同的边界条件。
- 正在分割面。

2. 分割面

使用【分割面】命令可将选定的多边形面分割成两个独立的面，如图 4-38 所示。

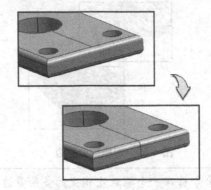

图 4-38 分割面

例如，可以使用【分割面】命令来：

- 添加一条边来分割一个面，应用基于边的载荷。
- 将不规则面分割成几个较小的面，在这些面上定义映射的网格。
- 恢复以前使用其他抽取命令(如【合并面】或【自动修复几何体】命令，或在 2D

或3D网格化过程中发生的自动抽取)移除的边。

【分割面】命令包含两种不同的使用模式。

- 使用【通过点来分割面】模式，通过在面的一条边上选择两个点来分割一个多边形面。
- 使用【通过抑制边来分割面】模式，通过恢复使用其他抽取命令或过程移除的边来分割多边形面。

4.3.5 缝合边、取消缝合

使用【缝合边】命令，可：

- 将两条独立的边连接为一条边。
- 将一条边缝合到一个面中。

可以使用【缝合边】命令将实体或片体内的自由边或者不同体之间的自由边缝合在一起。无论使用【缝合边】命令来连接同一个实体或片体内的自由边还是不同实体或片体之间的自由边，软件都将这些边缝合在一起并创建一条公共边。

【缝合边】命令尤其适用于除去当用户在薄壁部件上创建中位面时所出现的自由边。也可以使用【缝合边】命令来修复模型中曲面之间的小间隙或裂纹。

1. 缝合边突出显示自由边

当选择【缝合边】命令时，将自动突出显示模型中的所有自由边。这使用户可以轻松识别在网格划分之前需要缝合的边缘，如图4-39所示。

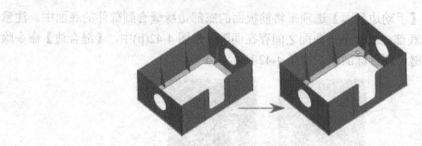

图4-39 显示所有自由边

2. 缝合边的不同方法

【缝合边】对话框中的【类型】选项组是用来控制边的缝合方式。

- 选择【自动自由边到所有边】，以使软件按照指定的搜索距离自动将所有自由边缝合到其他自由边。
- 选择【手动边到边】，手动将某一选定边缝合到另一边。
- 选择【手动边到面】，手动将某一选定边缝合到某一面。举例而言，这允许用户对T型连接建模以及将筋板连接到合适的面。也可以使用【手动边到面】来沿着某一个面创建划痕边。

3. 缝合边示例

如图4-40所示，使用【中位面】命令在薄壁部件上生成中位面。

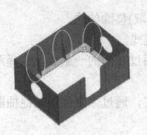

图 4-40　生成中位面

首先，使用【缝合边】命令与【自动自由边到所有边】选项来将图 4-41(a)所示的筋板面上的自由边缝合到壁面，结果显示在图 4-41(b)中，如图 4-41 所示。注意筋板面与壁面之间的自由边是如何除去的。

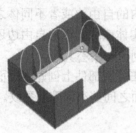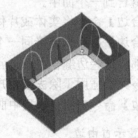

(a) 选择自由边　　　　　　(b) 缝合结果

图 4-41　自由边缝合到壁面

接下来，使用【手动边到面】选项来将筋板面的底部边缘缝合到部件的底面中。注意图 4-42(a)，其中在底部边缘和下方曲面之间存在间隙。在图 4-42(b)中，【缝合边】命令除去该间隙并将源边缝合到目标面中，如图 4-42 所示。

(a) 选择自由边　　(b) 缝合结果

图 4-42　将筋板面的底部边缘缝合到部件的底面

最终，在部件上生成网格，如图 4-43 所示。注意，沿筋板边缘的单元与周围面上的单元共享共同节点的方式。

使用【取消缝合边】命令可将通过【缝合边】命令而缝合在一起的边取消缝合。

第 4 章 高级网格技术

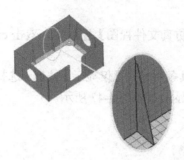

图 4-43 在部件上生成网格

4.3.6 上机指导：几何体抽取

设计要求：

在本练习中将使用分割面和合并面来提升 2D 网格的质量，了解分割面和合并面的创建流程。

设计思路：

(1) 显示所选部分面来简化模型。
(2) 合并面。
(3) 创建一个新面。

练习步骤：

(1) 打开部件文件并启动高级仿真模块。

① 在 NX 中，打开 ch04\4.3.6\ clamp.prt，结果如图 4-44 所示。

② 启动【高级仿真】模块。选择【开始】|【高级仿真】命令。

(2) 创建 FEM 和仿真文件。

① 在仿真导航器上，右击 clamp.prt，从弹出的快捷菜单中选择【创建 FEM 和仿真文件】命令，弹出【新建 FEM 和仿真】对话框。求解器选择 NX NASTRAN，分析类型选择【结构】，单击【确定】按钮。

② 在弹出的【创建解算方案】对话框中的【解算方案类型】下拉列表框中选择【SEMODES 101-单约束】，单击【确定】按钮创建仿真文件，结果如图 4-45 所示。

图 4-44 clamp.prt

图 4-45 【创建解算方案】对话框

(3) 只显示第一个面。

① 在仿真导航器的【仿真文件视图】窗口中，双击 clamp_fem1，使其成为当前工作部件。

② 在【高级仿真】工具条中单击【仅显示】按钮。选择如图 4-46 所示的面，单击【确定】按钮。薄表面现在唯一显示，如图 4-47 所示。

图 4-46 选择红色面 1　　　　　　　　图 4-47 显示的薄表面

(4) 显示临近的表面。

以薄表面为起点，显示与选定的多边形面和边相邻的所有多边形面。

① 在【高级仿真】工具条中单击【显示相邻的】按钮 。选择如图 4-48 所示的薄面，单击【应用】按钮，显示出与所选薄面相邻的面，如图 4-49 所示。

图 4-48 选择薄面　　　　　　　　图 4-49 显示与所选薄面相邻的面

② 继续选择种子面，单击【应用】按钮，直到如图 4-50 所示的一系列面为止。

(5) 合并面。

现在清理当前显示的面。

① 在【高级仿真】工具条中的【自动修复几何体】中选择【合并面】。

② 选择如图 4-51 所示的 3 条线段，单击【确定】按钮，将所选面合并为一张面。

图 4-50 显示一系列面　　　　　　　　图 4-51 将所选面合并为一张面

注意：只有创建更多的平坦的面才能创建更高质量的网格。

(6) 为合并的面划分网格。

① 在【高级仿真】工具条中的【3D 四面体网格】中选择【2D 网格】。

② 在弹出的对话框中选择如图 4-52 所示的红色面，在【单元属性】选项组中的 Tpye 下拉列表框中选择 CQUAD8 选项，单元大小设置为【自动单元大小】，单击【确定】按钮。创建的 2D 网格如图 4-53 所示。

图 4-52　选择红色面 2

图 4-53　创建 2D 网格 1

注意：被合并后的表面创建出非常有规律的网格。

(7) 删除 2D 网格。

在仿真导航器上展开 2D Collectors 节点，选择 2D_mesh(1)并右击，选择【删除】命令，删除刚创建的 2D 网格。

(8) 合并面。

最后一部分截面使用【合并面】命令合并已存在的面，然后使用【分割面】命令创建一个新的面。

① 在【高级仿真】工具条中的【自动修复几何体】中选择【合并面】。

② 选择如图 4-54 所示的 3 条边，单击【确定】按钮，合并后的面如图 4-55 所示。

③ 在【高级仿真】工具条中的【自动修复几何体】中选择【拆分面】。选择如图 4-56 所示的两条线来分割一张大面，单击【确定】按钮。

④ 单击【2D 网格】按钮，在弹出的对话框中选择如图 4-57 所示的红色面，在【单元属性】选项组中的 Tpye 下拉列表框中选择 CQUAD8 选项，单元大小设置为【自动单元大小】，单击【确定】按钮。创建的 2D 网格如图 4-58 所示。

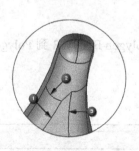
图 4-54　选择 3 条边

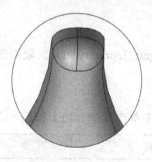
图 4-55　合并后的面

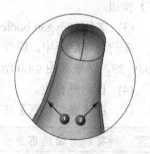
图 4-56　选择两条线

图 4-57 选择红色面 3

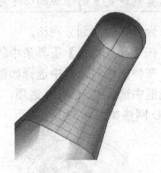
图 4-58 创建 2D 网格 2

(9) 选择【文件】|【关闭】|【所有部件】命令，关闭文件。

4.3.7 上机指导：缝合练习

设计要求：

在本练习中将使用【缝合边】命令连接在多种状态下的自由边和面，了解缝合的创建流程。

设计思路：

(1) 缝合两等长边。
(2) 缝合两不等长的边。
(3) 缝合面上的边。
(4) 缝合多个边。

练习步骤：

(1) 打开理想化 frame 部件并启动高级仿真模块。
① 在 NX 中，打开 ch04\4.3.7\frame_fem1_i.prt，结果如图 4-59 所示。
② 启动【高级仿真】模块。选择【开始】|【高级仿真】命令。
(2) 创建 FEM 和仿真文件。

在仿真导航器中，右击 frame_fem1.fem，从弹出的快捷菜单中选择【创建 FEM】命令，弹出【新建 FEM】对话框。求解器选择 NX NASTRAN，分析类型选择【结构】，单击【确定】按钮。

(3) 关闭 polygon bodies。

在仿真导航器中，展开 Polygon Geometry 节点，取消选择 Polygon Body_23 到 Polygon Body_29，结果如图 4-60 所示。

(4) 自动缝合边。
① 在【高级仿真】工具条中单击【缝合边】按钮 。

注意：所有的自由边都显示成虚线。

② 在弹出的对话框中的【类型】下拉列表框中选择【自动自由边到所有边】选项，

在【公差】选项组中的【搜索距离】文本框中输入 0.3mm，单击【应用】按钮，结果如图 4-61 所示。

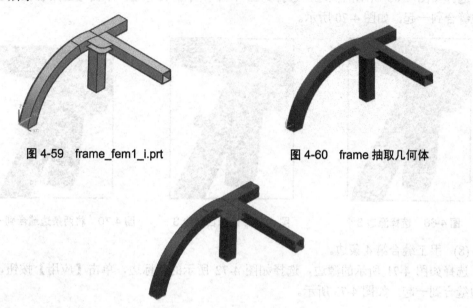

图 4-59 frame_fem1_i.prt   图 4-60 frame 抽取几何体

图 4-61 自动搜索到的高亮边缘

(5) 手工缝合第 1 条边。

在打开的【缝合边】对话框将【类型】设置为【手动边到边】，在【公差】选项组中的捕捉端点设置为 5mm，选择如图 4-62 所示的源边，选择如图 4-63 所示的目标边，单击【应用】按钮。将两条边缝合到一起，如图 4-64 所示。

  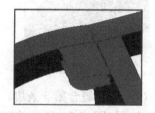

图 4-62 选择源边 1   图 4-63 选择目标边 1   图 4-64 将两条边缝合到一起 1

(6) 手工缝合第 2 条边。

选择如图 4-65 所示的源边，选择如图 4-66 所示的目标边，单击【应用】按钮，将两条边缝合到一起，如图 4-67 所示。

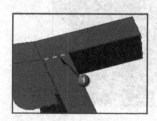  

图 4-65 选择源边 2   图 4-66 选择目标边 2   图 4-67 将两条边缝合到一起 2

(7) 手工缝合第 3 条边。

选择如图 4-68 所示的源边,选择如图 4-69 所示的目标边,单击【应用】按钮,将两条边缝合到一起,如图 4-70 所示。

 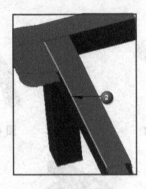 

图 4-68　选择源边 3　　　　图 4-69　选择目标边 3　　　　图 4-70　将两条边缝合到一起 3

(8) 手工缝合第 4 条边。

选择如图 4-71 所示的源边,选择如图 4-72 所示的目标边,单击【应用】按钮,将两条边缝合到一起,如图 4-73 所示。

  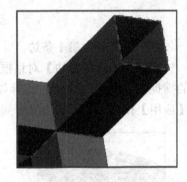

图 4-71　选择源边 4　　　　图 4-72　选择目标边 4　　　　图 4-73　将两条边缝合到一起 4

(9) 手工缝合第 5 条边。

选择如图 4-74 所示的源边和目标边,单击【应用】按钮,将两条边缝合到一起,如图 4-75 所示。

图 4-74　选择源边和目标边 1　　　　图 4-75　将两条边缝合到一起 5

(10) 手工缝合第 6 条边。

将【类型】设置为【手动边到面】,选择如图 4-76 所示的源边和目标边,单击【应用】按钮,将两条边缝合到一起,如图 4-77 所示。

图 4-76　选择源边和目标边 2

图 4-77　将两条边缝合到一起 6

(11) 手工缝合第 7 条边。

选择如图 4-78 所示的源边和目标边,单击【应用】按钮,将两条边缝合到一起,如图 4-79 所示。

图 4-78　选择源边和目标边 3

图 4-79　将两边缝合到一起 7

(12) 手工缝合第 8 条边。

将【类型】设置为【手动边到边】,选择如图 4-80 所示的源边和目标边,单击【应用】按钮,将两条边缝合到一起,如图 4-81 所示。

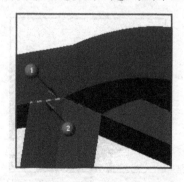

图 4-80　选择源边和目标边 4

图 4-81　将两条边缝合到一起 8

(13) 手工缝合第 9 条边。

选择如图4-82所示的源边和目标边,单击【应用】按钮,将两条边缝合到一起,如图4-83所示。

图4-82 选择源边和目标边5　　　　图4-83 将两条边缝合到一起9

(14) 手工缝合第10条边。

选择如图4-84所示的源边和目标边,单击【应用】按钮,将两条边缝合到一起,如图4-85所示。

图4-84 选择源边和目标边6　　　　图4-85 将两条边缝合到一起10

(15) 手工缝合第11条边。

将【类型】设置为【手动边到面】,选择如图4-86所示的源边和目标面,单击【应用】按钮,将边和面缝合到一起,如图4-87所示。

图4-86 选择源边和目标面1　　　　图4-87 将边和面边缝合到一起1

(16) 手工缝合第 12 条边。

选择如图 4-88 所示的源边和目标面,单击【应用】按钮,将边和面缝合到一起,如图 4-89 所示。结果如图 4-90 所示。

图 4-88　选择源边和目标面 2　　图 4-89　将边和面缝合到一起 2　　图 4-90　缝合完结果

(17) 选择【文件】|【关闭】|【所有部件】命令,关闭文件。

4.4 习　　题

打开 ch04\4.4\angle_iron.prt 文件,如图 4-91 所示。在一 L 型板子上有一 $10 \times 10 \times 10$ 的立方体,在立方体顶面上施加 100MPa 压力,L 型板子背面施加固定约束,求变形后的最大位移以及最大应力值。

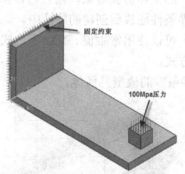

图 4-91　angle_iron.prt

第 5 章 边界条件

5.1 边界条件概述

5.1.1 NX 边界条件

载荷、约束和仿真对象都被认为是边界条件。仿真导航器提供了一些工具,可创建、编辑和显示边界条件;也可以使用【高级仿真】工具条中的工具创建边界条件。

【边界条件】对话框中的选项都特定于有效的解法及其相关解算器。

例如,如果有效的解法使用 NX Nastran 解算器,则【创建力】对话框就提供特定于 NX Nastran FORCE 卡的选项。

可以在创建解法之前或之后创建边界条件。

- 如果先创建了解法,则载荷、约束和仿真对象就存储在仿真中它们各自的容器中:载荷容器、约束容器和仿真对象容器。它们也存储在解法中。
- 如果先创建了载荷、约束和仿真对象,则它们存储在仿真中它们各自的容器中。随后可以将各个边界条件拖放到创建的解法中。

要定义边界条件的幅值,可以使用常数值、NX 表达式或字段来定义幅值随着时间、温度、频率或空间而变化的方式。

图 5-1 所示为施加了边界条件的模型几何体。

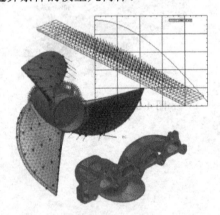

图 5-1 施加边界条件的模型几何体

5.1.2 基于一般几何体和 FEM 的边界条件

边界条件可能被应用到以下几方面。

- 一般几何体:边、面、顶点、点。

- FEM 对象：节点、单元、单元面和单元边。

基于 FEM 的边界条件可能被应用到以下几方面。

- 不包含基本几何体的导入网格。
- 未由几何体定义的位置。
- 在抽取过程中移除了其中的小边缘和面的区域。

图 5-2 所示为压力被施加到多边形面。

图 5-3 所示为用户自定义约束被施加到节点。

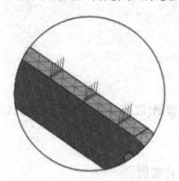 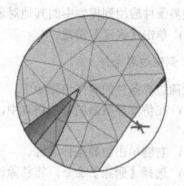

图 5-2　压力被施加到多边形面　　　　图 5-3　用户自定义约束被施加到节点

5.1.3　边界条件显示

【边界条件显示】选项可控制用于边界条件的符号。可以选择以图形符号、文本符号或是同时使用这两种符号显示边界条件。还可以修改颜色或线宽、缩放符号的大小或更改符号在某一面上的分布。

使用【BC 编辑显示】对话框可修改各个边界条件的显示选项。使用【用户默认设置】对话框设置默认的显示选项。

- 在仿真导航器中，右键单击一个载荷、约束或仿真对象，选择【样式】命令。
- 在仿真导航器中的某一解法下，右键单击一个载荷、约束或仿真对象，选择【样式】命令。
- 选择【编辑】|【边界条件样式】命令。

图 5-4 所示为模型编辑条件的显示。

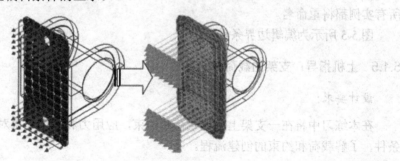

图 5-4　模型编辑条件显示

5.1.4 边界条件管理

1. 编辑边界条件

编辑边界条件时，可以将其应用到其他对象上，或更改定义它的任何选项。具体操作步骤如下。

(1) 在仿真导航器中的有效仿真中，右键单击边界条件，选择【编辑】命令。

(2) 在【编辑】(边界条件)对话框中，输入名称、大小或其他选项的新值。也可以选择将边界条件应用到模型中的其他对象上。

(3) 单击【确定】按钮。

2. 删除边界条件

删除边界条件的操作步骤如下。

(1) 在仿真导航器的有效仿真中，展开边界条件容器(载荷容器、约束容器或仿真对象容器)。

(2) 右键单击边界条件名称。

(3) 选择【删除】命令，将移除该边界条件的所有实例。

3. 复制边界条件

复制边界条件的操作步骤如下。

(1) 在仿真导航器的有效仿真中，展开边界条件容器(载荷容器、约束容器或仿真对象容器)。

(2) 右键单击边界条件名称。

(3) 选择【克隆】命令，边界条件副本就添加到活动的仿真中。

4. 重命名边界条件

重命名边界条件的操作步骤如下。

(1) 在仿真导航器的有效解法中，右键单击边界条件名称。

(2) 选择【重命名】命令。

(3) 在弹出的对话框中输入边界条件的新名称，边界条件的所有实例都将重命名。

图 5-5 所示为编辑边界条件。

图 5-5 编辑边界条件

5.1.5 上机指导：支架的载荷和约束

设计要求：

在本练习中将在一支架上施加载荷和约束，应用力和固定约束对 2D 网格边施加边界条件，了解载荷和约束的创建流程。

设计思路：

(1) 施加力载荷。

(2) 施加固定约束。

练习步骤：

(1) 打开部件，启动高级仿真。

① 在 NX 中，打开 ch05\5.1.5\asa_mid_1.prt，结果如图 5-6 所示。
② 启动【高级仿真】模块。选择【开始】|【高级仿真】命令。
(2) 创建 FEM 和仿真文件。

在仿真导航器中，右击 asa_mid_1，从快捷菜单中选择【创建 FEM 和仿真文件】命令，弹出【新建 FEM 和仿真】对话框。求解器选择 NX NASTRAN，分析类型选择【结构】，连续两次单击【确定】按钮。

(3) 显示 FEM 文件。

在仿真导航器中打开仿真文件视图，双击 asa_mid_1_fem1，使其成为当前工作部件。

(4) 划分网格。

① 在【高级仿真】工具条中的【3D 四面体网格】中选择【2D 网格】。
② 在弹出的【2D 网格】对话框中将选择意图设置为【相切面】，选择如图 5-7 所示桔黄色上表面。
③ 在【单元属性】选项组中的 Type 下拉列表框中选择 CQUAD4，【网格参数】选项组中的单元大小设置为【自动单元大小】。
④ 在【模型清理选项】选项组中选中【匹配边】并设置匹配边公差为 0.29in。

注意： 匹配边公差必须比单元网格小。

⑤ 单击【确定】按钮，生成 2D 单元网格，如图 5-8 所示。

  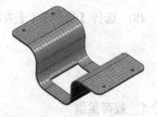

图 5-6　asa_mid_1.prt　　　图 5-7　选择桔黄色顶部曲面　　　图 5-8　生成 2D 单元网格

(5) 显示仿真文件。

在仿真导航器中打开仿真文件视图，双击 asa_mid_1_sim1，使其成为当前工作部件。

(6) 施加力载荷。

在模型底部孔的四周边上施加向下的力载荷，限制支架顶部的 4 个孔的每一个边约束。

① 在【高级仿真】工具条中的【载荷约束】中选择【力载荷】。
② 在弹出的【力】对话框中，类型选择【幅值和方向】，类型过滤器设置【多边形边】，选择如图 5-9 所示孔的边缘。
③ 在【幅值】选项组中设置力为 5N，【方向】选项组中设置【-Z 轴】，单击【确定】按钮。创建的力载荷如图 5-10 所示。

(7) 小孔施加约束。

① 在【高级仿真】工具条中的【约束】中选择【固定约束】。

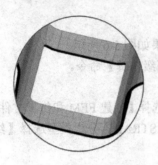 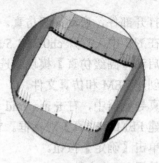

图 5-9 选择孔的边缘　　　　　　　　图 5-10 创建力载荷

② 在弹出的【固定约束】对话框中,设置类型过滤器为【多边形边】,选择如图 5-11 所示 4 个小孔的边缘。

③ 单击【确定】按钮。创建的固定约束如图 5-12 所示。

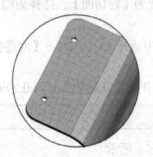 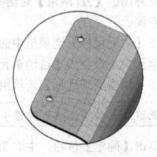

图 5-11 选择 4 个小孔的边缘　　　　　图 5-12 创建固定约束

(8) 选择【文件】|【关闭】|【所有部件】命令。

5.2 创建载荷

5.2.1 载荷类型

以下几个表列出了高级仿真边界条件(载荷、约束、仿真对象)、关联的分析类型以及它们对应的 Nastran 批量数据条目。

表 5-1 列出支持的载荷。

表 5-1 NASTRAN 支持的载荷

图　标	载　荷	支持的 Nastran 分析类型
	轴承	结构(全部,除 SEMODES 103)
	螺栓预载	SESTATIC 101 ADVNL 601, 106 ADVNL 601, 129

第5章 边界条件

续表

图标	载荷	支持的 Nastran 分析类型
	离心力	结构(全部，除 SEMODES 103 和 ADVNL 701) 轴对称结构
	离心压力	结构(全部，除 SEMODES 103)
	力	结构(全部，除 SEMODES 103) 轴对称结构
	重力	结构(全部，除 SEMODES 103) 轴对称结构
	热通量	热 轴对称热
	发热	热
	静压	结构(全部，除 SEMODES 103)
	力矩	结构(全部，除 SEMODES 103)
	节点力位置	SEMODES 103 响应仿真
	辐射	热 轴对称热
	压力	结构(全部，除 SEMODES 103) 轴对称结构
	温度载荷	结构(全部，除 SEMODES 103) 轴对称结构
	扭矩	结构(全部，除 SEMODES 103)

表 5-2 列出解算器特定的仿真对象。

表 5-2 解算器特定的仿真对象

图标	仿真对象	Nastran 解法类型
	高级非线性接触	ADVNL 601, 106 ADVNL 601, 129 ADVNL 701
	单元生/灭	ADVNL 601, 106 ADVNL 601, 129 ADVNL 701
	初始温度	NLSTATIC 106 NX Nastran ADVNL 601, 106 ADVNL 601, 129 ADVNL 701 NLSCH 153
	旋转耦合	SESTATIC 101(单个约束和多个约束) NLSTATIC 106 ADVNL 601, 106

续表

图标	仿真对象	Nastran 解法类型
	表面到表面接触	SESTATIC 101(单个约束和多个约束) NLSTATIC 106 ADVNL 601, 106
	表面到表面粘合	SESTATIC 101(单个约束和多个约束) SEMODES 103 SEBUCKL 105 NLSTATIC 106 SEDFREQ 108 SEDTRAN 109 SEMFREQ 111 SEMTRAN 112

5.2.2 力载荷

可对其应用力载荷的几何体或 FEM 实体取决于所选择的力载荷。【力】对话框及力载荷如图 5-13 所示。

- 幅值和方向：使用幅值和单方向定义力载荷。
- 法向：使用幅值和 +/– 方向(该方向垂直于选定的几何体或单元面)定义力载荷。
- 分量：按全局或局部坐标系定义力载荷。例如，如果选择局部笛卡儿坐标系，则可以输入 X 分量、Y 分量和 Z 分量的力幅值。
- 节点 ID 表：使用节点 ID 表定义力幅值，从而定义力载荷。节点 ID 表包含应用于每个节点的节点及 X、Y 和 Z 分量的列表。要使用节点 ID 表，必须将其导入字段。
- 边-面：使用方位面对某一边定义力载荷。面定义平面内或平面外方向。

1. 应用分量力载荷

使用分量类型可对全局或局部坐标系定义力或力矩载荷。例如，如果选择局部笛卡儿坐标系，则可以输入 X 分量、Y 分量和 Z 分量的大小。具体操作步骤如下。

(1) 在【高级仿真】工具条中，从【载荷类型】中选择【力】。
(2) 在【力】对话框中，从【类型】选项组中选择【分量】。
(3) 在【模型对象】选项组中，单击【选择对象】按钮，然后选择要应用力或力矩的几何体或 FEM 实体。
(4) 在【方向】选项组中，选择要用于定义载荷的坐标系。
(5) (可选)如果将【坐标系】设置为局部类型，则在【局部】列表中指定坐标系。
(6) 在【分量】选项组中，通过下列一种方法定义力幅值。

- 选择【表达式】以使用常数值或 NX 表达式来定义每个分量的幅值。可输入每个分量的表达式(例如，Fx、Fy 和 Fz)。
- 选择【字段】以定义随频率、时间或温度变化的力或力矩幅值。对于每个分量，输入比例因子。

(7) (可选)在【分布】选项组中,选择在几何体或 FE 实体上分布力或力矩的方法。

(8) 单击【确定】按钮。载荷将应用于模型。

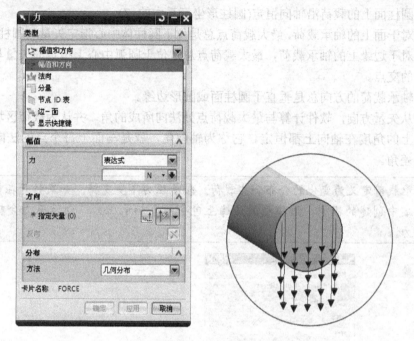

图 5-13 【力】对话框及力载荷

2. 在边上定义力载荷

使用边-面类型用方位的面定义边上的力或力矩载荷。面定义平面内或平面外方向。具体操作步骤如下。

(1) 在【高级仿真】工具条中,从【载荷类型】中选择【力】。

(2) 在【力】对话框中,从【类型】选项组中选择【边-面】。

(3) 在【模型对象】选项组中,单击【选择对象】按钮,然后选择要应用力或力矩的边。

(4) 在【关联面】选项组中,单击【选择对象】按钮并选择与边关联的面。该面定义平面内和平面外设置的方向。

(5) 在【分量】选项组中,为下列一个或多个分量(【剪切力】、【平面内力】和【平面外力】)定义幅值。

(6) (可选)在【分布】选项组中,选择在几何体或 FE 实体上分布力或力矩的方法。

(7) 单击【确定】按钮。载荷将应用于模型。

5.2.3 轴承载荷

轴承载荷是一种力载荷的特殊情况。它是某一角度定义的区域内圆柱面或圆柱边缘节点上分布的力,它使用单元法向来定义载荷的方向。图 5-14 所示为【轴承】对话框以及轴承载荷。

轴承载荷是一类常见的载荷情况,在结构应用中使用非常广泛。可以使用轴承载荷进行建模的一般情况是辊轴承、齿轮、凸轮和滚轮。

轴承载荷可应用于圆柱面或圆形边(曲线、多边形面或多边形边)，且包含以下特性：
- 载荷在径向发生变化(圆柱形坐标系中的 r)。
- 圆柱面上的载荷沿轴向恒定(圆柱形坐标系中的 Z)。
- 对于面上的轴承载荷，最大载荷点总是位于圆柱体中心指定矢量与圆柱面的交点。
- 对于边缘上的轴承载荷，最大载荷点总是位于圆弧中心上指定的矢量与圆形边缘的交点。
- 轴承载荷的方向总是垂直于圆柱面或圆形边缘。
- 从矢量方向，软件计算与最大载荷点处法向所成的角，并认为载荷区域中所有点上的角度在轴向上都恒定。它称为轴向角，就是与面上每个点的法向所成的偏差角。

> 注意：轴承载荷定义为变化的分布合力载荷。轴承压力不受支持。如果打开在前几个软件版本中创建的模型，该模型的边缘上包含一个轴承压力，则该压力会转换成一个合力。

图 5-14　【轴承】对话框以及轴承载荷

定义轴承载荷的操作步骤如下。

(1) 在【高级仿真】工具条中，从【载荷类型】中选择【轴承】。

(2) 在【轴承】对话框中的 Cylindrical or Circular Object(圆柱形或圆形对象)选项组中，单击【选择对象】按钮，然后选择要应用载荷的几何体。

(3) 在【方向】选项组中，选择指定载荷的方向的矢量。

(4) 在【属性】选项组中，定义【力】幅值。

(5) 输入【角度】的值，它定义载荷的轴承区域。

(6) 在【分布】选项组中，选择在几何体上分布力的方法：【正弦曲线】或【抛物线】。

(7) 单击【确定】按钮。载荷将应用于模型。

5.2.4 螺栓预载概述

螺栓预载：
- 是在螺栓或紧固件首次拧紧时所应用的初始扭矩。
- 可与工作载荷一起应用，以便分析在螺栓中可能发生的接触条件，或计算由这些载荷组合产生的应力。

使用【螺栓预载】命令可将预载应用于使用有限元建模的螺栓或紧固件。【螺栓预载】对话框如图 5-15 所示。

1. 一般螺栓预载分析过程

在预载螺栓分析中，通常执行以下操作：

(1) 创建一个或多个 1D 单元以便对螺栓杆进行建模。
(2) 使用【1D 连接】命令将 1D 单元连接到周围部件中的网格。
(3) 使用【螺栓预载】命令定义预载本身。
(4) 使用适当的载荷命令定义要应用于螺栓的任何工作载荷。
(5) 对该模型求解。

图 5-16 所示为在 NX Nastran 模型中定义的螺栓预载示例，其中，使用 CBEAM 单元对螺栓杆进行建模，并使用 RBE3 单元将螺栓连接到周围部件中的网格。

图 5-15 【螺栓预载】对话框

图 5-16 螺栓预载示例

2. 定义螺栓预载 (NX Nastran)

定义螺栓预载的操作步骤如下。

(1) 在激活 FEM 文件后，使用【1D 网格】命令将螺栓杆作为一个或多个 CBEAM 类型的梁单元进行建模。
(2) (可选)使用【1D 连接】命令，通过【RBE3 单元】将【CBEAM 单元】连接到周围部件中的网格。
(3) 切换到仿真文件并激活相应的解法。
(4) 在【高级仿真】工具条中，从【载荷类型】中选择【螺栓预载】。
(5) 在【螺栓预载】对话框中的【模型对象】选项组中，单击【选择对象】按钮 并选择要对其应用预载的单元或曲线。

(6) 在【幅值】选项组中，定义力的大小。
(7) 单击【确定】按钮。载荷将应用于模型。

5.2.5 上机指导：扳手的载荷

设计要求：
在本练习中将对扳手零件创建一压力载荷和一固定约束，了解载荷创建流程。

设计思路：
(1) 在一理想几何体上再分割面。
(2) 施加压力载荷。
(3) 施加固定移动约束。

练习步骤：
(1) 打开部件并启动高级仿真模块。
① 在 NX 中，打开 ch05\5.2.5\spanner.prt，结果如图 5-17 所示。
② 启动【高级仿真】模块。选择【开始】|【高级仿真】命令。
(2) 创建 FEM 和仿真文件。
① 在仿真导航器中，右击 spanner.prt，从快捷菜单中选择【新建 FEM 和仿真文件】命令，弹出【新建 FEM 和仿真文件】对话框。在【求解器】下拉列表框中选择 NX NASTRAN，在【分析类型】下拉列表框中选择【结构】。
② 单击【确定】按钮，弹出【创建解决方案】对话框。单击【确定】按钮。
(3) 显示理想化部件。
在仿真导航器中单击仿真文件视图，双击 spanner_fem1_i，使其成为当前工作部件。
(4) 在手柄表面上创建基准面。
选择【插入】|【基准/点】|【基准平面】命令，弹出【基准平面】对话框。类型选择【点和方向】，打开【设置】选项组，取消选中【关联】复选框，选择如图 5-18 所示的点，并指定方向为+X，单击【确定】按钮。创建的基准面如图 5-19 所示。

图 5-17 spanner.prt

图 5-18 选择点

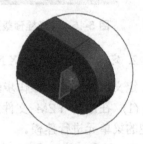
图 5-19 创建基准面

(5) 再分割扳手手把表面。
① 在【高级仿真】工具条中的【理想化几何体】中选择【再分割面】。
② 在弹出的【再分割面】对话框中选择如图 5-20 所示的扳手顶面，单击【创建基准面】按钮，在【类型】下拉列表框中选择【按某一距离】，在【偏置】选项组中输入距

离为 1.6in，选择刚刚创建的基准面，单击【确定】按钮。返回【再分割面】对话框，单击【确定】按钮。结果如图 5-21 所示。

图 5-20　选择扳手顶面　　　　　　　图 5-21　再分割扳手顶部面

(6) 划分网格。

① 在高级导航器中的仿真文件视图窗口中双击 spanner_fem1，使其成为当前工作部件。

应用 3D 四面体网格划分整个部件。

② 在【高级仿真】工具条中单击【3D 四面体网格】按钮。选择整个部件，【网络参数】选项组中的单元大小设置为【自动单元大小】，单击【确定】按钮。生成的网格如图 5-22 所示。

(7) 指派物理属性。

在仿真导航器中展开 3D Collectors，选择 Solid(1)并右击，选择【编辑】命令，弹出【网格捕集器】对话框。单击【修改选定的】按钮，弹出 PSOLID 对话框。在【属性】选项组中的 Meterial 中单击【选择材料】按钮，在【材料】列表中选择 STEEL，单击所有对话框中的【确定】按钮。添加物理属性。

(8) 施加压力载荷。

① 在高级导航器中的仿真文件视图窗口中双击 spanner_sim1，使其成为当前工作部件。施加 100Psi 压力到扳手顶部面。

② 在【高级仿真】工具条中的【载荷类型】中选择【压力】。

③ 在弹出的【压力】对话框中的【幅值】选项组中输入压力为 100Psi，选择如图 5-23 所示的扳手顶部面，单击【确定】按钮。生成的压力载荷如图 5-24 所示。

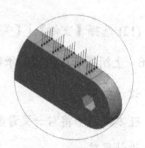

图 5-22　创建 3D 四面体网格　　　图 5-23　选择扳手顶部面　　　图 5-24　创建压力载荷

(9) 创建固定移动约束。

在大孔上固定所有移动自由度。所有旋转自由度仍然自由。

① 在【高级仿真】工具条的【约束】中选择【固定移动约束】，弹出【固定移动约束】对话框。

② 选择如图5-25所示的孔的内表面。依次选择剩下的5个面。生成的固定移动约束如图5-26所示。

图5-25　选择孔内表面　　　　　　图5-26　生成固定移动约束

(10) 解算模型。

① 选择Solution 1右击，选择【求解】命令，弹出【求解】对话框。取消选中【模型设置检查】复选框，单击【确定】按钮。解算完成后关闭信息和命令窗口。

② 取消【解算监视器】。

(11) 显示后处理分析结果。

打开后处理导航器，选择Solution_1并右击，选择Load命令，添加"展开Solution-1节点"双击【位移-节点的】。仿真结果如图5-27所示。

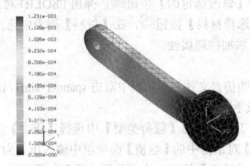

图5-27　位移-节点的仿真结果

(12) 选择【文件】|【关闭】|【所有部件】命令。

5.2.6　上机指导：应用轴承载荷和销钉约束

设计要求：

在本练习中将对一叉骨型零件创建一轴承载荷和一销钉约束，了解载荷创建流程。

设计思路：

(1) 施加轴承载荷。

(2) 施加销钉约束。

练习步骤:

(1) 打开部件并启动高级仿真模块。

① 在 NX 中,打开 ch05\5.2.6\wishbone.prt,结果如图 5-28 所示。

② 启动【高级仿真】模块。选择【开始】|【高级仿真】命令。

(2) 创建 FEM 和仿真文件。

① 在仿真导航器上,右击 wishbone.prt,从快捷菜单中选择【新建 FEM 和仿真文件】命令,弹出【新建 FEM 和仿真文件】对话框。在【求解器】下拉列表框中选择 NX NASTRAN,【分析类型】下拉列表框中选择【结构】。

② 单击【确定】按钮,弹出【创建解决方案】对话框。单击【确定】按钮。

(3) 显示理想化部件。

在仿真导航器中单击仿真文件视图,双击 wishbone_fem1,使其成为当前工作部件。

(4) 创建 PSOLID 物理属性。

① 在【高级仿真】工具条中单击【物理属性】按钮,弹出【物理属性表管理器】对话框,在【类型】下拉列表框中选择 PSOLID,名称栏中输入 Steel,单击【创建】按钮。

② 在弹出的 PSOLID 对话框中单击 Material 旁的【选择材料】按钮，弹出【材料列表】对话框。在列表中选择 STEEL,单击两次【确定】按钮,并单击【关闭】按钮,关闭【物理属性表管理器】对话框。

(5) 创建网格捕集器。

在【高级仿真】工具条中单击【网格捕集器】按钮，弹出【网格捕集器】对话框。在【单元族】下拉列表框中选择 3D,【集合类型】下拉列表框中选择【实体】,【类型】下拉列表框中选择 PSOLID,Solid Property 下拉列表框中选择 Steel,名称栏中输入 Steel,单击【确定】按钮。

(6) 划分网格。

应用 3D 四面体网格对实体模型进行划分。

① 在【高级仿真】工具条中单击【3D 四面体网格】按钮。在弹出的对话框中选择叉骨零件,【网格参数】选项组中的单元大小设置为【自动单元大小】。

② 在【目标捕集器】选项组中关闭【自动创建】,Mesh Collector 中选择 Steel,单击【确定】按钮。生成的 3D 网格如图 5-29 所示。

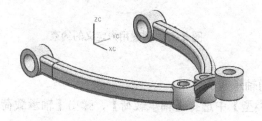
图 5-28　wishbone.prt

图 5-29　创建 3D 四面体网格

(7) 施加销钉约束。

① 在高级导航器中的仿真文件视图窗口中双击 wishbone_sim1,使其成为当前工作部件。

在叉骨末端的两个圆柱孔内施加销钉约束,以至于约束所有的方向除了旋转的 Y 轴是固定的。

② 在【高级仿真】工具条中的【约束类型】中选择【销钉约束】,弹出【销钉约束】对话框。选择如图 5-30 所示的圆柱孔内壁,单击【确定】按钮。生成的销钉约束如图 5-31 所示。

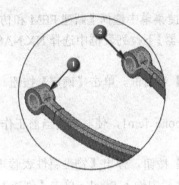 

图 5-30 选择圆柱孔内表面　　　　　　　图 5-31 生成销钉约束

(8) 施加用户定义约束。

在叉骨零件末端的外表面上施加用户定义的约束。

在【高级仿真】工具条中的【约束类型】中选择【用户定义的约束】。弹出【用户定义的约束】对话框,选择如图 5-32 所示圆柱孔的侧表面,在【自由度】选项组中的 DOF2 下拉列表框中选择【固定】,单击【确定】按钮。生成的用户定义的约束如图 5-33 所示。

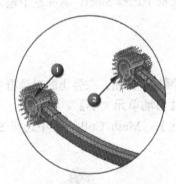 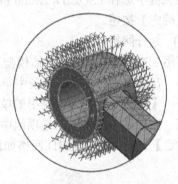

图 5-32 选择圆柱孔侧表面　　　　　　　图 5-33 创建用户定义的约束

(9) 施加轴承载荷。

在叉骨架的顶部圆柱孔内施加 2000lbf 的轴承载荷。

① 在【高级仿真】工具条中的【载荷类型】中选择【轴承载荷】,弹出【轴承载荷】对话框。

② 选择如图 5-34 所示的孔的内表面,方向指定为【+Y 轴】,在【属性】选项组中指定力为 2000lbf,角度输入 180,单击【确定】按钮。生成的轴承载荷如图 5-35 所示。

(10) 解算模型。

① 单击 Solution 1,右击,选择【求解】命令,弹出【求解】对话框。单击【确定】

按钮,单击【确定】按钮。解算完成后关闭信息和命令窗口。

② 取消【解算监视器】。

图 5-34 选择孔内表面

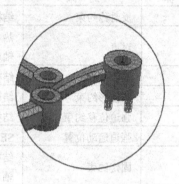
图 5-35 创建轴承载荷

(11) 显示分析结果。

打开后处理导航器,选择 Solution_1 并右击,选择 Load 命令;再次选择 Solution_1 并右击,选择 New Postview 命令。生成的后处理仿真结果如图 5-36 所示。

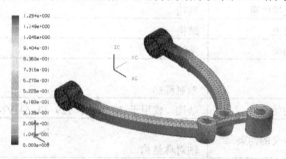
图 5-36 位移-节点仿真结果

(12) 选择【文件】|【关闭】|【所有部件】命令。

5.3 创建约束

5.3.1 约束类型

表 5-3 列出了高级仿真边界条件——约束、关联的分析类型以及它们对应的 Nastran 批量数据条目。

表 5-3 Nastran 支持的约束

图 标	约 束	NASTRAN 分析类型
	加速度	结构,仅限下列解法类型: SEDFREQ 103 SEDTRAN 109 SEDFREQ 111 SEMTRAN 112

续表

图标	约束	NASTRAN 分析类型
	反对称约束	结构
	对流	热 轴对称热
	耦合 DOF	结构
	圆柱形约束	结构
	强迫位移约束	结构
	强迫运动位置	SEMODES 103 响应仿真
	固定约束	结构 轴对称结构
	固定旋转约束	结构
	固定平移约束	结构
	销钉约束	结构
	滚子约束	结构
	简单支撑约束	结构
	滑块约束	结构
	对称约束	结构
	热约束	热 轴对称热
	瞬态初始条件	结构，仅用于 NLTRAN 129 和 ADVNL 601,129 解法类型
	用户定义的约束	结构 轴对称结构
	速度	结构，仅用于下列解法类型： SEDFREQ 103 SEDTRAN 109 SEDFREQ 111 SEMTRAN 112

5.3.2 用户定义的约束

根据所选的几何体，可以最多分别定义 6 个自由度(DOF)。每个 DOF 都可以固定、自由或设置成一个位移值。可以按全局坐标系或局部坐标系来指定 DOF。【用户定义的约束】对话框如图 5-37 所示。

> **注意**：如果指定一个局部坐标系，则它应用到底层节点上。如果这些节点处已经存在局部坐标系，则该约束的坐标系可能会覆盖这些局部坐标系。例如，如果在定义了弹簧单元的位置定义一个约束，则该约束的坐标系可能覆盖弹簧单元定义。

用户定义约束操作步骤如下。
(1) 在【高级仿真】工具条中，从【约束类型】中选择【用户定义的约束】。
(2) (仅限 NX 或 MSC Nastran)从【类型】选项组中选择 SPC 或 SPC1。

(3) 在【模型对象】选项组中，单击【选择对象】按钮，然后选择要应用约束的几何体。
(4) 在【方向】选项组中，指定要使用的位移坐标系。
(5) 将 DOF 值设置为【自由】、【固定】或定义一个位移值。

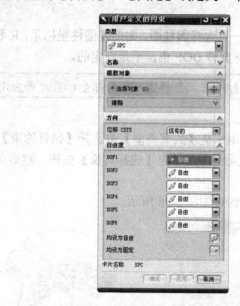

图 5-37 【用户定义的约束】对话框

5.3.3 强迫位移约束

强迫位移约束将已知位移应用于几何体或 FEM 实体，具体取决于约束的类型。
可以使用非空间类型或空间类型定义强迫位移约束：
- 使用非空间类型可定义边界条件如何允许用户将强迫位移应用于几何体或 FEM 实体。可以使用表达式或字段来定义强迫位移幅值。此外，还可使用空间分布方法定义边界条件幅值在模型上的分布方式。
- 使用空间类型的强迫位移约束可将强迫位移幅值定义为空间字段。空间类型的约束是将外部生成的结果应用于模型的最佳方式，因为它们使用字段来定义边界条件的单位，该边界条件对应于外部数据。

注意：在对几何定义一个强迫位移约束时，会创建一个局部坐标系，并应用于底层节点。

使用组件类型可对全局或局部坐标系定义强迫位移约束。操作步骤如下。
(1) 在【高级仿真】工具条中，从【约束类型】中选择【强迫位移约束】。
(2) 在【强迫位移约束】对话框中，从【类型】选项组中选择【组件】。
(3) 在【模型对象】选项组中，单击【选择对象】按钮，然后选择要应用强迫位移约束的几何体或 FEM 实体。
(4) 在【方向】选项组中，选择要用于定义约束的坐标系。
(5) (可选)如果将【坐标系】设置为局部类型，则在【局部】列表中，选择指定坐标系的方法。
(6) 在【自由度】选项组中，定义每个 DOF 的强迫位移约束幅值。

(7)（可选）在【分布】选项组中，选择分布强迫位移约束的方法。

(8) 单击【确定】按钮。约束将应用于模型。

5.3.4 销钉约束

销钉约束用于定义旋转轴。一旦选择圆柱面，则创建圆柱坐标系。R 和 Z 向是固定的，theta(旋转)方向则是自由的。所有旋转 DOF 也都不是固定的。

注意：如果对几何体定义一个销钉约束，会创建一个局部坐标系，并应用于底层节点。

定义销钉约束操作步骤如下。

(1) 在【高级仿真】工具条中，从【约束类型】中选择【销钉约束】。

(2) 在 Cylindrical Object 选项组中，单击【选择对象】按钮，然后选择要应用销钉约束的圆柱形几何体。

【销钉约束】对话框及销钉约束如图 5-38 所示。

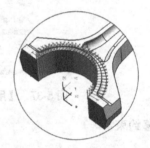

图 5-38　【销钉约束】对话框及销钉约束

5.3.5 上机指导：叶轮施加自动耦合约束

设计要求：

在本练习中将对一叶轮施加对称耦合约束和离心力载荷，了解载荷和约束创建流程。

设计思路：

(1) 创建 2D 相关网格。

(2) 施加节点位移坐标系。

(3) 对一对节点施加节点自动耦合约束。

(4) 从约束上排除面，避免约束冲突。

(5) 施加离心载荷。

练习步骤：

(1) 打开部件文件并启动建模模块。

① 在 NX 中，打开 ch05\5.3.5\ impeller.prt，结果如图 5-39 所示。

② 启动【建模】模块。选择【开始】|【建模】命令，启动建模模块。

(2) 检查几何体。

打开部件导航器，在空白处右击，取消选择【时间戳记顺序】。部件导航器如图 5-40

所示。

图 5-39 impeller.prt   图 5-40 取消时间戳记顺序

(3) 修剪叶轮。

① 选择【插入】|【修剪】|【修剪体】命令，弹出【修剪体】对话框。【目标体】选择叶轮实体，【工具体】选择绿色片体面，如图 5-41 所示，单击【确定】按钮，生成单个叶片。

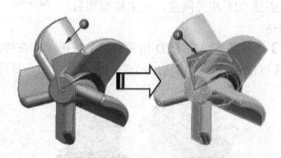

图 5-41 目标体选择叶轮实体，工具体选择绿色片体

② 打开部件导航器，取消选择【片体】节点。结果如图 5-42 所示。

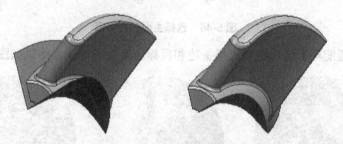

图 5-42 取消片体，生成最后叶片

(4) 创建 FEM 和仿真文件。

① 选择【开始】|【高级仿真】命令，启动高级仿真模块。

② 在仿真导航器中，右击 impeller.prt，从快捷菜单中选择【新建 FEM 和仿真】命令。在弹出的对话框中的【求解器】下拉列表框中选择 NX NASTRAN，【分析类型】下拉列表框中选择【结构】，单击【确定】按钮，弹出【创建解算方案】对话框。单击【确定】按钮。

(5) 创建 PSOLID 物理属性表。

① 在仿真导航器中选择仿真文件视图，双击 impeller_fem1，使其成为当前工作部件。

② 在【高级仿真】工具条中单击【物理属性】按钮,弹出【物理属性表管理器】对话框。在【类型】下拉列表框中选择 PSOLID,名称栏中输入 Aluminum,单击【创建】按钮。

③ 在弹出 PSOLID 对话框中,在 Meterial 旁单击【选择材料】按钮,弹出【材料列表】对话框。在列表中选择 Aluminum_2014,连续两次单击【确定】按钮,单击【关闭】按钮,创建物理属性。

(6) 创建 3D 网格捕集器。

在仿真导航器中单击【网格捕集器】按钮,弹出【网格捕集器】对话框。在【单元族】下拉列表框中选择 3D,【集合类型】下拉列表框中选择【实体】,【类型】下拉列表框中选择 PSOLID,Solid Property 下拉列表框中选择 Aluminum,名称栏中输入 Aluminum,单击【确定】按钮,如图 5-43 所示。

(7) 创建 2D 相关网格。

在对称的两个面上创建 2D 相关网格,在主模型和目标面之间创建相同的网格。

图 5-43 【网格捕集器】对话框

① 在【高级仿真】工具条中单击【2D 相关网格】按钮。在弹出的对话框中的【类型】下拉列表框中选择【对称】。选择模型的两个对称面作为主面和目标面,如图 5-44 所示。

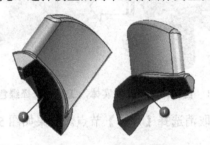

图 5-44 选择主面和目标面

② 在【匹配环】选项组中选择主边和目标边及生成结果。结果如图 5-45 所示。

图 5-45 选择主边和目标边

③ 在【方向】选项组中设置参考 CSYS 为【柱坐标系】,指定 CSYS 为【自动判断】,选择如图 5-46 所示的叶片顶部边缘,单击【确定】按钮,此时【2D 网格】对话框将打开。生成结果如图 5-47 所示。

④ 在【2D 网格】对话框中的【单元属性】选项组中 Type 选择 CTRIA6,单元大小

设置为 0.6，在【网格设置】选项组中取消选中【将网格导出至求解器】复选框，单击【确定】按钮。创建的 2D 相关网格如图 5-48 所示。

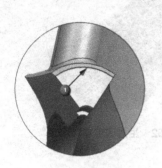 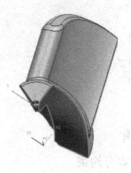 

图 5-46　选择顶部边缘　　　　图 5-47　生成坐标系　　　　图 5-48　创建 2D 相关网格

(8) 创建 3D 网格。

① 在【高级仿真】工具条中单击【3D 四面体网格】按钮，弹出对话框。

② 选择叶片实体，在【单元属性】选项组中的【类型】下拉列表框中选择 CTETRA10，单元大小设置为 0.6，在【目标捕集器】选项组中取消选中【自动创建】复选框，并在 Mesh Collector 下拉列表框中选择 Aluminum，单击【确定】按钮。生成的 3D 网格如图 5-49 所示。

(9) 指派节点位移坐标系。

① 在仿真导航器中打开【仿真文件视图】，双击 impeller_sim1，使其成为当前工作部件。

② 选择【编辑】|【节点】|【指派节点位移坐标系】命令，弹出【指派节点位移 CS 替代】对话框。在【类型过滤器】下拉列表框中选择【多边形体】，选择模型对象，指定 CSYS 为【柱坐标系】，在【局部】下拉列表框中选择【对象的 CSYS】，选择如图 5-50 所示的坐标系，单击【确定】按钮。

图 5-49　生成 3D 四面体网格　　　　图 5-50　选择坐标系

(10) 添加固定移动约束。

① 在【高级仿真】工具条中单击【固定移动约束】按钮。

② 在弹出的【固定移动约束】对话框，在【类型过滤器】下拉列表框中选择【多边形面】，选择如图 5-51 所示的 4 个面，单击【确定】按钮。生成的固定移动约束如图 5-52 所示。

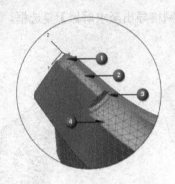 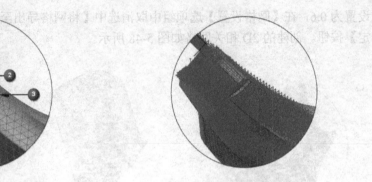

图 5-51 选择指定 4 个面　　　　　图 5-52 生成固定移动约束

(11) 在对称节点上创建自动耦合约束。

① 在【高级仿真】工具条中的【约束类型】中选择【自动耦合约束】，弹出【自动耦合】对话框。

② 选择如图 5-53 所示的独立节点，选择如图 5-54 所示的依附节点。

图 5-53 选择独立节点　　　　　图 5-54 选择依附节点

③ 在【参考坐标系】选项组中，【类型】下拉列表框中选择【柱坐标系】，在【类型过滤器】中选择 CSYS，【局部 CSYS】下拉列表框中选择【对象的 CSYS】，选择如图 5-55 所示的坐标系，在【自由度】选项组中设定 DOF1、DOF2、DOF3 为【开】，单击【确定】按钮。生成的自动耦合约束如图 5-56 所示。

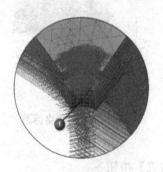 

图 5-55 选择坐标系　　　　　图 5-56 生成自动耦合约束

(12) 从约束中排除面。

从固定约束中排除一个面。

在仿真导航器中选择 NoTrans(1)节点并右击，选择【编辑】命令，弹出 NoTrans(1)对话框。选择如图 5-57 所示的面,单击【确定】按钮。

(13) 施加离心载荷。

① 在【高级仿真】工具条中的【载荷类型】中选择【离心】,弹出【离心】对话框。

② 让叶轮沿着-X 轴顺时针旋转,如图 5-58 所示。

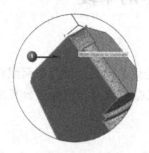

图 5-57 选择要排除的面

图 5-58 叶轮沿着顺时针旋转

③ 指定矢量方向为【-X 轴】,指定点选择【圆心】,如图 5-59 所示。在【角加速度】文本框中输入 10000 rev/min,单击【确定】按钮。生成的离心载荷如图 5-60 所示。

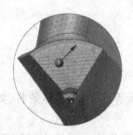

图 5-59 选择圆心

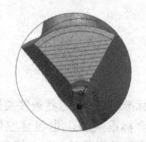

图 5-60 生成角加速度载荷

(14) 解算模型。

① 单击 Solution 1,右击,选择【求解】命令,弹出【求解】对话框。单击【确定】按钮,单击【确定】按钮。解算完成后关闭信息和命令窗口。

② 取消【解算监视器】。

(15) 显示分析结果。

① 打开后处理导航器,选择 Solution_1 并右击,选择 Load 命令;再次选择 Solution_1 并右击,选择 New Postview 命令。生成的后处理仿真结果如图 5-61 所示。

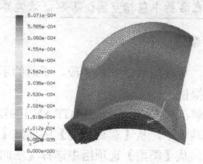

图 5-61 生成位移-节点仿真结果

② 当观察完结果后放回到模型。
(16) 选择【文件】|【关闭】|【所有部件】命令。

5.4 使用边界条件中的字段

5.4.1 使用字段定义边界条件

在定义边界条件时，可使用字段定义载荷或约束变化的方式，以及载荷或约束映射到模型的空间区域的方式。边界条件类型确定可用于定义幅值以及在空间中分布边界条件的方法，如图 5-62 所示。

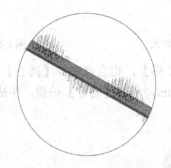

图 5-62 标准边界条件

- 标准(非空间)边界条件类型包括力、力矩、轴承等。一些边界条件(如压力)既包含标准类型，也包含空间类型。
- 空间边界条件包括空间类型的压力载荷及温度载荷等。对于空间边界条件，可同时定义空间分布和幅值。

对于大多数标准边界条件类型：

- 可使用字段定义边界条件的幅值随频率、时间或温度的变化而变化的方式。还可以将无单位缩放因子应用于幅值。
- 还可使用字段定义边界条件在模型上的空间中的分布方式。相同的空间分布字段可用于不同的边界条件，如力、压力或强迫位移。此方法适用于随空间变化的边界条件。

注意：空间类型的边界条件在名称中包括空间；否则，该边界条件是标准类型。

5.4.2 使用字段定义力载荷幅值

要定义边界条件的幅值，可使用表达式或字段。下面的示例显示如何使用随时间变化的公式字段来定义法向力的幅值。

(1) 创建直接瞬态响应解法 (NX Nastran SEDTRAN 109)。
(2) 在【高级仿真】工具条中，从【载荷类型】中选择【力】。
(3) 在【力】对话框中，从【类型】选项组中选择【法向】。
(4) 在【模型对象】选项组中单击【选择对象】按钮，然后选择要应用力的几何体或 FE

实体。

(5) 在【幅值】选项组中，从【力】列表中选择【字段】。
(6) 从【指定字段】中选择【公式构造器】。
(7) 在【域】列表中选择【时间】。

注意：相关域自动设置为力。

(8) 在【表达式】文本框中输入 1000*ug_var("time")/1sec。

注意：双击【过滤器】列表中的表达式 time，将其添加到新表达式。对表达式求值时，单位必须和所定义的变量的单位相同，或者不使用单位。由于表达式使用单位 N 定义力，因此，1sec 字符串使时间单位无效，从而使该表达式没有单位。

(9) 单击【接受编辑】按钮。即会将表达式添加到表达式列表中。
(10) 单击【确定】按钮。
(11) 在【幅值】选项组中，在【比例因子】文本框中输入 2.0。
(12) 单击【确定】按钮。

图 5-63 所示为使用字段得到的力幅值。

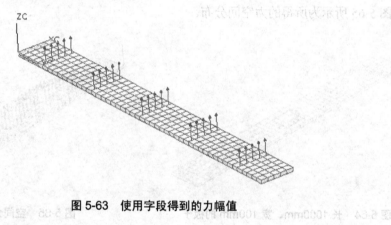

图 5-63　使用字段得到的力幅值

5.4.3　使用空间分布定义力载荷

某些边界条件(如力载荷)提供一种空间分布方法，可通过它定义将边界条件应用于模型的方法。此分布方法可以和标准(非空间)边界条件结合使用，它与边界条件幅值分开。

下列的示例说明如何使用空间分布应用力载荷。

(1) 选择【分析】|【测量距离】命令，并在开始定义力之前测量部件的长度和宽度。用户将在以后使用此信息定义公式字段。在此示例中，部件的长度为 1000 mm，宽度为 100 mm，如图 5-64 所示。

(2) 在【高级仿真】工具条中，从【载荷类型】中选择【力】。
(3) 在【力】对话框中，从【类型】选项组中选择【法向】。
(4) 在【模型对象】选项组中单击【选择对象】按钮，然后选择要应用力的几何体或 FEM 实体。
(5) 在【幅值】选项组中，从【力】列表中选择【表达式】。

(6) 输入幅值的值 1000 N。
(7) 在【分布】选项组中，从【方法】列表中选择【空间】。
(8) 在【分布字段】选项组中，从【指定字段】列表中选择【公式构造器】。
(9) 在【公式字段】对话框中，在【域】列表中，选择【笛卡儿】。

注意：将对域列表进行过滤，以仅包含空间域类型。

(10) 展开【空间映射】选项组。从【类型】列表中，选择【全局】。

注意：可使用空间映射选择要用于空间映射的坐标系。对于本例，使用默认的全局坐标系。

(11) 在【表达式】文本框中输入 sin((ug_var("x")/1000)*180)*sin((ug_var("y")/100)*180)+(0.0*ug_var("z"))。

注意：使用自己的部件长度(步骤 1)替换 1000，用宽度替换 100。双击过滤器列表中的表达式，将其添加到新表达式。

(12) 单击【接受编辑】按钮。即会将表达式添加到表达式列表中。
(13) 两次单击【确定】按钮。

图 5-65 所示为所得的力空间分布。

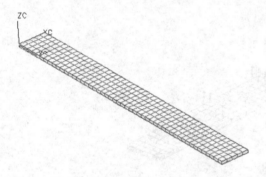
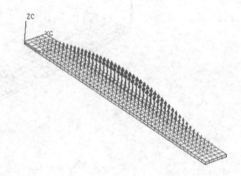

图 5-64　长 1000mm、宽 100mm 的板子　　　图 5-65　空间分布力

注意：将边界条件样式更改为展开，可查看力载荷更详细的显示。要进行此操作，请右击力并选择【样式】命令。

5.4.4 局部建模

通过局部技术可使用来自整个结构的粗糙静态分析结果创建相关区域的详细模型，整个流程如图 5-66 所示。一般技术是：

(1) 使用粗糙网格构建结构模型。
(2) 对模型的位移求解。
(3) 标识要进一步研究的模型部分，将节点和单元分组以便研究。
(4) 在后处理中，使用确定结果将组的结果(例如位移)保存到.CSV 文件中。
(5) 新建一个 FEM，以包括定义组中的节点和单元的几何体。

(6) 使用更细的网格对新模型划分网格。

(7) 在新模型的边界上创建边界条件。例如，要定义强迫位移的幅值，应创建使用来自原始分析的位移结果的字段。

(8) 分析新模型。

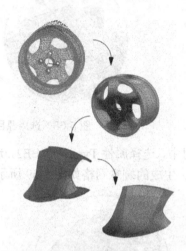

图 5-66　局部建模分析流程

5.4.5　上机指导：塞子施加自动耦合约束

设计要求：

在本练习中将对一塞子施加依赖于时间表格字段的强迫位移约束，了解载荷和约束创建流程。

设计思路：

(1) 创建蜘蛛网格。

(2) 施加时间表格字段的强迫位移约束。

练习步骤：

(1) 打开仿真文件并启动应用程序。

此仿真文件包含一个简易两部分体类似于单元插头连接器，非线性大位移的解算方案将用于模拟装配的连接器。

在 NX 中，打开 ch05\5.4.5\ plug_sim.sim，结果如图 5-67 所示。

(2) 创建一蜘蛛网格。

① 在仿真导航器中打开仿真文件视图，双击 plug_fem，使其成为当前工作部件。

创建一蜘蛛网格，然后，将使用时间依赖性强迫运动的网格的顶点的 RBE2 网格来模拟运动的插件。

② 在【高级仿真】工具条中单击【1D 连接】按钮※，弹出【1D 连接】对话框。在【类型】下拉列表框中选择【点到面】，将【类型过滤器】设置为【网格点】，选择如图 5-68 所示的源目标点和目标选择面。

图 5-67 plug_sim.sim

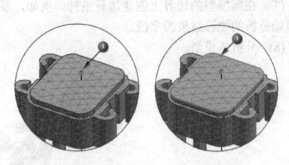
图 5-68 选择源目标点和目标选择面

③ 在【连接单元】选项组中，选择属性 Type 为 RBE2，选中【目标捕集器】中的【自动创建】，单击【确定】按钮。生成的蜘蛛网格如图 5-69 所示。

图 5-69 生成 1D 蜘蛛网格

(3) 编辑时间定义步骤。

① 在仿真导航器中打开仿真文件视图，双击 plug_sim，使其成为当前工作部件。为了解算，模型的时间步数和时间增量应做修改。

注意：如果没有安装 NX Nastran 高级非线性解算器，请跳过此步骤，转到下一步施加固定约束。

② 选择【插入】|【模型对象】命令，弹出【模型对象管理器】对话框。在【选择】选项组中双击 Time Step1，弹出【时间步】对话框。在【时间步数】中输入 20，【时间增量】中输入 0.05，单击【确定】按钮，单击【关闭】按钮。

(4) 施加固定移动约束。

第一个固定约束在插座的底部。

① 在仿真导航器中展开 plug_fem.fem 节点，关闭 3D Collectors 节点。

注意：隐藏 3D 网格是为了更能容易地选择插座的底部。

② 在【高级仿真】工具条中的【约束类型】中选择【固定移动约束】，弹出【固定移动约束】对话框。在【类型过滤器】中选择【多边形面】，选择如图 5-70 所示的底部面，单击【确定】按钮。生成的固定移动约束如图 5-71 所示。

(5) 施加时间表格字段的强迫位移约束。

① 在【高级仿真】工具条中的【约束类型】中选择【强迫位移约束】。

② 在弹出的【强迫位移约束】对话框中的【类型】下拉列表框中选择【分量】,将【类型过滤器】设置为【网格点】,【模型对象】选择如图 5-72 所示的网格点。

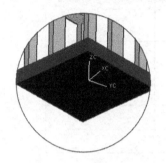
图 5-70 选择底部面

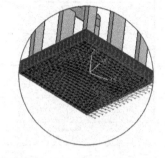
图 5-71 生成固定移动约束

图 5-72 选择网格点

③ 在【方向】选项组中指定【位移 CSYS】为【现有的】;在【自由度】选项组中设置 DOF1、DOF2、DOF4、DOF5、DOF6 为 0,DOF3 为【字段】。在 Specify Field 中选择【表构造器】,弹出【表字段】对话框,在名称栏中输入 Plug Motion,如图 5-73 所示,指定【域】选项组中的【域】为【时间】,在下面的表格行中输入 0,0; 1,–21 并单击【接受】按钮。单击【确定】按钮,返回【强迫位移约束】对话框。单击【绘图】按钮,在绘图区中显示 Plug Motion 表格,如图 5-74 所示。单击【确定】按钮,关闭对话框。

④ 在【布局管理器】工具条中单击【返回到模型】按钮,返回到三维模型状态。

(6) 解算模型。

① 单击 Solution 1,右击,选择【求解】命令,弹出【求解】对话框单击【确定】按钮。解算完成后关闭信息和命令窗口。

② 取消【解算监视器】。

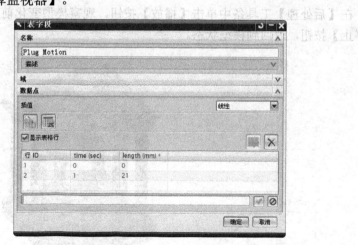
图 5-73 【表字段】对话框

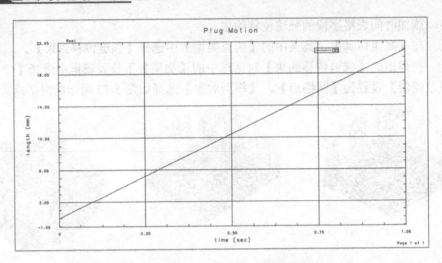

图 5-74 Plug Motion 表格

注意：如果不能解算模型是因为 NX Nastran 高级非线性解算器没有安装在你的计算机上，请导入最后仿真分析结果。

③ 打开后处理仿真导航器，右击 plug_sim，从快捷菜单中选择 Import Results 命令。从弹出的对话框中，打开文件 boundary\plug_solution.op2，单击【确定】按钮。

(7) 显示仿真分析结果。

① 打开仿真导航器，双击 Results，弹出后处理导航器。展开 Solution_1 节点，展开【非线性步长 1，1,5000e–002】节点，双击【应变-单元节点】。结果如图 5-75 所示。

② 选择 Post View 1 并右击，选择 Set Deformation 命令，弹出【变形】对话框，设置【比例】为 1，在下拉列表框中选择【绝对】，单击【确定】按钮。结果如图 5-76 所示。

③ 在【后处理】工具条中单击【播放】按钮，观察模型变化前后的状态。观察完后单击【停止】按钮，返回到模型状态。

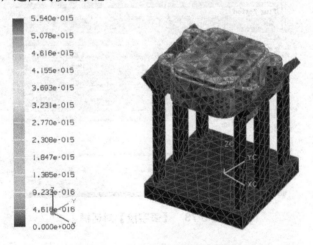

图 5-75 应变-单元节点仿真结果

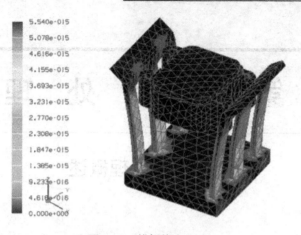

图 5-76 模拟仿真运动

(8) 选择【文件】|【关闭】|【所有部件】命令。

5.5 习　　题

打开 ch05\5.5\ optimization.prt，如图 5-77 所示。在三角形左端面施加固定约束，顶面施加 1000N 的力载荷，材料为 Steel，求受力后的变形情况以及最大应力值。

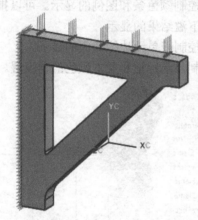

图 5-77　optimization.prt

第6章 后 处 理

6.1 后处理概述

6.1.1 后处理简介

后处理视图表示图形窗口中的模型上所显示的结果。后处理视图使用轮廓图或标记图来显示结果,其中包括结果类型和数据分量、切割平面设置、变形等。可以创建多个后处理视图,并叠加它们或在多个查看窗口中显示它们。还可以将后处理视图设置保存为模板并将它们应用于当前的后处理视图,如图 6-1 所示。

可以使用【后处理视图】对话框为每个视图管理设置。

- 【显示】选项卡提供用于显示结果的选项,如轮廓类型、变形显示选项及何处显示结果。还可以从【显示】选项卡管理切割平面选项。
- 【颜色条】选项卡控制颜色条和图例的显示。可以指定结果范围、比例和色谱,还可以指定溢出和下溢结果的显示。
- 【边和面】选项卡控制着单元边缘和面的显示。
- 【注释】选项卡控制显示标记和文本颜色的预设置。

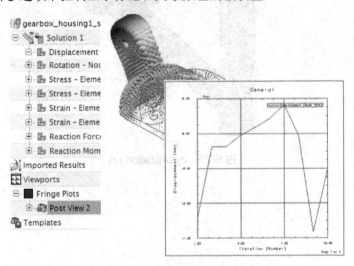

图 6-1 高级仿真后处理

6.1.2 后处理导航器

使用后处理导航器可以查看和管理结果集。可以在多个结果集(包括所导入的结果)之间进行导航。后处理导航器使用户能够在多个解算的结果之间导航并查看它们,并为每个结果显示提供清楚的上下文，如图 6-2 所示。

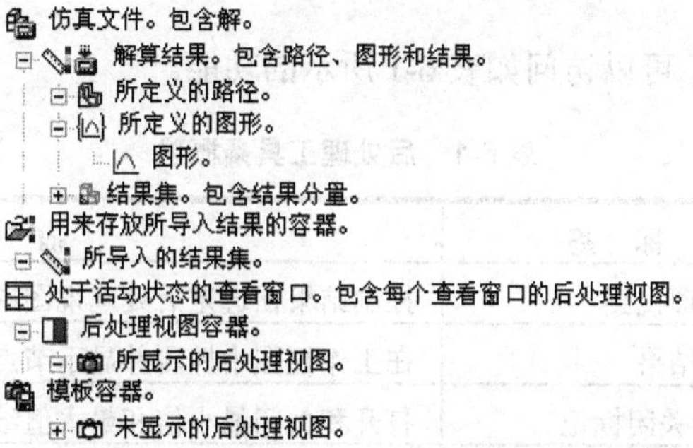

```
仿真文件。包含解。
    解算结果。包含路径、图形和结果。
        所定义的路径。
        所定义的图形。
            图形。
        结果集。包含结果分量。
用来存放所导入结果的容器。
    所导入的结果集。
处于活动状态的查看窗口。包含每个查看窗口的后处理视图。
    后处理视图容器。
        所显示的后处理视图。
模板容器。
    未显示的后处理视图。
```

图 6-2　后处理导航器中各个实体的层次结构

1. 仿真和解算

在后处理导航器中，所打开的每个仿真文件都由一个顶层节点来表示。此节点充当解算容器。在导航包含多个仿真的模型和包含多个结果的仿真时，可以快速确定哪些结果属于哪些解算。通过右键单击解算节点，可以加载和取消加载结果，还可以创建所加载结果的默认后处理视图。展开解算节点以显示结果集。

路径和图形也显示在解算节点下面。

2.【导入的结果】节点

所导入的结果集显示在后处理导航器中的导入的结果节点下面。按照与解相关联的结果相同的方式定位和显示所导入的结果。

3. 结果和结果分量

结果和结果分量包含在解算节点或者所导入的结果集内。双击某个结果或结果分量，以便将其快速显示在当前的后处理视图中。

4. 查看窗口和后处理视图

可以在单个查看窗口中叠加多个后处理视图。每个查看窗口都包含一个绘图，该绘图由一个或多个覆盖的后处理视图组成。后处理视图显示在标准的查看窗口中。后处理导航器中列出了包含绘图的所有查看窗口。

5. 路径和图形

路径由一组用来生成图形的命名节点组成。图形是针对查看窗口中命名路径上的节点的结果绘制的。右键单击后处理视图以创建路径和图形。图形及其结果列在后处理导航器中解算节点的下面。双击某个图形可以将它显示在当前的或所选的查看窗口中。

6. 模板

可以命名一组后处理视图设置并将它们保存为一个模板。模板存储在后处理导航器中的【模板】节点下面。在导航器中展开预览窗格以预览模板设置。双击某个模板可以将其中的设置应用于当前的后处理视图。

6.1.3 后处理工具条

使用后处理工具条，可以访问如表 6-1 所示的功能。

表 6-1 后处理工具条概述

图标	标签	描述
	后处理视图	控制结果在选定后处理视图中的显示
	标识结果	在工作视图中探测并显示节点和单元信息
	打开/关闭标记	打开和关闭最小值和最大值结果标记的显示
	拖动标记	允许用户重定位最小值和最大值结果标记
	上一个模式/迭代	显示上一个使用当前后处理视图设置的模式或迭代
	下一个模式/迭代	显示下一个使用当前后处理视图设置的模式或迭代
	动画	控制动画设置
	上一个	在动画暂停时使动画后退一帧
	下一个	在动画暂停时使动画前进一帧
	播放	使用当前设置播放动画
	暂停	暂停当前动画
	停止	停止当前动画

注意：如果【后处理】工具条不可见，在工具条区域中右键单击并选择后处理。

6.1.4 导入结果及结果类型

可以导入并访问在当前解法集之外执行的解算的结果。支持采用以下文件格式导入结果：

- Nastran (.op2)
- 结构 P.E.(.vdm)
- ANSYS 结构(.rst)
- ABAQUS 热(.rth)
- ABAQUS (.fil)
- I-DEAS 结果文件(.unv)
- I-DEAS Bun 文件(.bun)

1. 通过后处理导航器导入结果

通过后处理导航器导入结果的操作步骤如下。

(1) 在后处理导航器中，右键单击【导入的结果】节点并选择【导入结果】命令。

(2) 在【导入结果】对话框中，输入要导入的结果文件的路径和文件名，或者单击【浏览】按钮定位到该结果文件并选择它。

(3) (可选)输入所导入结果的名称。所导入结果集的名称默认为结果文件的名称。

(4) 查看结果单位。必要时单击【更改】按钮并从【结果单位】对话框中选择新单位。

(5) 单击【确定】按钮。所导入的结果将出现在后处理导航器中的【导入的结果】节点下方。

现在，可以为导入的结果创建后处理视图和图形了。

2. 通过仿真导航器导入结果

通过仿真导航器导入结果的操作步骤如下。

(1) 在仿真导航器中，右键单击所需的仿真文件节点并选择【导入结果】命令。

(2) 在【导入结果】对话框中，输入要导入的结果文件的路径和文件名，或者选择【文件】|【打开】命令，定位到该结果文件并选择它。

(3) (可选)输入所导入结果的名称。所导入结果集的名称默认为结果文件的名称。

(4) 查看结果单位。必要时单击【更改】按钮并从【所导入结果的单位】对话框中选择新单位。

(5) 单击【确定】按钮。所导入的结果将出现在仿真导航器中的"仿真"节点下方。

> 注意：所导入的结果在仿真导航器中的显示状态可能为【结果可能需要更新】。如果出现这种情况，右键单击【导入的结果】节点并选择【清除状态已过时的结果状态】命令。

(6) 双击所导入的结果，以便加载结果并切换到后处理导航器。所导入的结果将出现在【导入的结果】节点下方。

现在，可以为导入的结果创建后处理视图和图形了。

3. 典型结果类型的数据格式和单位

表 6-2 提供了典型结果类型及某一结果集内所包括的数据。

表 6-2 典型结果类型

结果类型	数据格式	单 位
位移	3 DOF 矢量	长度 (3) 非特定 (3)
旋转	3 DOF 矢量	非特定 (3)
应力	对称张量	压力
应变	对称张量	—
应变能量	标量	力
应变能量密度	标量	压力
应用的载荷	标量	力
反作用力	6 DOF 矢量	力 (3) 扭矩 (3)
单元误差	6 DOF 矢量	力 (3) 扭矩 (3)
温度	标量	温度
热通量	3 DOF 矢量	热通量/面积
热梯度	3 DOF 矢量	梯度热通量/长度
接触力	6 DOF 矢量	力 (3) 扭矩 (3)
接触压力	标量	压力

续表

结果类型	数据格式	单 位
接触应力	对称张量	压力
接触摩擦	对称张量	压力
应力安全系数	标量	无
疲劳安全系数	标量	无
疲劳寿命	标量	疲劳工作周期

注意：只有当运行适应性解算过程时才计算单元误差结果。

单元误差结果存储为每个单元的标量误差值。该数据用于确定基于现有网格的适应性分析的质量。它有助于用户决定现有网格是否可接受，或该网格是否应修缮。误差越大，就越需要修缮。

单元误差计算是派生自 Zienkiewicz-Zhu 误差估算(1987)的相对百分比单元误差的变体。Zienkiewicz-Zhu 误差估算器是基于应力的一种最佳设想，这种"后向"类型的计算已广泛用于估算适应性解法的结果。

要获得单元误差值的结果集，则首先为模型中的所有单元计算相对误差百分比，方法是使用应变能量和位移误差准则。对模型中的所有单元计算平均相对误差百分比之后，低于该平均值的任何单元都被认为可忽略(在轮廓绘图上为零)。其余单元的相对误差百分比则定义为单元误差。因此，高应力梯度面积和高应力阶跃就很明确了。

6.1.5 上机指导：导入一连杆的后处理

设计要求：

在本练习中将导入一后处理文件，查看各种不同载荷时的分析结果，了解后处理导入结果的流程。

设计思路：

(1) 导入一后处理结果文件。
(2) 在多个窗口中观察结果。
(3) 显示和移动显示标记。
(4) 动画结果显示。
(5) 关闭网格显示。
(6) 改变显示类型。
(7) 控制显示变形。

练习步骤：

(1) 新建一部件并启动高级仿真模块。

① 在 NX 中选择【新建】命令，弹出【新建】对话框。选择【模型】模板，单位为【毫米】，文件名为 post_rod.prt，指定保存路径，单击【确定】按钮，创建新文件。

② 启动【高级仿真】模块。选择【开始】|【高级仿真】命令。

(2) 导入一后处理结果文件。

打开后处理导航器，右击 Imported Results，从快捷菜单中选择 Import Result 命令，弹出【导入结果】对话框。打开 ch06\6.1.5\ rod_solution.op2 文件，单击【确定】按钮。

> 注意：如果结果文件无法加载，请检查权限的文件，并确保它是不是只读。软件需要写入权限的文件，以便后处理结果

(3) 创建一新的后处理视图。

① 打开后处理导航器，选择 rod_solution 并展开其下所有节点文件。

② 选择【位移-节点的】并右击，选择 Plot 命令，在图中显示一位移结果，如图 6-3 所示。

③ 展开【位移-节点的】节点，双击【Y 向分量】，结果如图 6-4 所示。

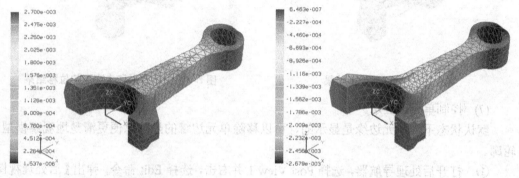

图 6-3 位移结果仿真图　　　　　　　图 6-4 Y 向位移结果仿真图

(4) 显示和移动标记。

显示标记提供了一种可以快速看到最低和最高结果值的方法。

① 在【后处理】工具条中单击【标记开/关】按钮 。结果如图 6-5 所示。

② 在【后处理】工具条中单击【标记拖动】按钮 ，拖动最大标签值到新位置，拖动最小标签值到新位置。结果如图 6-6 所示。

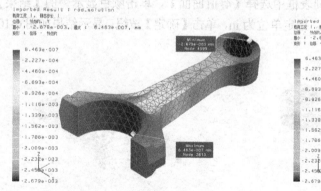 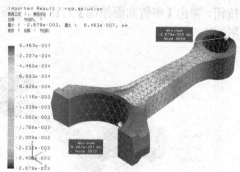

图 6-5 打开标记开/关　　　　　　　图 6-6 指定标签到新位置

(5) 动画结果显示。

① 在【后处理】工具条中单击【播放】按钮。结果如图 6-7 所示。

② 在【后处理】工具条中单击【动画】按钮，弹出动画对话框。选择【完整循环】，指定【同步帧延迟】为400ms，单击【停止】，单击【确定】按钮。

(6) 控制显示变形。

可以控制显示变形和不变形的结果。

在【后处理】工具条中单击【后处理视图】按钮，弹出【后处理视图】对话框。选中【变形】和【显示未变形的模型】复选框，单击【确定】按钮结果如图6-8所示。

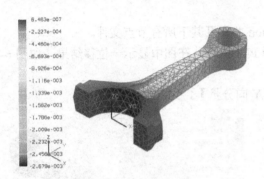

图6-7 位移后处理结果　　　　　　图6-8 显示变形和未变形的位移结果

(7) 控制单元边显示。

默认状态下，单元边缘是显示的，可以移除单元边缘的显示以便更清楚地观察模型的轮廓。

① 打开后处理导航器，选择Post View 1并右击，选择Edit命令，弹出【后处理视图】对话框。选择【边和面】选项卡，在【主显示的边】下拉列表框中选择【特征】。

② 选择【显示】选项卡，取消选中【显示未变形的模型】复选框，单击【确定】按钮。显示结果如图6-9所示。

(8) 改变显示类型。

默认状态下，显示类型是流畅的。可以改变显示类型，也可以控制其他选项来显示。

在【后处理】工具条中单击【后处理视图】按钮，弹出【后处理视图】对话框。在【显示】选项卡中的【颜色显示】下拉列表框中选择【等值曲面】，单击颜色显示旁的【结果】按钮，弹出【等值曲面绘图】对话框。指定单位为in，单击【确定】按钮。显示结果如图6-10所示。

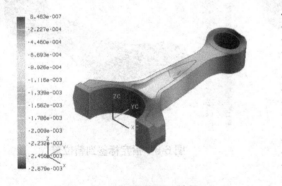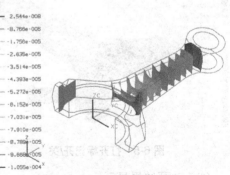

图6-9 特征位移显示结果　　　　　　图6-10 等值曲面位移结果

(9) 在多个窗口中显示后处理视图。

可以在多个窗口中显示不同的后处理结果。

① 在【布局管理器】工具条中单击【两侧视图】按钮，单击【布局设置】按钮，弹出【查看窗口设置】对话框。选择【用户选定的查看窗口】，单击【确定】按钮。

② 打开后处理导航器，选择【应力-基本的】节点并右击，选择 Plot 命令，弹出【查看窗口】工具条。选择屏幕右边的视图窗口，如图 6-11 所示，单击【确定】按钮，在屏幕右侧视图窗口中显示【应力-基本的】仿真结果，如图 6-12 所示。

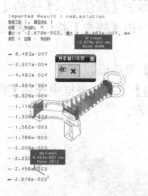 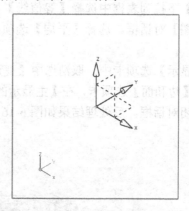

图 6-11 选择右侧视图窗口

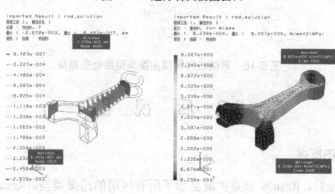

图 6-12 右侧视图显示应力仿真结果

③ 在后处理导航器的 Viewports 节点下显示两个后处理视图，左侧为位移结果，右侧为应力结果，如图 6-13 所示。

④ 单击【单视图】，在 Viewports 节点下只显示 Post View 1，Post View 2 不再显示。结果如图 6-14 所示。

(10) 叠加后处理视图。

可以在单个查看窗口中叠加多个后处理视图。可以为每个后处理视图单独设置后处理视图设置。

此步骤，在未变形的模型上覆盖应力显示的等值线显示和位移显示的等值曲面显示。

① 打开后处理导航器，选择【应力-基本的】节点并右击，选择 Overlay 命令，观察 Viewports 节点变化。结果如图 6-15 所示。

图 6-13 显示左右两侧视图　　　图 6-14 只显示一个视图　　　图 6-15 Viewports 节点

② 选择 Post View 3 并右击,选择 Edit 命令。在弹出的对话框中的【显示】选项卡中的【颜色显示】下拉列表框中选择【等值线】,单击【颜色显示】旁的【结果】按钮,弹出【等值线绘图】对话框。选择【平均】选项,单击【确定】按钮,返回【后处理视图】对话框。

③ 在【显示】选项卡中,取消选中【变形】复选框。

④ 选择【边和面】选项卡,在【主显示的边】下拉列表框中选择【特征】,单击【确定】按钮,关闭对话框。后处理结果如图 6-16 所示。

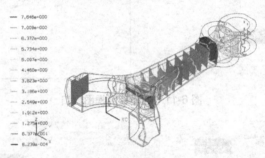

图 6-16 等值线和等值曲面类型后处理结果

6.2 后 视 图

6.2.1 后处理视图概述

当进入后处理时,Results 节点扩展显示了所有可用的结果类型。Results 节点下是一个后处理视图,该视图是由软件根据解算器结果自动创建的。后处理视图表示在图形窗口中显示的结果设置,包括结果类型、数据组元、切削平面、变形等。在 UG 高级仿真中可以建立附加后处理视图,并将设置另存为模板,如图 6-17 所示。

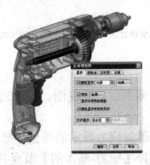

图 6-17 【后处理视图】对话框

6.2.2 轮廓、标记图和流线

1. 轮廓图

轮廓图将结果映射到模型，并将那些用颜色表示的结果值在所选的色谱中进行缩放。图 6-18 所示为可用轮廓图样式的示例，每个示例都说明映射到非变形模型的变形结果。

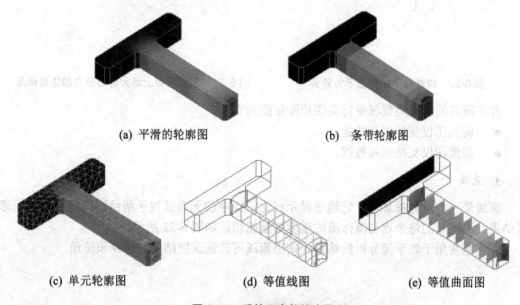

(a) 平滑的轮廓图　　　　　　　(b) 条带轮廓图

(c) 单元轮廓图　　　(d) 等值线图　　　(e) 等值曲面图

图 6-18　后处理中的轮廓图

2. 标记图

标记图使用能够反映幅值或方向的标记来表示节点或单元。支持的标记包括立方体、球体、箭头和张量标记。

1) 立方体和球体

立方体和球体表示节点或单元质心处的数据幅值。可以相对于模型大小将标记缩放到结果值，也可以使用指定的色谱来表示结果幅值。在表示标量结果时，立方体和球体尤其有用，如图 6-19 所示。

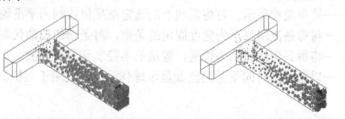

(a) 应力值显示为比例立方体　　　(b) 应变能量值显示为比例球

图 6-19　立方体和球体后处理结果

2) 箭头

箭头用来表示矢量结果。可以显示 X、Y 和 Z 矢量分量，也可以将幅值矢量显示为箭头来指示这 3 个分量总和的方向和幅值，如图 6-20 所示。

3) 张量

张量标量用来表示张量结果。张量标记描述张量的特征值和特征向量，如图 6-21 所示。

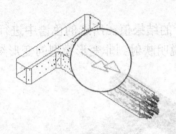
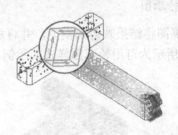

图 6-20　位移幅值矢量显示为箭头　　　图 6-21　单元质心上最大剪切应力的张量结果

并非所有的结果类型都受箭头图和张量图的支持：
- 箭头图仅支持矢量数据。
- 张量图仅支持张量数据。

3. 流线

流线是一种后处理显示，它通过显示已定义点中的无质量粒子所经过的路径来表示速度结果。沿流线的每个点与流体流的速度矢量相切，如图 6-22 所示。

流线通常用于表示流分析的结果，使用流线可改进速度结果的解释和传递。

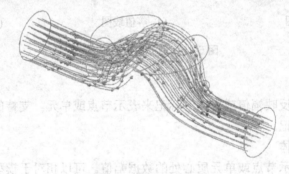

图 6-22　流线显示结果

流线有四种样式，如图 6-23 所示。
- 直线——简单流线显示。可将流线上的选定结果值绘制为平滑轮廓图。
- 条带——将每条流线显示为宽度固定的条带，对条带的扭曲代表流的旋涡度。
- 管道——将每条流线显示为管道，管道的半径表示流的发散。
- 气泡——以指定的时间增量沿流线显示球体。气泡还用于对恒稳态流线进行动画模拟。

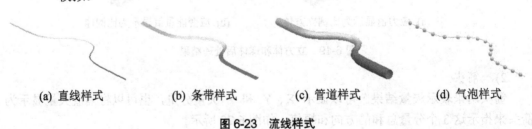

(a) 直线样式　　(b) 条带样式　　(c) 管道样式　　(d) 气泡样式

图 6-23　流线样式

6.2.3 切割平面

使用切割平面可以创建结果的截面和横截面显示。在对结果的方向以及结果在实体模型内部的分布情况进行可视化时,切割平面显示非常有用。

1. 切割平面的剪切侧

要使用切割平面创建剖面显示,请将剪切侧设置为正或负。正剪切面沿着所选切割平面轴的正侧剪切模型;负剪切面沿着所选切割平面轴的负侧剪切模型,如图 6-24 所示。

要创建横截面,请将剪切侧设置为二者。

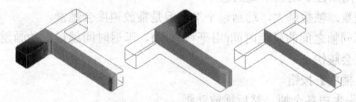

图 6-24 从左到右:正剪切侧;负剪切侧;剪切两侧

2. 切割平面模型上下文

通常,在整个模型上下文中查看切割平面的显示情况非常有用,如图 6-25 所示。
- 显示特征边缘使用特征线上的单元边缘来显示模型剖面部分的轮廓。
- 显示剪切的虚幻模型显示模型剖面部分的半透明图像。

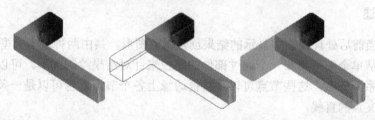

图 6-25 从左到右:没有模型上下文的切割平面;显示出特征线;所剪切几何体的半透明"虚幻"模型

> 注意:如果【半透明】复选框没有启用,则所剪切的虚幻模型显示为不透明,并使切割平面模糊。要启用【半透明】复选框,选择【预设置】|【可视化】命令。在弹出的对话框中选择【可视】选项卡,选中【半透明】复选框。

6.2.4 后处理中的动画

动画允许用户生成和控制各动画帧的显示。
- 可以对单个结果进行从零到其最大值的动画模拟。
- 可以对模式形状的整个运动范围进行动画模拟。
- 可以对单个结果进行多个时间步长的动画模拟。
- 可以对优化变量进行多个迭代的动画模拟。
- 可以对沿流线的流进行动画模拟。

在多个查看窗口中工作时,可以同时对多个后处理视图进行动画模拟。在按住 Ctrl 键的同时单击【后处理导航器】以选择多个要进行动画模拟的后处理视图。

使用下列步骤可以对单个结果进行从零到其最大值的动画模拟。

(1) 在后处理导航器中，选择要进行动画模拟的后处理视图。

要对多个后处理视图进行动画模拟，在按住 Ctrl 键的同时单击每个后处理视图节点将其选中。

(2) 在【后处理】工具条中，单击【动画】按钮，或者在后处理导航器中右键单击所需的后处理视图，选择【动画】命令。

(3) 从【动画】列表中选择【结果】。

(4) 从【样式】列表中选择【线性】。

(5) 指定要用来控制动画质量的选项。

- 指定帧数。帧数越大，动画越平滑，但是播放速度会越慢。
- 指定不同帧之间的延迟时间(用毫秒表示)。延迟时间越短，动画越平滑，而且播放速度会越快。

(6) 单击【播放】按钮。

NX 软件首先生成各个帧，然后播放动画。

可以暂停动画，并逐帧单步执行所暂停的动画帧。如果单击【确定】按钮关闭【动画】对话框，则动画会继续播放。可以使用【后处理】工具条中的动画按钮来控制动画。

6.3 图　　表

6.3.1 图表概述

可以针对当前后处理视图中显示的结果创建 XY 图形。共由两种基本类型的图形。

- 可以从单个结果集和一个通过部件的路径来针对结果绘制图形。可以将路径定义为一系列节点，这些节点可以是特征边缘上各个节点，也可以是一条通过空间中所定义点的直线。
- 可以绘制单个节点处的结果与模式、时间步长或迭代的关系图，如图 6-26 所示。

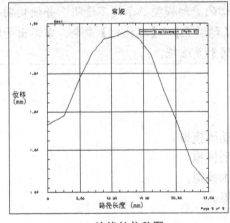 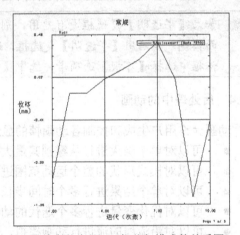

(a) 边缘处位移图　　　　　　　　(b) 单个节点处 Y 位移与模式的关系图

图 6-26　图表仿真结果

第6章 后处理

NX 后处理创建的是 AFU 文件形式的图形。在创建图形之后,可以使用函数和图表工具来进一步优化图形的显示。

6.3.2 创建图形

图形是基于当前的后处理视图中所显示的结果创建的。在创建图形之前,设置一个后处理视图来显示要为其绘制图形的结果或结果分量。

1. 在路径上创建图形

在路径上创建图形的具体操作步骤如下。
(1) 在后处理导航器中,右键单击所需的后处理视图并选择【创建图形】命令。
(2) 从【图形类型】列表中,选择【在路径上提取】。
(3) 命名该图形。
(4) 从【路径】列表中选择现有的路径,或者单击【创建】按钮创建新路径。
(5) 为【横坐标】、【无数据】和【值共享】指定相应的设置。
(6) 指定希望软件如何在路径中的节点或点之间进行插值。
● 当希望生成一个反映节点或点之间数据值变化的平滑图形,选择【包括交点】。
● 当希望对指定节点或点处的不同值进行比较时,取消选中【包括交点】复选框。
(7) 单击【确定】按钮。

图形定义将列在后处理导航器中解算节点的下方,所得到的图形将保存为 AFU 文件。如果【在创建时绘制图形】处于选中状态,软件将在当前的或所选的查看窗口中绘制图形。

2. 创建跨多个迭代的图形

创建跨多个迭代图形的具体操作步骤如下。
(1) 在后处理导航器中,右键单击所需的后处理视图并选择【创建图形】命令。
(2) 从【图形类型】列表中,选择【跨多个迭代】。
(3) 指定要针对其处的结果绘制迭代关系图的节点。在该文本框中输入节点 ID,或者单击【选择】按钮 ⊕ 并在图形窗口中选择一个节点。
(4) 从【开始】列表中,为图形横坐标中的第一个值选择模式、时间步长或迭代。
(5) 从【结束】列表中,为图形横坐标中的最后一个值选择时间步长或迭代。
(6) (可选)要跳过一些迭代或时间步长,请指定步长大小。例如,如果指定的步长大小为 2,软件会每隔一个迭代绘制图形。步长大小为 3,则会每隔两个迭代绘制图形。
(7) 为【横坐标】、【无数据】和【值共享】指定相应的设置。
(8) 单击【确定】按钮。

图形定义将列在后处理导航器中解算节点的下方,所得到的图形将保存为 AFU 文件。如果【在创建时绘制图形】处于选中状态,软件将在当前的查看窗口中绘制图形。

6.3.3 创建路径

1. 通过选择节点来创建路径

通过选择节点来创建路径的操作步骤如下。

(1) 在后处理导航器中右键单击所需的后处理视图并选择【创建路径】命令，或者当【图形类型】设置为【在路径上提取】时，在【创建图形】对话框中单击【创建】按钮。

(2) 命名该路径。

(3) 从方法列表中选择【节点 ID】。

(4) 在【节点 ID】文本框中输入节点 ID，或者在图形窗口中选择所需的节点以便将它们添加到【节点 ID】列表中。

软件会定义一个通过指定节点的路径。

2. 通过选择边缘来创建路径

通过选择边缘来创建路径的操作步骤如下。

(1) 在后处理导航器中右键单击所需的后处理视图并选择【创建路径】命令，或者当【图形类型】设置为【在路径上提取】时，在【创建图形】对话框中单击【创建】按钮。

(2) 命名该路径。

(3) 从【方法】列表中选择【边缘上的节点】。

(4) 在图形窗口中选择一个边缘。

软件会沿着所选边缘定义一个路径，路径上的节点会列在【节点 ID】文本框中。

6.3.4 上机指导：图表

设计要求：

在本练习中将创建一图表路径，并使用表函数创建图表，了解图表创建流程。

设计思路：

(1) 在模型中创建图表路径。

(2) 使用一系列数据创建图表结果。

(3) 使用两种函数创建图表。

练习步骤：

(1) 打开仿真文件。

打开 ch06\6.3.4\bottleMesh_sim.sim，结果如图 6-27 所示。

(2) 显示仿真结果。

① 打开后处理导航器，选择 LDC 节点并右击，选择 Load 命令。

> 注意：如果结果文件无法加载，请检查权限的文件，并确保它是不是只读。软件需要写入权限的文件，以便后处理结果。

② 展开 LDC 节点，展开【非线性步长 20】节点，双击【应变 顶部-单元节点】。结果如图 6-28 所示。

(3) 在后处理视图中关闭变形。

在后处理导航器中选择 Post View 1 节点并右击，选择 Edit 命令，弹出【后处理视图】对话框。在【显示】选项卡中，取消选中【变形】复选框，单击【确定】按钮。结果如图 6-29 所示。

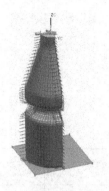
图 6-27 bottleMesh_sim.sim

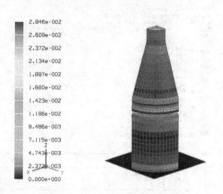
图 6-28 应变 顶部仿真结果

(4) 创建路径。

① 在后处理导航器中，右击 Post View 1，从快捷菜单中选择 Create Path 命令，弹出【路径】对话框。在名称栏中输入 Buckle Nodes，【方法】下拉列表框中选择【节点 ID】。

② 如图 6-30 所示，继续自上而下挑选线节点。

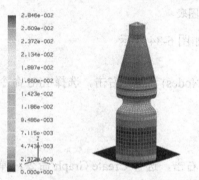
图 6-29 关闭变形后的仿真结果

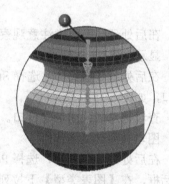
图 6-30 挑选线节点

③ 单击【确定】按钮。在后处理导航器中创建的路径列表如图 6-31 所示。

(5) 创建新的视图窗口。

① 在【布局管理器】工具条中单击【上下视图】按钮。

② 在【布局管理器】工具条中单击【布局设置】按钮，弹出【查看窗口设置】对话框。选择【指定的查看窗口】，在上下视图窗口中选择 2，如图 6-32 所示，单击【确定】按钮。

图 6-31 创建路径列表

图 6-32 指定上下窗口中的 2

(6) 使用路径创建图表。

① 在后处理导航器中，选择 Post View 1 并右击，选择 Create Graph 命令，弹出【图表】对话框。在名称栏中输入 Strain (Buckle Nodes)，单击【确定】按钮生成的图表如图 6-33 所示。

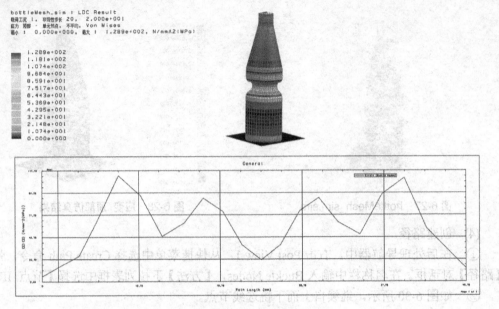

图 6-33 创建图表

② 在后处理导航器中注意观察图表列表，如图 6-34 所示。

(7) 显示 AFU 文件信息。

① 在后处理导航器中，选择 Strain (Buckle Nodes)节点并右击，选择 Info 命令，弹出信息窗口，如图 6-35 所示。

② 查看信息后关闭信息窗口。

(8) 图表类型交叉迭代。

① 在后处理导航器中，选择 Post View 1 并右击，选择 Create Graph 命令，弹出【图表】对话框，在【图表类型】下拉列表框中选择【交叉迭代】。

② 在对话框中单击【从模型中拾取】按钮 ⊕，选择如图 6-36 所示的节点。

③ 在名称栏中输入 Strain Across Iterations，单击【确定】按钮。创建的图表如图 6-37 所示。

图 6-34 图表列表　　　图 6-35 信息窗口中的信息　　　图 6-36 选择图中节点

(9) 显示位移结果。

在后处理导航器中，展开【非线性步长 20】节点，双击【位移-节点的】节点。结果如图 6-38 所示。

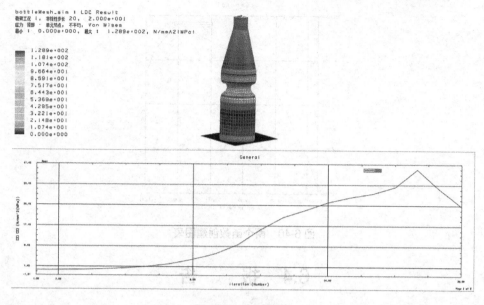

图 6-37 创建图表

(10) 交叉迭代图表位移。

在后处理导航器中，选择 Post View 1 节点，并右击，选择 Create Graph 命令，弹出【图表】对话框，在【图表类型】下拉列表框中选择【交叉迭代】，名称输入 Displacement node 1098，节点 ID 输入 1098，单击【确定】按钮。创建的图表如图 6-39 所示。

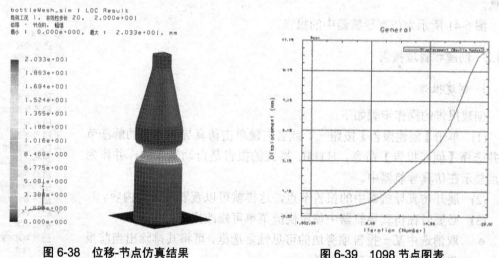

图 6-38 位移-节点仿真结果　　　　　　　　图 6-39 1098 节点图表

(11) 使用两种函数创建图表。

① 打开 XY 函数导航器，选择 Associated AFU 并右击，选择【打开】命令。在弹出的对话框中选择 bottlemesh_sim-ldc_PostGraphs.afu 文件，单击 OK 按钮。

② 展开 Associated AFU 节点，展开 bottlemesh_sim_ldc_PostGraphs 节点，按住 Ctrl 键选择 RECORD2 和 RECORD3 并右击，选择【两个函数】| RECORD3→ RECORD2 命令。结果如图 6-40 所示。

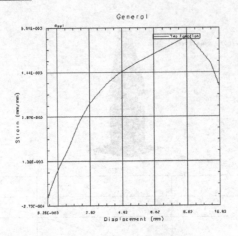

图 6-40 两个函数创建图表

6.4 报 告

6.4.1 报告概述

使用【创建报告】命令可生成一般的报告。

报告是一种 HTML 文档，包含 .gif 图像及其他 FEM 模型数据。它由一个标题页面和多个章节组成。每一章均包含自动生成的信息，某些部分则包括由用户输入或编辑的可选信息。

图 6-41 所示为仿真导航器中的报告。

6.4.2 创建和管理报告

1. 创建报告

创建报告的操作步骤如下。

(1) 单击【创建报告】按钮，或者右键单击仿真导航器中的解法节点并选择【创建报告】命令。HTML 格式的报告是自动生成的，并作为节点显示在仿真导航器中。

(2) 展开仿真导航器中的报告节点，这样就可以查看各章的内容。

(3) 必要时在仿真导航器中使用快捷菜单可修改报告。

- 取消选中某一报告项旁边的可见性复选框，可将其排除出当前报告，或使用快捷菜单清除。
- 从快捷菜单中打开文本编辑器，可在该编辑器中对报告的各部分添加或编辑文本。

图 6-41 报告

2. 导出报告

要导出报告，右键单击仿真导航器中的【报告】节点并选择【导出】命令。该报告将写入到许多 HTML 和图形文件中，并存储在用户的本地临时目录。如果编写了文件，则启动默认浏览器并显示产生的报告。

3. 保存报告

在浏览器中使用【文件】|【另存为】命令可将报告保存到永久位置。

4. 删除报告

要删除报告，右键单击仿真导航器中的报告节点，并选择【删除】命令。

6.4.3 上机指导：报告

设计要求：

在本练习中将创建一数据模型、解法数据和图像的 HTML 报告，了解报告创建流程。

设计思路：

(1) 准备报告。
(2) 添加图像和动画到报告。
(3) 导出报告到一浏览器。

练习步骤：

(1) 打开仿真文件。

此文件包含先前解算的有限元模型。当打开高级仿真文件时，NX 自动进入高级仿真模块。

在 NX 中，打开 ch06\6.4.3\adjust_arm_sim1.sim，结果如图 6-42 所示。

(2) 准备报告。

这个报告是 HTML 文件包括.gif 图像和其他的 FEM 模型数据。它由一些标题和多个章节页组成，每一个章节都包含自动生成的信息，还包括一些可编辑的可选信息。

在【高级仿真】工具条中单击【创建报告】按钮。

一个报告被创建，并且在仿真导航器下有这个报告的节点。

(3) 添加姓名到报告。

当导出报告时，报告节点列表中将有各种各样的信息。可以添加文字和图像到信息种类中。

打开仿真导航器，展开 Solution 1 节点，展开 Report 节点，展开【标题】节点，双击【作者】，弹出【报告编辑器】对话框。输入作者名称，如图 6-43 所示，单击【确定】按钮。

(4) 添加图像。

展开【图像】，选择【图像】并右击，选择【快照】命令。

一个新的 Image1 节点添加到图像节点下，如图 6-44 所示。

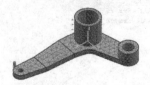 

图 6-42　adjust_arm_sim1.sim　　　图 6-43　【报告编辑器】对话框　　　图 6-44　图像节点信息

(5) 添加动画。

① 在仿真导航器中双击 Results 节点。

② 打开后处理导航器，展开 Solution 1 节点，展开【位移-节点的】节点，双击 Magnitude，在【后处理】工具条中单击【播放】按钮。结果如图 6-45 所示。

③ 打开仿真导航器，展开 Report 节点，展开【图像】节点，选择【图像】并右击，选择【快照】命令。

一个新的 Image2 节点添加到图像节点下，如图 6-46 所示。

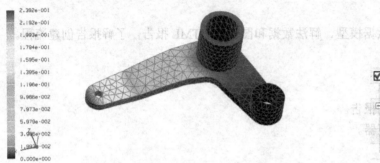

图 6-45　位移-节点仿真结果　　　　　　图 6-46　图像节点信息

④ 在后处理导航器中单击【停止】按钮。

(6) 输出报告到浏览器。

当输出报告时将显示一个新的浏览器窗口。

① 在仿真导航器中单击 Report 并右击，选择【导出】命令。如图 6-47 所示。

这个报告将被输出到默认的浏览器中，检查报告，可以在浏览器中保存报告，关闭浏览器。

② 选择【文件】|【关闭】|【所有部件】命令。

图 6-47　在浏览器中生成的报告

6.5 习　　题

打开 ch06\6.5\tee_sim1.sim，如图 6-48 所示。在【温度仿真】节点下改变后处理视图的颜色显示分别为条带、单元、等值线、等值曲面、立方体、球体和箭头，观察后处理模型的变化情况。

图 6-48　tee_sim1.sim

第 7 章 求解模型和解法类型

7.1 求解模型

7.1.1 求解概述

一旦通过定义网格和应用边界条件准备好了模型，则可执行解算。在对模型求解时，软件为选定的解算器创建输入文件，然后开始处理它。也可以选择只创建解算器输入文件，而实际上不解算它。图 7-1 所示为求解模型。

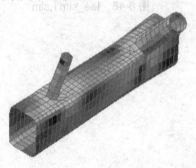

图 7-1 求解模型

注意：可以通过【文件】|【导出】命令来编写输入文件。该命令允许控制输入文件的位置，以及文件的单位。可以编写活动的 FEM 和仿真文件，或仅编写活动的 FEM 文件。

1. 解算之前检查模型

解算之前检查模型的操作步骤如下。
(1) 在仿真导航器中选择 Solution 节点。
(2) 右击，选择【模型设置检查】。
(3) 检查信息窗口中报告出的问题。

2. 解算子工况

每种解法均包含称为步骤或子工况的其他存储单元，这取决于解算器。每个步骤或子工况均含有诸如载荷、约束和仿真对象之类的解法实体。

- NX Nastran MSC Nastran——对于结构性解算，约束可以存储在主解法或子工况中，载荷存储在子工况中；对于热解算，载荷和约束均存储在子工况中。
- ANSYS——约束存储在主解法中，且载荷存储在子步骤中；对于非线性静态解算和热解算，约束存储在子步骤中。
- ABAQUS——加载历史记录被分为几个步骤。对于线性分析，每个步骤基本上都是一个载荷工况。所有载荷和约束都分在指定的步骤中。步骤可以包含任意数目、任意类型的载荷和约束。
- 如果要进行仿真的问题是一个步骤的结果成为下一步骤的初始条件，必须确保上一步骤的载荷和边界条件也包括在后续步骤中。
- LS-DYNA——对于 LS-DYNA 解算器，使用【创建解法】对话框可创建结构解法。此功能用于未来扩展。不必创建仿真文件或解法。可改为从 FEM 直接执行导出仿真命令，以写入 LS-DYNA 关键字文件。高级仿真不支持 LS-DYNA 的边界条件或载荷。

7.1.2 NX 结构分析和解算类型

表 7-1 显示了 NX Nastran 解算器支持的分析类型和解法类型。

表 7-1　NX Nastran 解算器支持的分析类型和解法类型

分析类型	解法类型	描述
线性静态	SESTATIC101 - 单个约束 SESTATIC101 - 多个约束	用于解算线性和某些非线性问题(例如缝隙和接触单元)的结构解算
模态分析	SEMODES103 SEMODES103 - 响应仿真	用于评估自然模态和固有频率
线性屈曲	SEBUCKL105	是一种用于确定屈曲载荷和屈曲模式形状的技术
非线性静态	NLSTATIC106	考虑几何和材料非线性行为
直接频率响应	SEDFREQ 108	直接计算承受稳态振荡激励(例如旋转的机器或直升机桨叶)的结构的复杂结果响应(例如位移、力和应力)
直接瞬态响应	SEDTRAN 109	直接计算承受随时间变化激励的结构的复杂结果响应(例如位移、力和应力)
模态频率响应	SEMFREQ 111	根据模型的自然模态(最初使用 SEMODES 103 计算)计算稳态振荡激励响应
模态瞬态响应	SEMTRAN 112	根据模型的自然模态(最初使用 SEMODES 103 计算)计算随时间变化的激励响应
非线性瞬态响应分析	NLTRAN 129	动态响应包括(NLSTATIC 106)非线性
高级非线性静态响应(隐式)	ADVNL 601,106	考虑几何和材料非线性行为
高级非线性瞬态响应(隐式)	ADVNL 601,129	动态瞬态响应的计算方法,其中包括非线性条件
高级非线性动态分析(显式)	ADVNL 701	计算动力响应的非线性效应
稳态热传递	NLSCSH153	热分析

续表

分析类型	解法类型	描述
轴对称结构	SESTATIC101 - 多个约束 NLSTATIC106 ADVNL 601,106 ADVNL 601,129	当 FE 模型被定义来仅用于对轴对称部件的一侧轴进行截面切割时，轴对称分析可解算这样的一类模型。这大大减少了自由度(DOF)，并由此也大大缩短了解法时间
轴对称热	NLSCSH153	热分析

如果选择解算器，选项将包括表 7-1 中未列出的几种解算器类型。

- NX Nastran Design——该解算器是适用于设计仿真用户的 NX Nastran 解算器的流线型版本。可以使用 NX Nastran Design 来执行线性静态、振动(自然)模式、线性屈曲和热分析。
- NX 热/流——通过此解算器可以执行热传递和计算流体动力学(CFD)分析。可将两种解算器单独使用或结合使用来获得耦合的热流结果。
- NX Electronic System Cooling——此解算器是一个综合的热传递和流仿真套件，它将热分析和计算流体动力学(CFD)分析相结合。可以使用此解算器来分析电子设计的复杂热问题。
- NX 空间系统热——解算器提供了用于空间和常规应用的热仿真工具的综合套件。
- LSDYNA——此版本的 NX 中的 LS-DYNA 解法类型用于将来扩展。可以创建 FEM 并使用导出仿真来写入 LS-DYNA 关键字文件，但仿真文件不支持边界条件和载荷，并且解算选项不起作用。

7.1.3 NX Nastran 输出文件概述

当将一个输入文件提交给 NX Nastran 执行时，软件会生成许多不同的输出文件。提交作业时，有些文件是自动生成的，而其他文件只根据在输入文件或命令行中所作出的特定请求才生成。表 7-2 显示了 NX Nastran 输出文件的不同类型。

表格 7-2 NX Nastran 输出的文件的类型

文件扩展名	简要说明
*.dat	NX Nastran ascii 输出文件； 包含模型数据、解算选项和输出请求； 可以在解算之前在 NX 中或用文本编辑器修改此文件
*.f06	f06 文件包含分析中所有请求的结果，如位移、应力和单元力以及所有诊断消息
*.f04	提供有关分配文件、磁盘空间使用情况和分析中使用的模块的历史记录
*.log	.log 文件中含有系统信息，如运行分析的计算机的名称。它还包含任何在分析中遇到的系统错误
*.op2	后处理使用的图形数据库文件

除以上列出的文件外，软件在分析过程中还会生成一些临时文件，这些临时文件在求

解完成后将被自动删除。

> 注意：默认情况下，软件将分别写出 .f06、.f04 和 .log 文件。但是，运行作业时用户可以在命令行中使用"append"关键字 (append=yes)，以使软件将这些文件合并成一个文件，扩展名为 .out。

7.1.4 解算模型

要确保解算成功和结果精确，可运行模型检查及单元质量检查，然后解算该模型。具体操作步骤如下。

(1) 在仿真导航器中，右键单击解法节点选择【求解】命令。

(2) 在弹出的【求解】对话框中，从【提交】列表中选择一个选项。

- 要编辑解法属性，则选择【编辑解法属性】。
- 要编辑解算器参数，则选择【编辑解算器参数】。

(3) 单击【确定】按钮即可进行解算。

(4) 弹出分析作业监视器。如果分析已完成，仿真导航器中则出现【结果】节点。结果如图 7-2 所示。

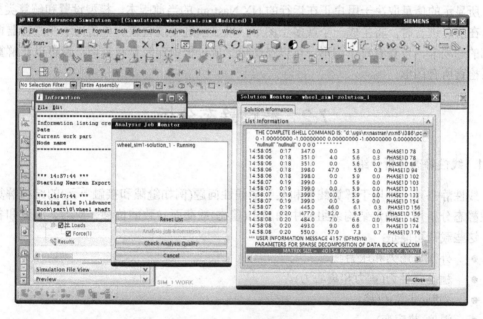

图 7-2 解算模型

7.1.5 NX Nastran 解法监视器

NX Nastran 解法监视器将显示有关当前解算进度的实时信息。一些解法监视器包括：

- 解法信息监视器——它在写入 .f04 文件时显示其内容。
- 稀疏矩阵解算器监视器——该监视器显示使用稀疏矩阵解算器的所有解法，如图 7-3 所示。
- 迭代解算器收敛监视器——在执行线性静态分析(SOL101)时将显示该监视器。

- 特征值抽取监视器——在使用 Lanczos 方法抽取特征值以便用于自然模态分析时，将显示该监视器。

注意：进度和收敛图形仅对 NX Nastran 6.0 或更高版本适用。

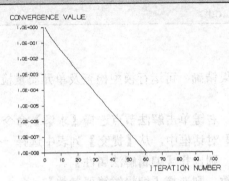

图 7-3 稀疏矩阵监视器

使用解法监视器可监视解法的收敛，并估计解算所需的剩余时间。根据监视器的输出，用户可能需要取消解算、优化模型设置，或调整解法参数。

所显示的信息取决于用户正在运行的 NX Nastran 的当前版本、模型设置和解算类型。

在解算进行时，将生成一个或多个图形，以显示进度或收敛。单击显示在监视器窗口顶部的选项卡，可查看每个图形。可以在图形生成过程中实时查看它们，也可以在解算完成后检查所有图形。

7.2 线性静态分析

7.2.1 线性静态分析介绍

线性静态是一种用于解算线性和某些非线性问题(例如缝隙和接触单元)的结构解算。线性静态分析用于确定结构或组件中因静态(稳态)载荷而导致的位移、应力、应变和各种力。这些载荷可能是：

- 外部作用力和压力。
- 稳态惯性力(重力和离心力)。
- 强制(非零)位移。
- 温度(热应变)。

7.2.2 支持线性静态分析类型

在高级仿真中，当创建结构分析时可以选择表 7-3 所列的线性静态分析的类型。

表 7-3 线性静态分析类型

解 算 器	解算类型
NX Nastran MSC Nastran	SESTATIC101 - 单个约束

续表

解 算 器	解算类型
NX Nastran	SESTATIC101 - 多个约束
MSC Nastran	
ANSYS	线性静态
ABAQUS	静态摄动

7.2.3 使用网格和材料的线性静态分析

使用线性静态分析包括的网格类型有：
- 3D 四面或六面体实体网格。
- 2D 四边形和三角形薄壳网格。
- 1D 矩形、梁、杆、刚性连杆和弹簧元件网格。
- 0D 集中质量单元网格。

使用线性静态分析包括的材料类型有：
- 各向同性材料。
- 正交各向异性材料。
- 各向异性材料。

7.2.4 为线性静态分析定义边界条件

线性静态分析的边界条件可用于基本的几何体和基本的有限元体，这里包括：
- 施加在点和边上的力。
- 面载荷。
- 温度载荷。
- 位移约束。
- 耦合自由度。

7.2.5 设置线性静态解算属性及使用迭代求解器

在线性静态分析中，一些 NX Nastran 解算属性包括：
- 最大作业时间。
- 输出请求(一些输出要求预设)。
- 默认温度。
- 系统单元。
- 参数。

图 7-4 所示为【编辑解算方案】对话框。

当提示开始解算时，可以在【编辑解算方案】对话框中选中【迭代求解器】复选框，如图 7-5 所示。

迭代求解：
- 可以更快，使用较少的内存和磁盘，要求较少的不是标准的稀疏矩阵求解器。

- 用于线性静态分析，不包括接触。
- 显示出最佳的性能增益模式。
- 是非常有效的组成模式，主要用于抛物线四面体。

图 7-4 【编辑解算方案】对话框　　　　图 7-5 选中【迭代求解器】复选框

7.2.6 上机指导：连杆的线性静态分析

设计要求：

在本练习中将利用一个三维实体网格，分析一连接杆部件，了解线性静态分析的工作流程。

设计思路：

(1) 打开部件并建立 FEM 和仿真文件。
(2) 给网格定义材料。
(3) 理想化模型。
(4) 划分网格。
(5) 作用载荷和约束到部件。
(6) 解算模型和观察分析结果。

练习步骤：

(1) 打开部件，启动高级仿真。
 ① 在 NX 中，打开 ch07\7.2.6\ rod.prt，如图 7-6 所示。
 ② 启动【高级仿真】模块。选择【开始】|【高级仿真】命令。
(2) 指定材料到部件。

当指定材料到部件时，网格将继承定义的材料。这里将定义钢材料给模型部件。

在【高级仿真】工具条中单击【材料属性】按钮，弹出【指派材料】对话框。在【材料】列表中选择 Steel 并右击，选择【将库材料加载到文件中】命令。在弹出的对话框中选择连杆部件，单击【确定】按钮。

(3) 创建 FEM 和仿真文件。

① 在仿真导航器中单击 rod.prt 并右击，选择【新建 FEM 和仿真文件】命令，弹出对话框。求解器选择 NX NASTRAN，分析类型选择【结构】，单击【确定】按钮。

② 在弹出的【创建解算方案】对话框中，解算方案类型选择【SESTATIC 101 单约束】，其他选项默认，单击【确定】按钮。

(4) 理想化几何体。

① 在仿真导航器的仿真文件视图中双击 rod_fem1_i，使其成为当前工作部件。

② 在【高级仿真】工具条中单击【理想化几何体】按钮，弹出对话框。选择接杆部件并打开对话框中的【孔】选项，单击【确定】按钮，将模型中直径小于 10mm 的孔移除掉。结果如图 7-7 所示。

(5) 划分网格。

为了给部件划分网格，必须显示 FEM 文件。

① 在仿真导航器的仿真文件视图中双击 rod_fem1，使其成为当前工作部件。

② 在【高级仿真】工具条中单击【3D 四面体网格】按钮，弹出对话框。选择零件实体，单元属性设置为 CTETRA(10)，单元大小设置为 4mm，单击【确定】按钮。生成的网格如图 7-8 所示。

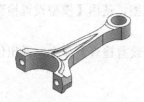 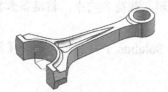 

图 7-6　rod.prt　　　图 7-7　理想化模型　　　图 7-8　生成 3D 四面体网格

(6) 施加轴承载荷。

① 在仿真导航器的仿真文件视图中双击 rod_sim1，使其成为当前工作部件。

② 在仿真导航器中关闭 Solid(1) 节点。

③ 在【高级仿真】工具条中的【载荷类型】中选择【轴承】，弹出【轴承】对话框。选择如图 7-9 所示的圆柱面并指定矢量方向为-Y 轴，在【属性】选项组中指定力的大小为 1000 N，单击【确定】按钮。结果如图 7-10 所示。

(7) 施加销钉约束。

在【高级仿真】工具条中的【约束类型】中选择【销钉约束】，弹出对话框。选择如图 7-11 所示的面，单击【确定】按钮。生成的销钉约束如图 7-12 所示。

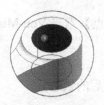  

图 7-9　选择圆柱面　　图 7-10　生成轴承载荷　　图 7-11　选择半圆面　　图 7-12　生成销钉约束

(8) 施加第二个约束。

这个模型已经约束了，但是仍有绕 Z 轴旋转的自由度。在模型的顶部添加另一个约束以防止刚性移动。

在【高级仿真】工具条中单击【用户定义的约束】按钮，弹出对话框。在【方向】选项组中的【位移 CSYS】下拉列表框中选择【现有的】，在【自由度】选项组中将 DOF1 设定为【固定】，选择如图 7-13 所示模型上的点，单击【确定】按钮。结果如图 7-14 所示。

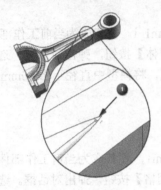
图 7-13 选择点

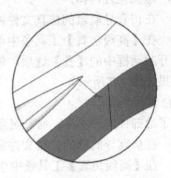
图 7-14 生成用户自定义约束

(9) 检查模型。

现在已经定义了网格、材料、载荷和约束，将准备解算模型，使用【模型设置检查】命令验证解算之前的模型。

① 在仿真导航器中选择 Solution 1 并右击，选择【模型设置检查】命令，弹出信息窗口。

② 观察信息并关闭窗口。

(10) 修改输出请求。

① 在仿真导航器中选择 Solution 1 并右击，选择【编辑解算方案】命令，弹出对话框。

② 选择【工况控制】选项卡，单击 Output Requests 旁的【修改选定的】按钮，弹出【结构输出请求】对话框。选择【应变】选项卡，单击【启动 STRAIN 请求】按钮，连续两次单击【确定】按钮，关闭对话框。

(11) 解算模型。

① 单击 Solution 1，右击，选择【求解】命令，弹出【求解】对话框。连续两次单击【确定】按钮。解算完成后关闭信息和命令窗口。

② 取消【解算监视器】。

(12) 观察分析结果。

① 在仿真导航器中双击 Results。

② 打开后处理导航器，展开 Solution_1 节点，展开【应变-单元节点】，双击 Von-Mises。仿真结果如图 7-15 所示。

③ 展开【位移-节点的】，双击 Y，仿真结果如图 7-16 所示。

④ 单击【后处理】工具条中的【播放】按钮，观察模型变化前后的状态。

(13) 保存并关闭所有文件。

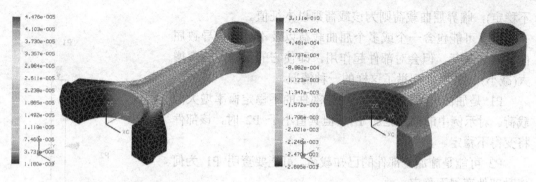

图7-15 应变-单元节点仿真图　　　　　　图7-16 位移-节点的图

7.3 线性屈曲分析

7.3.1 线性屈曲介绍

屈曲分析是一种用于确定屈曲载荷和屈曲模式形状的技术。屈曲载荷是一种临界载荷，此时结构会变得不稳定，且屈曲模式形状是与某一结构的屈曲反应相关联的特性形状。

线性屈曲分析所确定的加载条件会使结构失稳，并导致生成各种屈曲模式形状，这取决于征值方法和该分析的解算模式数目，如图7-17所示。

在线性静态分析中，结构模型通常被认为处于一种稳定的均衡状态。随着移除先前应用的载荷，该结构还原到其原始位置。不过，在某些加载组合下，该结构会变得不稳定。如果达到该加载状况，即使加载量和"屈曲"不增加，该结构也会继续挠曲或变得不稳定。

要构建模型以进行线性屈曲分析，则选择【线性屈曲分析】。执行解算操作之前，先为所需的屈曲形状模式输入一个数目，并在需要时输入上下限本征值范围。默认值(通常是最小数目的模式)在这些值未定义的情况下是给定的。

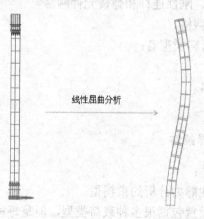

图7-17 线性屈曲分析

7.3.2 在线性屈曲分析中如何处理载荷

如果已分析的模型仅包含一个屈曲载荷(即，如果某一载荷足够大，则会导致系统变得不稳定),临界屈曲载荷则为该载荷乘以本征值。

模型可能包含一个或多个屈曲载荷以及不会自行导致屈曲的其他载荷,但会对部件起作用,即使它的不稳定概率增大(减小)。图 7-18 列举了这样的一种情况。

P1 是屈曲载荷,P2 是一种使部件的不稳定概率增大的载荷。对示例中的部件施加 P1,但其值小于 P2 时,该部件将变得不稳定。

P2 可能是施加于部件的已知载荷。可能要查明 P1 为何值时部件变得不稳定。

有了线性屈曲解法,就不能保持 P2 恒定和只为 P1 导致的屈曲分析部件。线性屈曲解法将所有载荷看作一个系统。载荷之间的关系被认为是不更改的。例如,如果部件分析时采用 P1=1 和 P2=0.5 且最低本征值为 500,则认为系统对于该载荷组合不稳定:P1=500 和 P2=250。

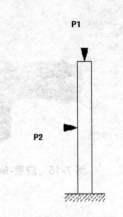

图 7-18 屈曲载荷与附加载荷

高级仿真支持下列屈曲环境:

- NX Nastran——SEBUCKL 105。
- MSC Nastran——SEBUCKL 105。
- ANSYS——屈曲。
- ABAQUS——屈曲摄动子步骤。

7.3.3 使用网格和材料的线性静态分析

使用屈曲分析包括的网格类型有:

- 3D 四面或六面体实体网格。
- 2D 四边形和三角形薄壳网格。
- 1D 矩形、梁、杆、刚性连杆和弹簧元件网格。
- 0D 集中质量单元网格。

使用屈曲分析包括的材料类型有:

- 各向同性材料。
- 正交各向异性材料。
- 各向异性材料。

7.3.4 为屈曲分析定义边界条件

屈曲分析定义边界条件:

- 定义约束,为线性静力分析约束模型。
- 施加载荷,载荷设置包括很多种载荷类型,但是每种载荷都有策略负荷因子。

7.3.5 设置屈曲解算属性

在 NX Nastran 中,屈曲载荷包括屈曲载荷子工况和屈曲方法子工况。

在屈曲分析中,一些 NX Nastran 解算属性包括:

第7章 求解模型和解法类型

- 最大作业时间。
- 输出请求(一些输出要求预设)。
- 默认温度。

图 7-19 所示为【编辑解算方案】对话框。

图 7-19 【编辑解算方案】对话框

7.3.6 上机指导：线性屈曲分析

设计要求：

在本练习中将分析一皮带以决定前 3 种屈曲模式，了解线性屈曲分析的工作流程。

设计思路：

(1) 设置一屈曲解法。
(2) 考察屈曲模式结果。

练习步骤：

(1) 打开部件，启动高级仿真。

① 在 NX 中，打开 ch07\7.3.6\ strap.prt，如图 7-20 所示。
② 启动【高级仿真】模块。选择【开始】|【高级仿真】命令。

(2) 创建 FEM 和仿真文件。

① 在仿真导航器中选择部件并右击，选择【新建 FEM 和仿真文件】命令，弹出对话框。求解器选择 NX NASTRAN，分析类型选择【结构】，单击【确定】按钮。
② 在弹出的【创建解算方案】对话框中，在【解算方案类型】列表框中选择 SEBUCKL 105，其他选项默认，单击【确定】按钮，创建 FEM 和仿真文件。

(3) 创建理想化几何体。

显示理想化几何体。

在仿真导航器中双击 strap_fem1_i，使其成为当前工作部件。

创建中位面。在【模型准备】工具条中单击【中位面】按钮，弹出对话框。选择如图 7-21 所示实体的上表面，单击【自动创建】按钮，这时在模型中间生成中位面，如图 7-22

159

所示。单击【取消】按钮，关闭对话框。

图 7-20　strap.prt　　　　图 7-21　选择上表面　　　　图 7-22　创建中位面

(4) 显示 FEM 文件和中位面。
① 双击 strap_fem1，使其成为当前工作部件。
② 展开 Polygon Geometry 节点，关闭 Polygon Body_1 节点，只显示模型中位面。结果如图 7-23 所示。

(5) 创建物理属性。
① 在【高级仿真】工具条中单击【物理属性】按钮，弹出【物理属性表管理器】对话框。在【类型】下拉列表框中选择 PSHELL，名称栏中输入 PSHELL1，单击【创建】按钮。
② 在弹出的 PSHELL 对话框中，在 Material 1 旁单击【选择材料】按钮，弹出【材料列表】对话框。从列表中选择 Steel-rolled 材料并右击，选择【将库材料加载到文件中】命令，在弹出的对话框中单击【确定】按钮，输入默认厚度值为 0.2in，再次单击【确定】按钮，单击【关闭】按钮，关闭【物理属性表管理器】对话框。

(6) 创建网格捕捉器。
① 在【高级仿真】工具条中单击【网格捕捉器】按钮，弹出【网格捕捉器】对话框。
② 在【单元族】下拉列表框中选择 2D，在【集合类型】下拉列表框中选择 ThinShell；在【属性】选项组中的【类型】下拉列表框中选择 PSHELL，名称输入 PSHELL1，单击【确定】按钮。

(7) 为中位面创建 2D 网格。
① 在仿真导航器中单击 strap_fem1 并右击，选择【新建网格】|2D|【自动网格】命令，弹出【2D 网格】对话框。选择中位面片体。
② 在【单元类型】下拉列表框中选择 CQUAD4，【网格参数】选项组中单元大小设置为 0.125in。打开【模型清理选项】选项组，匹配边公差输入 0.0125in。打开【目标捕集器】选项组，取消选中【自动创建】复选框，在 Mesh Collector 下拉列表框中选择 PSHELL1。单击【确定】按钮。生成的网格如图 7-24 所示。

(8) 在带末端创建固定约束。
在带末端的圆边上创建一固定约束。
① 在仿真导航器的仿真文件视图中双击 strap_sim1，使其成为当前工作部件。
② 在【高级仿真】工具条中的【约束】中选择【固定约束】，弹出对话框。在【类选择器】中选择【多边形边】，选择如图 7-25 所示的带末端圆的边缘，单击【确定】按钮。

(9) 施加力载荷。
在【高级仿真】工具条中的【载荷类型】中选择【力】，弹出【力】对话框。【类型】选择【分量】，在【类选择器】中选择【多边形边】，并选择如图 7-26 所示带末端的圆边，在【分量】选项组中 Fx 输入 1，单击【确定】按钮。生成的力约束如图 7-27 所示。

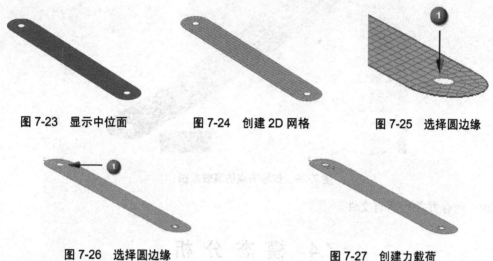

图 7-23　显示中位面　　　　图 7-24　创建 2D 网格　　　　图 7-25　选择圆边缘

图 7-26　选择圆边缘　　　　　　　　　图 7-27　创建力载荷

(10) 解算模型。

① 单击 Solution 1，右击，选择【求解】命令，弹出【求解】对话框，连续两次单击【确定】按钮。解算完成后关闭信息和命令窗口。

② 取消【解算监视器】。

(11) 观察分析结果。

① 在仿真导航器中双击 Results 节点，在布局管理器中选择上下布局 。

② 打开后处理导航器，展开 Solution 1 节点，展开【载荷工况 2】节点，展开【模式 1】节点，展开【位移-节点的】节点，双击 Magnitude 节点，在屏幕的上半部显示。

③ 现在显示屏幕的下半部，展开【载荷工况 2】节点，展开【模式 1】节点，展开【位移-节点的】节点，双击 Magnitude 节点并右击，选择 Plot 命令，选择下半视图。

④ 在【布局管理】工具条中单击【视图同步】按钮 ，选择如图 7-28 所示的视图，单击【确定】按钮。

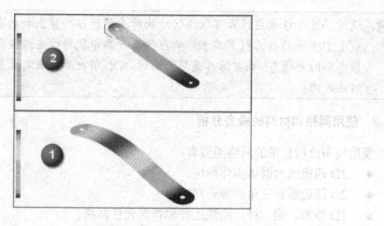

图 7-28　选择上下视图

⑤ 单击【后处理】工具条中的播放按钮，观察屈曲分析结果变化，如图 7-29 所示。

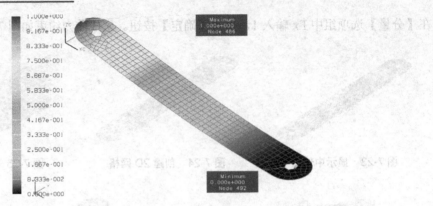

图 7-29 位移节点仿真效果图

⑥ 保存并关闭所有文件。

7.4 模态分析

7.4.1 模态仿真介绍

模态分析是研究结构动力特性一种近代方法,是系统辨别方法在工程振动领域中的应用。模态是机械结构的固有振动特性,每一个模态具有特定的固有频率、阻尼比和模态振型。这些模态参数可以由计算或试验分析取得,这样一个计算或试验分析过程称为模态分析。

NX 中的模态分析用于评估自然模态和固有频率。阻尼不予考虑,且载荷是不相关的。模式对应于体的固有频率。

高级仿真支持下列模态环境:

- NX 或 MSC Nastran——SEMODES103。
- ANSYS——模态。
- ABAQUS——频率摄动子步骤。

注意:通过 SOL 103 响应仿真可以评估结构对承受的各种静态和动态激励的响应。可使用 SOL 103 响应仿真计算在 NX 响应仿真产品中执行响应评估所需的自然模态、约束模态和附着模态。响应仿真是用于通过 NX 用户界面来定义复杂响应仿真的全功能解法处理。

7.4.2 使用网格和材料的模态分析

使用模态分析包括的网格类型有:

- 3D 四面或六面体实体网格。
- 2D 四边形和三角形薄壳网格。
- 1D 矩形、梁、杆、刚性连杆和弹簧元件网格。
- 0D 集中质量单元网格。

使用模态分析包括的材料类型有:

- 各向同性材料。
- 正交各向异性材料。
- 各向异性材料。
- 流体。

7.4.3 为模态分析定义边界条件

模态分析的边界条件包括接触和粘合，例如：
- 位移约束。
- 耦合自由度。
- 曲面和曲面粘合。

7.4.4 设置模态解算属性

在模态分析中，一些 NX Nastran 解算属性包括：
- 最大作业时间。
- 输出请求(一些输出要求预设)。
- 实施特征值抽取数据。
- Lanczos 方法和 Householder 方法。
- 默认温度。

图 7-30 所示为【编辑解算方案】对话框。

图 7-30 【编辑解算方案】对话框

7.4.5 上机指导：模态分析

设计要求：

在本练习中将在一扬声器柜盒上执行一模态分析，了解模态分析的工作流程。

设计思路：

(1) 求解一标准振荡模式的动态问题。

(2) 显示模式形状。
(3) 添加梁单元到模型。
(4) 再次求解和观察在结果模式中的改变。

练习步骤：

(1) 打开部件，启动高级仿真。
在 NX 中，打开 ch07\7.4.5\cabinet_sim1.sim，如图 7-31 所示。
(2) 解算模型和显示分析结果。

> 注意：对一标准振型利用 Lanczos 解算器，求解模型不要求边界条件。默认解算将生成 10 种振型：6 个刚体和 4 个柔性振型。

① 在仿真导航器中选择 Solution 1 并右击，选择【求解】命令，弹出【求解】对话框。单击【确定】按钮，解算完成后关闭信息和命令窗口。
② 取消【解算监视器】。
③ 在仿真导航器中双击 Results 节点。
④ 打开后处理导航器，展开 Solution 1 节点，展开【模式 7】节点，展开【位移-节点的】节点并双击 Magnitude。仿真结果如图 7-32 所示。

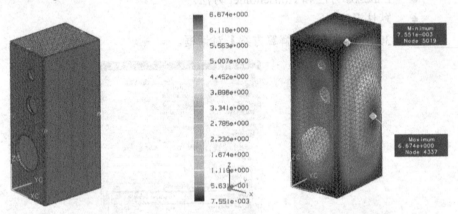

图 7-31　cabinet_sim1.sim　　　　图 7-32　位移-节点仿真效果图

⑤ 在【后处理】工具条中单击【动画】按钮，弹出【动画】对话框。在【样式】下拉列表框中选择【模态的】，帧数输入 15，【同步帧延迟】设置 100mS，选中【完整循环】复选框，单击【播放】按钮，查看模型变化前后的状态。单击【确定】按钮，关闭对话框。

> 注意：这个结果是期待中，最大位移出现在每个面板中心并法向表面。将要添加某些支撑到柜的中央，以提高这种振型的频率。

(3) 更新显示。
① 在仿真导航器中双击 cabinet_fem1，使其成为当前工作部件。
② 展开 Polygon Geometry 和 3D Collectors 节点，关掉如图 7-33 所示节点。最终显示模型如图 7-34 所示。

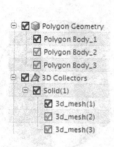

图 7-33 仿真导航器

图 7-34 最终显示模型

(4) 加 1D 连接。

① 在【高级仿真】工具条中单击【1D 连接】按钮,弹出对话框。类型选择【节点到节点】,源和目标选择如图 7-35 所示的蓝色网格点。

图 7-35 选择源和目标点

注意:关断网格表面,只留下网格点,可以方便地选择它们。

② 在【连接单元】选项卡中指定单元属性类型为 CBEAM,单击【确定】按钮。生成的 1D 网格如图 7-36 所示。

(5) 指定梁截面。

指定一梁截面到新的梁单元。

① 在【高级仿真】工具条中的【3D 四面体网格】中选择【1D 单元截面】,弹出对话框。类型选择【实心圆柱面】,截面名为 speaker_brace,r-半径指定为 0.5,单击【确定】按钮。

② 在仿真导航器中展开 1D Collectors 节点,单击 Beam_Collector(1)并右击,选择【编辑】命令,弹出【网格捕捉器】对话框。单击【修改选定的】按钮,弹出 PBEAM 对话框。在【属性】选项组里指定截面为【恒定】,前截面为 SPEAKER_BRACE,连续单击两次【确定】按钮,关闭对话框。

③ 在仿真导航器中展开 1D Collectors 节点,单击 cn_mesh(1)并右击,选择【编辑与网格相关的数据】命令,弹出对话框。在默认方位和偏置中选择【指定的值】,选择【+Z

轴】，单击【确定】按钮，关闭对话框。

④ 单击 cn_mesh(1)节点并右击，选择【显示截面】命令。结果如图 7-37 所示。

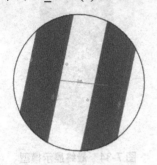
图 7-36 创建 1D 网格

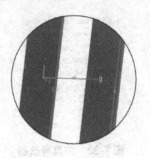
图 7-37 建立梁截面

(6) 为梁选择材料。

给梁单元指定 Polycarbonate 材料。

① 在【高级仿真】工具条中单击【物理属性】按钮，弹出【物理属性表管理器】对话框。设置类型为 PBEAM，名称为 PBEAM1。

② 在【选择】选项组中单击【修改】按钮，弹出 PBEAM 对话框。在 Material 中选择 POLYCARBONATE，单击【确定】按钮，单击【关闭】按钮。

(7) 更新显示并显示仿真文件。

① 在仿真导航器中重新打开 3D Collectors 更新显示，结果如图 7-38 所示。

② 在高级导航器的仿真文件视图中双击 cabinet_sim1，使其成为当前工作部件。

(8) 解算模型。

① 单击 Solution 1，右击，选择【求解】命令，弹出【求解】对话框。单击【确定】按钮。解算完成后关闭信息和命令窗口。

② 取消【解算监视器】。

(9) 显示仿真结果。

双击 Results，打开后处理导航器。展开 Solution 1 节点，展开【模式 7】节点，展开【位移-节点的】，双击 Magnitude。仿真结果如图 7-39 所示。

图 7-38 更新 3D Collectors 显示

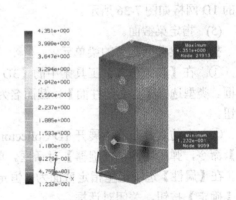
图 7-39 模式 7 分析结果

注意：模式 7 是一附加的刚性振型，模式 8 现在是第一个柔性振型。由于梁单元两侧面板扎紧在一起它的频率已增加。图 7-40 为模式 8 分析结果。

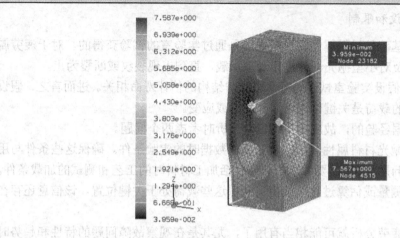

图 7-40 模式 8 分析结果

(10) 保存并关闭所有文件。

7.5　耐久性分析

7.5.1　耐久性分析介绍

疲劳寿命可定义为"因重复加载而发生故障……涉及引发和传播裂纹，最终为断裂"(Fuchs，1980)。结构疲劳分析是一种工具，用于在各种简单或复杂加载条件(也称为疲劳工作周期)中评估设计的结构价值或耐久性。疲劳分析的结果显示为轮廓绘图，这些绘图将显示在出现裂纹之前结构可承受的循环加载的持续时间(疲劳工作周期的数目)。

疲劳分析使用累积破坏法，根据应力或应变时间关系曲线图来估算疲劳寿命。估算的方法是将数据缩减到峰/谷序列中对周期进行计数，并计算疲劳寿命。提供一个包含标准疲劳材料属性的库。

1. 疲劳分析过程

要进行疲劳或耐久性分析，则按用户对有限元分析的需要准备模型，然后提供某些特定于疲劳的信息：
- 疲劳材料属性。
- 疲劳载荷变化。
- 疲劳分析选项。

2. 疲劳结果

在解算过程中，载荷变化参数是与其他疲劳准则结合起来的，且本软件会执行疲劳分析以评估结构的耐久性。耐久性的评估结果显示在轮廓绘图的以下区域中：
- 结构强度(应力安全系数)。

- 疲劳强度(疲劳安全系数)。
- 疲劳寿命。

3. 疲劳分析的假设和限制

疲劳寿命预测的基础是材料属性,这些属性是通过实验室的试验获得的。对于疲劳属性,这些试验通常涉及对小型抛光试件进行动态加载,直到出现裂纹或断裂为止。

局部应力-应变法假设实验室试件的寿命可以与结构的估计寿命相关。进而言之,假设结构寿命估算中使用的载荷是关键位置的局部应力或应变。

由于该分析是根据经验的,故应在执行疲劳分析时考虑两个问题。

- 如果在使用抛光材料属性,则应注意获取数据时的实验条件。确保这些条件与用户在调查的问题相对应。要考虑的条件包括加工材料时的工艺和测试的加载条件。
- 确保用户已测量或估算过这些载荷,确保这些载荷处于关键位置。该信息还存在内在误差。

有了这些限制,疲劳分析就可能相当有用了,尤其是在观察故障问题的特性和趋势时将它看作一个工具。通过调整参数和比较估计寿命,就可以观察到更安全的设计趋向。只有通过比较性地研究疲劳分析,工程师才能真正地把握工作原理。

图7-41例举了疲劳加载的基本概念。

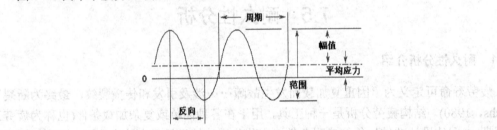

图7-41 疲劳加载曲线图

以下各部分讲述:

- 输入数据。
- 经验疲劳寿命估算。
- 平均应力。
- 累积破坏。

7.5.2 准备模型以进行耐久性分析

要准备模型以进行耐久性分析,首先执行线性静态分析的初始步骤。
(1) 打开或创建部件或装配。
(2) 在高级仿真中,创建新的 FEM 和仿真文件。
(3) 创建线性静态解法。不需要执行解算。
(4) 应用载荷和约束,对模型进行网格划分。
(5) 确保指定一种包含疲劳属性的材料。

要创建耐久性解法,可如下操作:
(1) 在选定【仿真】节点的情况下,创建新的求解过程(右击,选择【新建求解过程】

【耐久性解法】命令)。
(2) 向该解法指定一个名称，并指定耐久性参数。单击【确定】按钮。
(3) 在仿真导航器中选择耐久性解法节点，右键单击，选择【新建载荷变化】命令。
(4) 选择刚创建的耐久性解法节点，右键单击，选择【解算】命令。
(5) 解算完成后，在仿真导航器中选择【结果】节点。双击该节点，后处理则打开。
(6) 在【结果】节点下选择一种结果。

7.5.3 疲劳材料属性

疲劳属性是一类特殊材料属性，有助于定义重复加载条件(称为疲劳工作周期)下的结构的行为。要执行疲劳分析，可能需要以下 4 个特定材料属性(如图 7-42 所示)。

图 7-42 【材料】对话框

- 疲劳强度系数。
- 疲劳强度指数。
- 疲劳韧性系数(对于应力寿命则不需要)。
- 疲劳韧性指数(对于应力寿命则不需要)。

这 4 种疲劳属性派生自应力-寿命曲线或应变-寿命曲线。

- 应力-寿命曲线——定义疲劳强度系数和疲劳强度指数。
- 应变-寿命曲线——基于应力-寿命方程以及定义疲劳韧性系数和疲劳韧性指数构建。

7.5.4 了解载荷变化

疲劳分析的目的是对可能有部件超时的重复载荷变化周期进行仿真。例如，部件可按名义应力值经历 1000 个周期，然后按正常应力值的 3 倍经历 50000 个周期，最后按正常应力值的 1.5 倍经历 100000 个周期。

介入这些周期的即时变化载荷被称为载荷变化。载荷变化的影响及各种缩放因子定义了疲劳工作周期。在疲劳分析过程中，软件使用这些影响来预测部件开始产生裂纹之前可承受的疲劳工作周期的数目。

载荷变化由以下几项来定义：
- 载荷的半单位或完全单位循环功能。
- 载荷缩放因子。
- 周期的数目。
- 载荷组。

1. 缩放功能

缩放功能描述部件在加载和卸载时的运动形状。疲劳分析使用两种循环模式：
- 半单位周期。
- 完全单位周期。

2. 半周期

在半单位周期功能中，结构最初处于放松状态或无应力位置。结构只是加载到最大应力，然后卸载并退回到静止位置，如图 7-43 所示。

3. 完全周期

在完全单位周期功能中，结构将进入正弦曲线 wave 模式。它最初处于放松或无应力位置，然后加载(到最大应力)、卸载(到无应力)、重新加载(到最大负应力)，并最终卸载(到无应力)，如图 7-44 所示。

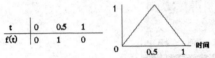 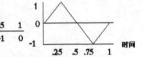

图 7-43　半周期图　　　　　　图 7-44　完全周期图

7.5.5　了解疲劳寿命

疲劳寿命用于评估结构的寿命，方法是计算负的破坏值。

使用 Palmgren-Miner 规则，即线性破坏规则，每个应力或应变周期中的破坏都会用于对整个疲劳工作周期计算累积破坏量。总破坏量的负值就是开始出现裂纹之前的疲劳工作周期数目，可用于确定结构的寿命。

疲劳寿命评估使用以下寿命准则中的一种：
- 应变寿命(最大主应力)。
- 应变寿命(最大剪切)。
- 应力寿命。

每个寿命准则都基于使用某一组疲劳材料属性来定义不同的 SN 曲线。SN 曲线定义如下：
- S = 应力或应变的大小(或范围)。
- N = 应力或应变发生故障的反转(或周期)数目。

使用雨流算法，本软件可在疲劳工作周期的应力或应变时间关系曲线图中标识应力或应变大小(或范围)以及每个周期的平均应力或应变，然后可以使用选定寿命准则的 SN 曲线评估和概括每个周期的破坏量。

7.5.6 评估疲劳结果

疲劳结果类型对应于疲劳评估选项：
- 应力安全系数。
- 疲劳安全系数。
- 疲劳寿命系数。

可以在后处理显示中查看每个结果集。应力安全结果在默认情况下是按线性比例显示的，而疲劳安全和疲劳寿命结果是按对数比例显示的。

1. 查看疲劳结果

要访问疲劳结果：
- 解算完成后，在仿真导航器中选择"结果"节点；双击该节点。"后处理"则打开。
- 在【结果】节点下选择一种结果(参见下文)。

2. 应力安全系数结果

NX 软件会将应力安全系数计算为有效应力时间关系曲线图的一种功能，以确定结构的故障索引结果集。大于 1 的值是符合标准的；小于 1 的值表示有故障。

3. 疲劳安全系数结果

疲劳安全结果反映了用户在疲劳工作周期内定义的循环加载条件下的疲劳安全系数。如果要认为一项设计可行，疲劳安全系数必须大于 1。

另外：
- 如果某一区域的疲劳安全系数接近无穷大，则可对该特定事件进行超安全标准设计。用户可能不需要很关注它。
- 如果某一区域的疲劳安全系数小于等于 1，则最终会因为重复的给定疲劳工作周期而破坏。
- 疲劳安全系数值较低，则表明疲劳工作周期内的循环应力范围较高。

4. 疲劳寿命结果

疲劳寿命表示为一个真实标量结果集，将估算在开始出现裂纹之前的疲劳工作周期数目。

7.5.7 上机指导：螺旋桨的疲劳分析

设计要求：

在本练习中将对一螺旋桨进行耐久性(疲劳)分析，了解耐久性分析的工作流程。

设计思路：

(1) 为模型指定疲劳材料特性。

(2) 运行线性静态分析，决定加载事件的应力条件。

(3) 利用从初始解法及疲劳材料特性得到的应力去计算疲劳分析结果。

练习步骤：

(1) 打开部件，启动高级仿真。

① 在 NX 中，打开 ch07\7.5.7\propeller.prt，如图 7-45 所示。

② 启动【高级仿真】模块。选择【开始】|【高级仿真】命令。

(2) 创建 FEM 和仿真文件。

① 在仿真导航器中右击 propeller.prt，从快捷菜单中选择【新建 FEM 和仿真文件】命令，弹出对话框。求解器选择 NX NASTRAN，分析类型选择【结构】，单击【确定】按钮。

② 在弹出的【创建解算方案】对话框中，所有选项默认，直接单击【确定】按钮，创建仿真文件。

③ 在仿真导航器中双击 propeller_fem1，使其成为当前工作部件。

(3) 创建 PSOLID 物理属性。

① 在【高级仿真】工具条中单击【物理属性】按钮，弹出【物理属性表管理器】对话框。在【类型】下拉列表框中选择 PSOLID，名称栏输入 Durability，单击【创建】按钮。

② 在弹出的 PSOLID 对话框中单击【选择材料】按钮，弹出【材料列表】对话框。选择 Steel 并右击，选择【将库材料加载到文件中】命令。连续单击两次【确定】按钮，单击【关闭】按钮，关闭对话框。

(4) 创建网格捕集器。

在【高级仿真】工具条中单击【网格捕集器】按钮，弹出对话框。在【单元族】下拉列表框中选择 3D，在【集合类型】下拉列表框中选择【实体】，在【属性】选项组中的【类型】下拉列表框选择 PSOLID，名称栏输入 Durability，单击【确定】按钮。

(5) 划分网格。

在【高级仿真】工具条中单击【3D 四面体网格】按钮，弹出【3D 四面体网格】对话框。在【单元类型】下拉列表框中选择 CTETRA(10)，单元大小输入 0.4730，在【目标捕集器】选项组取消选中【自动创建】复选框，在 Mesh Collector 下拉列表框中选择 durablity，单击【确定】按钮。生成的 3D 网格如图 7-46 所示。

图 7-45 propeller.prt

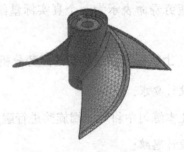

图 7-46 创建 3D 四面体网格

(6) 施加固定移动约束。

① 在仿真导航器的仿真文件视图中双击 propeller_sim1，使其成为当前工作部件。

② 在【高级仿真】工具条中的【约束类型】中选择【固定移动约束】，弹出对话框。在【类选择器】下拉列表框中选择【多边形面】，选择如图 7-47 所示的约束面，单击【确定】按钮。创建的固定移动约束如图 7-48 所示。

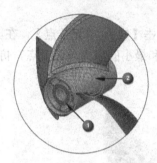
图 7-47 选择约束面

图 7-48 创建固定移动约束

(7) 施加压力。

在【高级仿真】工具条中的【载荷类型】中选择【压力】，弹出对话框。类型选择【2D 单元或 3D 单元面上的法向压力】，选择如图 7-49 所示的螺旋桨面，在【幅值】选项组中压力指定为 27，单击【确定】按钮。创建的压力载荷如图 7-50 所示。

图 7-49 选择施加载荷面

图 7-50 创建压力载荷

(8) 施加离心载荷。

在【高级仿真】工具条中的【载荷类型】中选择【离心】，弹出对话框。指定矢量轴为+Z 轴，指定点为如图 7-51 所示的圆心点，在【属性】选项组中的【角加速度】中输入 12000 rev/min，单击【确定】按钮。创建的离心载荷如图 7-52 所示。

图 7-51 选择圆心点

图 7-52 创建离心载荷

(9) 解算模型。

① 单击 Solution 1，右击，选择【求解】命令，弹出【求解】对话框。单击【确定】按钮。解算完成后关闭信息和命令窗口。

② 取消【解算监视器】。

(10) 显示分析结果。

① 在仿真导航器中双击 Results 节点。

② 打开后处理导航器，展开 Solution 1 节点，双击【应力-单元节点】，在【后处理】工具条中单击【标记开/关】按钮，屏幕显示当前最大和最小的应力单元节点。仿真结果如图 7-53 所示。

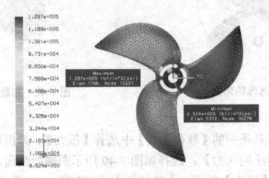

图 7-53　应力-单元节点仿真结果

③ 观察完仿真结果后退出后处理，选择 Solution 1 节点右击，选择 Unload 命令。

(11) 克隆一解法。

克隆一解法允许分析一新的条件组而不改变原来(Solution 1)的分析。

在此分析中，将为疲劳分析部分改变材料，并作用一变化的载荷到已存载荷组。

在仿真导航器中选择 Solution 1 并右击，选择【克隆】命令，选择 Copy of Solution 1 并右击，选择【重命名】命令，命名为 Titanium。

(12) 建立一耐久性解法。

耐久性是一种解法处理，它使用一父线性静态解法应力结果以解算疲劳寿命。

在仿真导航器中单击 propeller_sim1 并右击，选择【新建解算过程】|【耐久性】命令，弹出【创建耐久性解算方案】对话框。名称输入 Durability Solution 1，选择解算方案指定 Titanium，如图 7-54 所示，单击【确定】按钮。

在仿真导航器中一个新的解算 Durability Solution 1 节点被创建。

(13) 加入载荷变化参数。

在仿真导航器中选择 Durability Solution 1 并右击，选择【新建疲劳载荷变化】命令，弹出对话框。循环次数输入 1e6，缩放因子输入 1，指定缩放函数为【完整单位周期】，单击【确定】按钮。

Fatigue Load Variation 1 显示在仿真导航器中。

(14) 替换材料特性。

对于耐久性分析，将替换指定的材料(Steel)，并改变它到 Titanium_TI-6AL-4V。在材料库中，Titanium_TI-6AL-4V 材料已加入疲劳值。

在仿真导航器中展开 propeller_fem1.fem 节点，展开 3D Collectors 节点，单击 Durability 并右击，选择【编辑属性替代】命令，弹出【替代网格集合属性】对话框。在物理属性中指定【应用替代】，单击【创建物理属性】按钮，弹出 PSOLID 对话框。单击【选择材料】按钮，弹出【材料列表】对话框。选择 Titanium_TI-6AL-4V 材料并右击，选择【将库材料加载到文件中】命令。单击 3 次【确定】按钮，完成属性替换。

(15) 编辑输出请求。

在仿真导航器中单击 Titanium 并右击，选择【编辑解算方案】命令，弹出对话框。选择【工况控制】选项卡，单击 Output Requests 旁的【修改选定的】按钮，弹出【结构输出请求】对话框；选择【应变】选项卡，选中【启用 STRAIN 请求】复选框，如图 7-55 所示。单击两次【确定】按钮，关闭所有对话框。

(16) 解算模型。

① 在仿真导航器中右击 Titanium，选择【激活】命令。

② 单击 Titanium 并右击，选择【求解】命令，弹出【求解】对话框。单击【确定】按钮。解算完成后关闭信息和命令窗口。

③ 取消【解算监视器】。

(17) 解算疲劳。

① 单击 Durability Solution 1 并右击，选择【求解】命令，弹出【求解】对话框。取消选中【模型设置检查】复选框，单击【确定】按钮。解算完成后关闭信息和命令窗口。

图 7-54 【创建耐久性解算方案】对话框

图 7-55 【结构输出请求】对话框

② 取消【解算监视器】。

(18) 在后处理中创建疲劳结果视图。

① 在仿真导航器中展开 Durability Solution 1 节点，双击 Results 节点。

② 打开后处理导航器，展开 Durability Solution 1 节点，双击【疲劳寿命-单元节点】节点，单击 Post View 2 节点并右击，选择【编辑】命令，弹出【后处理视图】对话框。选择【颜色条】选项卡，在【频谱】下拉列表框中选择【红灯】，选中【翻转频谱】复选框，

单击【确定】按钮。仿真结果如图 7-56 所示。

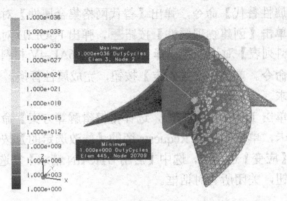

图 7-56　疲劳寿命-单元节点仿真结果

(19) 标识致命失效区域。

在【后处理】工具条中单击【确定结果】按钮，弹出对话框。在【单元节点结果】下拉列表框中选择【N 的最小结果值】，在【标记选择】下拉列表框中选择【无标记】，N 输入 10，单击【应用数字】按钮，结果如图 7-57 所示。单击【信息】按钮，弹出如图 7-58 所示的信息对窗口，从中可以检查疲劳安全系数和强度安全系数的结果，以确定安全区域，并改进设计。

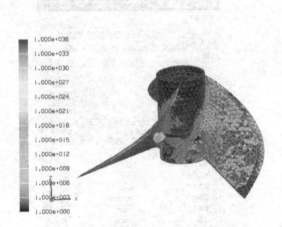

图 7-57　显示疲劳分析结果：疲劳寿命

图 7-58　信息窗口

(20) 当观察完分析结果时，退出后处理并关闭所有文件。

7.6　优化分析

7.6.1　优化设计概述

所谓优化设计是从多种方案中选择最佳方案的设计方法。它以数学中的最优化理论为基础，以计算机为手段，根据设计所追求的性能目标，建立目标函数，在满足给定的各种约束条件下，寻求最优的设计方案。

通常设计方案可以用一组参数来表示，这些参数有些已经给定，有些没有给定，需要在设计中优选，称为设计变量。如何找到一组最合适的设计变量，在允许的范围内，能使所设计的产品结构最合理、性能最好、质量最高、成本最低(即技术经济指标最佳)，有市场竞争能力，同时设计的时间又不要太长，这就是优化设计所要解决的问题。一般来说，优化设计有以下几个步骤：①建立数学模型；②选择最优化算法；③程序设计；④制定目标要求；⑤计算机自动筛选最优设计方案等。通常采用的最优化算法是逐步逼近法，有线性规划和非线性规划。

NX 中的优化设计是一种协助用户实现给定设计目标的最佳解法的流程。要实现设计目标，用户将为设计目标、约束和设计变量设置收敛参数。然后执行一系列迭代，以收敛于某一解法。

例如，优化设计可以修改产品模型，在满足强度要求的情况下尽量减轻产品重量。为了获取这个设计目标，必须制定一些收敛参数：

- 设计目标。
- 约束。
- 设计变量。

执行优化解算之后，就可在后处理中访问结果，如图 7-59 所示。

要运行优化，则要执行以下操作之一：

- 在仿真导航器中，选择【仿真】|【新建解算方案过程】|【优化】命令。
- 在【高级仿真】工具条中单击【优化设置】按钮。

7.6.2 优化分析过程及创建步骤

1. 优化分析过程

优化分析过程如下。

(1) 在执行分析之前，确定基准值的压力、位移、频率等。

图 7-59 NX 优化设计

(2) 基于当前的解算方案创建一优化设置，包括设计目标、约束以及设计变量。

(3) 解算优化步骤。

- 由于反复迭代计算，结果显示在图表中。当完成计算后，在电子表格中显示当前计算值。
- 优化设置改变了理想化部件在最终迭代中使用的表达式尺寸值。

(4) 在后处理中，查看每次迭代的结果与原始模型进行对比。

优化分析过程参见图 7-60。

图 7-60 优化分析过程

2. 创建优化步骤

使用【优化设置】对话框可指定优化类型，然后定义设计目标、约束、设计变量以及收敛参数。也可以使用该对话框指定用于优化的迭代次数，并查看已定义的优化设置。

图 7-61 为【优化设置】对话框。

【优化设置】对话框选项描述见表 7-4。

图 7-61 【优化设置】对话框

表 7-4 【优化设置】对话框中的选项描述

选项	描述
优化类型	Altair HyperOp——是一种常见的优化分析工具，它完全支持形状优化，包括使用特征参数和表达式作为设计变量。 全局灵敏度是一种工具，用于评估设计目标对每个设计变量的限制和灵敏度。执行全局灵敏度研究，有助于预测对临界模型响应最具影响的设计变量。因此，它提供了一种用于评估哪些变量将加入后续 Altair HyperOpt 分析的良好方式
设计目标	打开【目标】对话框，允许用户从列表中选择要应用于优化问题的设计目标。由于 Altair HyperOpt 不支持多个目标，故如果定义目标并随后更改它，则创建一个新目标，且原先的目标会被删除。通过从【优化设置】对话框中选择显示已定义的设置，可以始终查看最新的优化设置
定义约束	打开【约束】对话框，允许用户选择将用于优化特定问题的可应用约束。约束可以全局应用，或应用于一个或多个几何体
设计变量	打开【设计变量】对话框，允许用户选择截面属性、壳单元/属性、特征尺寸、草图尺寸及表达式作为设计变量。设计变量是为实现最佳设计而变化的独立数量
显示已定义的设置	启动信息窗口，并显示用户已定义的目标、约束和设计变量
全局灵敏度设计变量	如果已启用(方法是选择全局灵敏度作为优化类型)，则允许用户指定要为灵敏度研究而分析的设计变量。选择要加入的设计变量。选择约束检查可输出每一步骤的每个设计约束
步数	指定优化过程的最大运行次数。该优化将在达到该数字时停止，而与优化是否已收敛无关

续表

选　项	描　述
收敛参数	收敛参数向优化器告知了所需的解法精度。各值将保留至被更改为止。 最大约束违例(%)——为使解法实现收敛，控制所许可的约束限制的最大违例程度。默认值是 2.5%。 相对收敛(%)——控制优化被认为已收敛时的最后两次迭代的百分比更改。相对设计收敛准则的默认值是2.5%。 绝对收敛——绝对设计收敛。定义优化被认为已收敛时的最后两次迭代的实际更改。默认值是 0.001。 摄动分数——定义在优化的前几次迭代的采样过程中设计变量的可改动量。更改量是指设计变量的上限与下限之差乘以该百分比。例如，考虑某一设计变量的值为10。其上限和下限为11和9。如果摄动百分比为20，则对于这些初始迭代，优化对变量的改动量为 0.2 或 0.4。 注意，如果收敛准则的值较小，则意味着需要进行较多的迭代才能使优化收敛。 如果满足了相对或绝对收敛参数，则认为优化已收敛

7.6.3 优化分析选项

可用的优化有两种：
- 全局灵敏度研究。
- Altair HyperOpt。

1. 全局灵敏度研究

全局灵敏度研究进行迭代时每次贯通一个选定设计变量的限制，以查看设计目标对每个变量的灵敏度。

设计变量值在指定数目的步骤中是变动的。例如，如果设计变量下限为 0.0，上限为 10.0，且用户为全局灵敏度研究指定 5 个步骤，则将有 5 次迭代，设计变量在每次迭代中的递增值为2.0。

一个全局灵敏度研究的迭代总数等于：
$$(步数 +1) \times 选定设计变量的数目$$

研究的结果显示在灵敏度电子表格中，可通过【结果】→【类型】命令在后处理器中访问该电子表格。

启动分析或研究时，会保存部件的副本。一般而言，用户不应在优化分析过程中尝试修改模型。

2. Altair HyperOpt

Altair HyperOpt 完全支持形状优化，包括使用特征参数和表达式作为设计变量。

一旦定义了一组设计变量、设计约束及一个优化目标，软件则存储这些信息并在优化过程中使用它们，以确定收敛解法所需要的迭代次数。

在优化过程中，会有图表显示每次迭代的动态更新，以显示目标结果(Y 轴)对迭代(X 轴)。运行完成后，该图表则关闭并退出，且优化电子表格会自动启动。

7.6.4 设计目标

使用【目标】对话框可选择和定义目标,以应用于优化问题。优化目标包括受支持的解算器发出的响应类型。可以选择:

- 体积或重量(用于静态分析)。
- 频率(用于模态分析)。
- 其他选择,例如应力、位移及温度(用于热分析)。

【目标】对话框如图 7-62 所示。

图 7-62 【目标】对话框

【目标】对话框中的选项描述见表 7-5。

表 7-5 【目标】对话框中的选项描述

选 项	描 述
目标类别	允许用户选择要应用目标的类别: 1D 目标——应用于一维(1D)梁网格 2D 目标——应用于二维(2D)壳单元网格 3D 目标——应用于三维(3D)实体网格 模型目标——应用于整个模型
类型	选择这些响应类型: 应力 位移 应变 力 频率 质量 体积 温度
应用于	任何类别(模型目标除外)均允许用户将设计目标应用于选定的几何体: 体 面 边 点 曲线

续表

选项	描述
纤维距离(顶部和底部)	允许用户选择纤维距离。 优化解算器支持 2D 单元的纤维距离属性(也就是 Nastran 中的 Z1、Z2)。如果用户的模型包含 2D 单元,选择应力或应变作为响应类型,顶部和底部选项则进入可用状态。 顶部指的是 Z1 纤维层,底部指的是 Z2 纤维层。由于应力/应变会在顶部和底部之间变化,故要在选择的层中根据目标测量响应
目标类型	允许用户选择目标类型:最小化、最大化或目标。选择目标意味着需要为目标指定目标值和单位

7.6.5 约束

使用【约束】对话框可进行约束选择,以优化特定的问题。约束可以应用于整个模型,或者应用于特定的几何体。

【约束】对话框如图 7-63 所示。

图 7-63 【约束】对话框

【约束】对话框中的选项描述见表 7-6。

表 7-6 【约束】对话框选项描述

选项	描述
约束类别	允许用户选择以下约束: 1D 约束——应用于一维(1D)梁网格 2D 约束——应用于二维(2D)壳单元网格 3D 约束——应用于三维(3D)实体网格 模型约束——应用于整个模型 编辑约束——列出用户已定义的所有约束。这些约束可供查看、编辑或删除。 注意:如果选择编辑约束,【删除设计约束】按钮则被激活。使用该选项可从列表中移除选定的约束

续表

选项	描述
类型	选择这些响应类型： 应力 位移 应变 力 频率 质量 体积 温度
应用于	允许用户将约束目标应用于以下对象之一： 体 面 边 点 曲线
约束列表框	显示可用于选定的约束类型和类别的约束。例如，如果用户选择位移，则会显示所有平移/旋转类型的位移约束
纤维距离(顶部和底部)	允许用户选择纤维距离。 优化解算器支持 2D 单元的纤维距离属性(也就是 Nastran 中的 Z1、Z2)。 如果用户的模型包含 2D 单元且用户选择应力或应变作为响应类型，顶部和底部选项则进入可用状态。 顶部指的是 Z1 纤维层，底部指的是 Z2 纤维层。由于应力/应变会在顶部和底部之间变化，故用户要在选择的层中根据目标测量响应
限制类型	允许用户将约束限制类型设置为上限或下限，并定义限制值和单位

7.6.6　设计变量

使用【设计变量】对话框可定义设计变量，它们是独立的数量，可以为实现最佳设计而改动这些数量。上限和下限定义了最大变化范围，并作为对许可变化量的约束。图 7-64 所示为【设计变量】对话框。

图 7-64　【设计变量】对话框

1. 设计变量类别

可用设计变量类别包括：
- 截面属性。
- 壳属性。
- 特征尺寸。
- 草图尺寸。
- 表达式。
- 编辑设计变量。

2. 特征

特征列表框显示可为特定问题选择的设计变量。可用列表取决于所选的设计变量类别。例如，如果选择了截面属性图标，列表框将包含诸如截面1、截面2、截面3等项。

3. 特征表达式

【表达式】列表框显示与特征中的选定设计变量相对应的参数。可以选择这些参数中的一个或多个，以优化特定问题。

4. 限制范围

选中【按百分比定义限制】复选框，则激活【百分数】文本框，允许输入约束限制范围的百分比值。

取消选中【按百分比定义限制】复选框，则激活【上限】和【下限】文本框，允许用户指定约束限制范围的特定值。

5. 删除设计变量

【删除设计变量】按钮仅在用户选取编辑设计变量符号并在列表框中选择变量后可用，允许用户从活动设计变量列表中移除设计变量。

7.6.7 优化结果

一旦模型的某一优化解法已实现，就可以在后处理中查看每次迭代的结果。每次迭代的设计变量值均显示在电子表格中，可用于更新仿真，如图7-65所示。

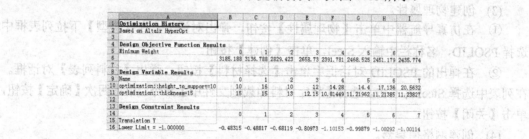

图 7-65 优化结果的电子表格

该优化电子表格包含以下各组成部分。
- 数据标题——所显示数据的标题。

- 目标函数结果——函数名称及其对于每个设计周期的值。
- 恒定变量结果——每个约束变量的名称及每个周期的结果值。
- 设计变量结果——每个设计变量的名称及每个周期的结果值。
- 图表——为目标函数和设计变量对设计迭代创建的图表。
- 更新 Scenario 设计变量——使用设计变量的迭代结果更新 NX 表达式。
- 灵敏度——全局灵敏度研究。

7.6.8 上机指导：三脚架的优化分析

设计要求：

在本练习中将使用形状优化使一部件重量最小，了解优化分析的工作流程。

设计思路：

(1) 分析托架。
(2) 定义优化参数。
(3) 解算在这些约束内优化托架的重量。
(4) 考察结果并与原托架比较。

练习步骤：

(1) 打开部件，启动高级仿真。

① 在 NX 中，打开 ch07\7.6.8\optimization.prt，如图 7-66 所示。

② 启动【高级仿真】模块。选择【开始】|【高级仿真】命令。

(2) 创建 FEM 和仿真文件并显示 FEM 文件。

① 在仿真导航器中，右击 optimization.prt，从快捷菜单中选择【新建 FEM 和仿真文件】命令，弹出对话框。求解器选择 NX NASTRAN，分析类型选择【结构】，连续单击【确定】按钮，创建仿真文件。

图 7-66 optimization.prt

② 在仿真导航器的仿真文件视图中双击 optimization_fem1，使其成为当前工作部件。

(3) 创建物理属性。

① 在仿真导航器中单击【物理属性】按钮，弹出对话框。在【类型】下拉列表框中选择 PSOLID，名称栏中输入 Steel，单击【创建】按钮。

② 在弹出的 PSOLID 对话框中单击【选择材料】按钮，弹出【材料列表】对话框。在列表中选择 Steel 并右击，选择【将库材料加载到文件中】命令。单击两次【确定】按钮，单击【关闭】按钮。

(4) 创建网格捕集器。

在【高级仿真】工具条中单击【网格捕集器】按钮，弹出对话框。在【单元族】下拉列表框中选择 3D，【集合类型】下拉列表框中选择【实体】，【类型】下拉列表框中选择 PSOLID，名称栏中输入 Steel，单击【确定】按钮。

(5) 划分网格。

在【高级仿真】工具条中单击【3D 四面体网格】按钮，弹出对话框。选择模型，在【单元属性】选项组中的【类型】下拉列表框中选择 CTETRA(10)，【网格参数】选项组的单元大小输入 3mm，在【目标捕集器】选项组中取消选中【自动创建】复选框，在 Mesh Collector 中选择 Steel，单击【确定】按钮。创建的 3D 网格，如图 7-67 所示。

(6) 创建固定移动约束。

① 在仿真导航器的仿真文件视图中双击 optimization_sim1，使其成为当前工作部件。

② 在【高级仿真】工具条中的【约束】中选择【固定移动约束】，弹出对话框。选择如图 7-68 所示的约束面，单击【确定】按钮。创建的固定约束如图 7-69 所示。

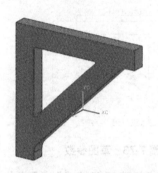 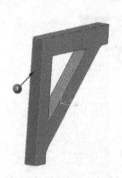 

图 7-67　3D 四面体网格　　　　图 7-68　选择约束面　　　　图 7-69　创建固定约束

(7) 施加压力载荷。

选择图 7-70 所示压力面，【幅值】选项组中的压力输入 100 N/mm^2(MPa)，单击【确定】按钮。创建的压力载荷如图 7-71 所示。

图 7-70　选择压力面　　　　　　　图 7-71　创建压力载荷

(8) 解算模型。

① 单击 Solution 1，右击，选择【求解】命令，弹出【求解】对话框。单击【确定】按钮。解算完成后关闭信息和命令窗口。

② 取消【解算监视器】。

(9) 显示分析结果。

① 在仿真导航器中双击 Results 节点。

② 打开后处理导航器，展开 Solution 1 节点，双击【应力-单元节点】，双击 Y，在【后处理】工具条中单击【标记开/关】按钮，屏幕显示当前最大和最小的应力单元节点。仿真结果如图 7-72 所示。

注意：峰值向下偏转(-Y 方向)的 0.5mm。

③ 退出后处理。

(10) 设置优化步骤。

定义 3 个杆的厚度参数和从基础到横梁的距离，如图 7-73 所示。

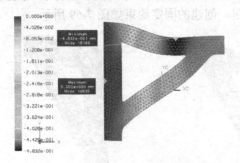

图 7-72　Y 方向最大位移　　　　　　　　图 7-73　草图参数

① 在仿真导航器中选择 optimization_sim1 并右击，选择【新建解算过程】|【优化】命令，弹出【优化解算方案】对话框。单击【确定】按钮。

② 在弹出的【优化设置】对话框中，单击【定义目标】按钮，弹出【目标】对话框。类型选择【重量】，选中【最小化】单选按钮，单击【确定】按钮。如图 7-74 所示。

为了优化运行必须有一约束在一 FEM 结果上，通常是位移或应力。在本练习中将限制最大向下偏转到 1mm。这意味着正通过允许更多偏转去降低托架的重量。

③ 在【优化设置】对话框中单击【定义约束】按钮，弹出【约束】对话框。在【类型】下拉列表框中选择【位移】，在列表框中选择【平移 Y 轴】，限制类型选择【下】，限制值输入-1，如图 7-75 所示；单击【应用】按钮，【编辑约束】被激活并选择。单击【确定】按钮，创建约束。

图 7-74　【目标】对话框　　　　　　　　图 7-75　【约束】对话框

注意：在负 Y 方向基本模型偏转结果大多是 0.5。在这个结果和设置的限制间有某些余量。余量将是减少托架重量的基础。

④ 单击【定义设计变量】，弹出【设计变量】对话框，单击【草图尺寸】按钮，在草图约束中单击"SKETCH_000:Sketch(3)"，在【约束尺寸】列表框中选择"optimization::height_to_support=10"，上限设置为 40，下限设置为 10，如图 7-76 所示，单击【应用】按钮，单击【确定】按钮并关闭信息窗口，创建设计变量。在【约束尺寸】列表框中继续选择"optimization::thickness=15"，上限设置为 15，下限设置为 5，如图 7-77 所示，单击【应用】按钮。单击【编辑设计变量】按钮，单击【确定】按钮。

⑤ 返回【优化设置】对话框，最大迭代次数输入 20，单击【确定】按钮，如图 7-78 所示。现在完成优化设置。

图 7-76　【设计变量】对话框 1　　图 7-77　【设计变量】对话框 2　　图 7-78　【优化设置】对话框

(11) 利用优化解算模型。

① 单击 Setup 1，右击，选择【求解】命令。

② 解算需要几分钟，高级仿真作用优化到部件：

● 模型特征被更新。

● 网格被更新。

● 再次提交任务。

● 重复过程直到优化满意：满足约束和部件重量最低。

当迭代计算时，在一图中显示结果。当计算完成时，电子表格展示所有企图的迭代并对设计的约束结果改变颜色。对任一满足准则的设计故障，设计的结束结果变为红色文本。优化电子表格窗口如图 7-79 所示，设计目标电子表格窗口如图 7-80 所示，优化高度电子表格窗口如图 7-81 所示，优化厚度电子表格窗口如图 7-82 所示。

	A	B	C	D	E	F	G	H	I
1	Optimization History								
2	Based on Altair HyperOpt								
3									
4	Design Objective Function Results								
5	Minimum Weight	0	1	2	3	4	5	6	7
6		3185.188	3136.788	2829.423	2658.73	2391.781	2468.525	2451.179	2435.774
7									
8	Design Variable Results								
9	Name	0	1	2	3	4	5	6	7
10	optimization::height_to_support=10	10	16	10	12	14.28	14.4	17.136	20.5632
11	optimization::thickness=15	15	15	13	12.15	10.81449	11.21962	11.21385	11.23827
12									
13	Design Constraint Results								
14		0	1	2	3	4	5	6	7
15	Translation Y								
16	Lower Limit = -1.000000	-0.48315	-0.48817	-0.68119	-0.80973	-1.10153	-0.99879	-1.00292	-1.00114
17									

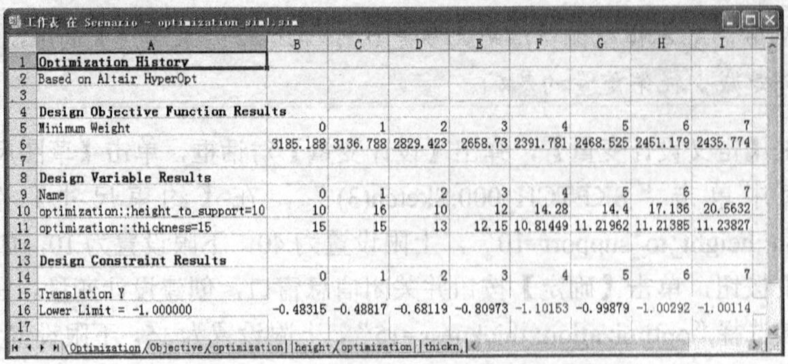

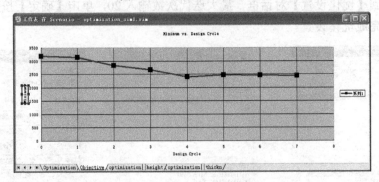

图 7-79　优化电子表格窗口

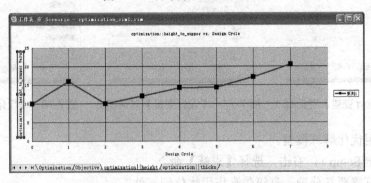

图 7-80　设计目标电子表格窗口

图 7-81　优化高度电子表格窗口

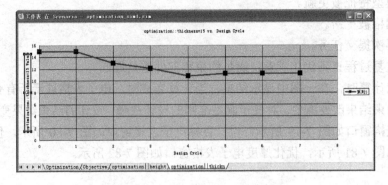

图 7-82　优化厚度电子表格窗口

关闭电子表格窗口。

(12) 从优化模型中观察结果。

① 在仿真导航器中双击 Setup 1 下的 Results。

② 打开后处理导航器，展开 Setup 1 节点，展开 Design Cycle 8 节点，展开【位移-节点的】节点，双击 Y。结果如图 7-83 所示。

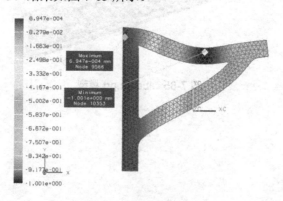

图 7-83　后处理优化模型

(13) 动画迭代。

① 在后处理导航器中，选择 Post View 1 并右击，选择【编辑】命令，弹出对话框。取消选中【变形】复选框，单击【确定】按钮。

② 再次单击 Post View 1 并右击，选择 Set Result，弹出对话框。选择【幅值】，单击【确定】按钮。

③ 再次单击 Post View 1 并右击，选择 Animate，弹出对话框。选择【迭代】，同步帧延迟设置为 400，单击【播放】按钮，单击【确定】按钮。结果如图 7-84 所示。

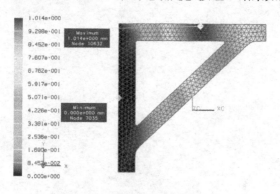

图 7-84　优化后的分析结果图

(14) 观察完结果后，退出后处理，保存并关闭所有文件。

7.7　习　　题

打开 ch07\7.7\ibeam.prt 文件，如图 7-85 所示。给工字钢两端面分别施加固定约束，工字钢顶面施加 500N 的力，求工字钢变形后的最大位移和最大应力，观察不同模式下工字钢变形后的仿真结果。

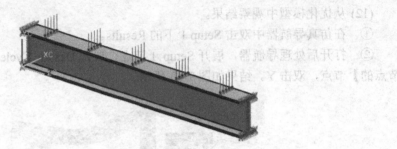

图 7-85 ibeam.prt 模型

第 8 章 高级 FEM 建模技术

8.1 接触和粘合分析

8.1.1 曲面和曲面接触

通过【曲面与曲面接触】命令可以定义两个曲面之间的接触。

为了定义接触，在仿真模型中选择一个初始区域和一个目标区域。在【曲面与曲面接触】对话框(图 8-1)中输入参数以定义这两个曲面之间的接触。

图 8-1 【曲面与曲面接触】对话框

要为解算器和解法类型定义其他接触参数，使用【编辑解法】对话框。表 8-1 所示的解算器和解法类型支持曲面与曲面接触。

表 8-1 曲面与曲面接触支持解算器和解算类型

解 算 器	解法类型
NX Nastran	SESTATIC 101(单个约束和多个约束)ADVNL 601，106
ANSYS	线性静态、非线性静态
ABAQUS	结构—常规分析

注意：当解法设置为 NX Nastran 解法类型 SESTATIC 101 时，定义曲面接触时有两个命令：【曲面与曲面接触】以及旧命令【曲面接触网格】。应使用【曲面与曲面接触】命令来定义两个曲面之间的接触。与【曲面与曲面接触】命令不同，【曲面接触网格】命令在两曲面间生成接触(或间隙)单元。

通过创建面对可定义曲面与曲面接触。可以自动或人工方式为曲面与曲面接触定义面对。

1. 自动定义接触区域

自动定义接触区域的操作步骤如下。

(1) 在【高级仿真】工具条中的【仿真对象类型】中选择【曲面与曲面接触】。

(2) 在【曲面与曲面接触】对话框中,从【类型】选项组中的下拉列表框中选择【自动配对】。

(3) 在【自动面对创建】选项组中,单击【创建面对】按钮。

(4) 在【创建自动面对】对话框中:
- (可选)指定面对搜索子集。
- 选择分组选项。
- 预览面对,必要时修改距离公差以生成更多或更少面对。

(5) 单击【确定】按钮,返回【曲面与曲面接触】对话框。

(6) 在【属性】选项组中,为这些面对之间的接触输入任何特定于解算器的属性并单击【确定】按钮。

2. 人工定义接触区域

人工定义接触区域的操作步骤如下。

(1) 在【高级仿真】工具条中的【仿真对象类型】中选择【曲面与曲面接触】按钮。

(2) 在【曲面与曲面接触】对话框中,从【类型】选项组的下拉列表框中选择手工。

(3) 在【源区域】选项组中,选择第一个曲面集或单元面集。

(4) 在【目标区域】选项组中,选择第二个曲面集或单元面集。

(5) 在【属性】选项组中,为这些面对之间的接触输入任何特定于解算器的属性并单击【确定】按钮。

8.1.2 曲面和曲面粘合

创建曲面至曲面粘合可连接两个曲面,以防止曲面在所有方向中产生相对运动。

曲面至曲面粘合是一种连接两种不同形状网格的有效方法,为了定义要粘合的两个曲面,必须先定义要创建粘合单元(连接和约束曲面的刚性弹簧)的区域。区域是期望发生粘合(或接触)的模型的一部分中单元自由面的集合。可以使用壳体单元和实体单元的自由面来创建这些区域。在仿真模型中选择源区域和目标区域。在【曲面至曲面粘合】对话框中,输入参数以定义这两个曲面之间的接触。

图8-2所示为两个体之间的粘合面以及【曲面至曲面粘合】对话框。

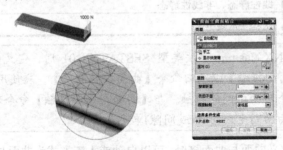

图 8-2 曲面和曲面粘合及对话框

曲面至曲面粘合适用于所有结构 NX Nastran 求解序列，SOL 701 除外。在轴对称解法中不支持它。

通过创建面对可定义曲面至曲面粘合区域。可以自动或人工方式为曲面至曲面粘合定义面对。

注意：只有 NX Nastran 支持曲面至曲面粘合。

1. 自动定义粘合区域

自动定义粘合区域的操作步骤如下。
(1) 在【高级仿真】工具条中，从【仿真对象类型】中选择【曲面至曲面粘合】。
(2) 在【曲面至曲面粘合】对话框中，从【类型】选项组的下拉列表框中选择【自动配对】。
(3) 在【自动面对创建】选项组中，单击【创建面对】按钮。
(4) 在【创建自动面对】对话框中：
- (可选)指定面对搜索子集。
- 选择分组选项。
- 预览面对，必要时修改距离公差以生成更多或更少面对。
(5) 单击【确定】按钮，返回【曲面至曲面粘合】对话框。
(6) 在【属性】选项组中，为这些面对之间的接触输入任何特定于解算器的属性并单击【确定】按钮。

2. 手工定义粘合区域

手工定义粘合区域的操作步骤如下。
(1) 在【高级仿真】工具条中，从【仿真对象类型】中选择【曲面至曲面粘合】。
(2) 在【曲面至曲面粘合】对话框中，从【类型】选项组的下拉列表框中选择【手工】。
(3) 在【源区域】选项组中，选择第一个曲面集或单元面集。
(4) 在【目标区域】选项组中，选择第二个曲面集或单元面集。
(5) 在【属性】选项组中，为这些面对之间的接触输入任何特定于解算器的属性并单击【确定】按钮。

8.1.3 自动面配对

许多仿真对象(如接触或粘连对象)都要求定义曲面对。使用【创建自动面对】对话框可以确定模型中或所选的一组面(面之间的距离小于指定公差)中的所有面对。

可以从以下对话框访问【创建自动面对】对话框：
- 创建曲面与曲面接触。
- 创建曲面与曲面粘连。
- 创建高级非线性接触。
- 创建热耦。

1. 了解面对分组

在手工创建解法对象时，可以指定包含多个面的源或目标面集。使用自动面配对可以指定分组选项，这些选项根据取自几何体的面对集创建解法对象。例如，以下部件由 4 个实体构成，而创建自动面对已标识了 7 个面对以定义曲面与曲面接触，如图 8-3 所示。

根据所选的分组选项，可以创建 1、3 或 7 曲面与曲面接触。

- 如果选择 1 个，则软件创建包含所有 7 个面对的单个接触。
- 如果选择按体对，则软件创建 3 个接触：一个接触包含 C 和 D 之间的单个面对；一个接触包含 A 和 C 之间的 3 个面对；一个接触包含 B 和 D 之间的 3 个面对。
- 如果选择按面对，则软件创建 7 个接触，每个面对一个接触。

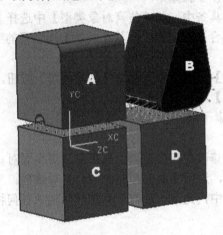

图 8-3 自动面配对

2. 更新自动面对

在以下情况下，自动面对需要更新：

- 主模型中的面已被修改。
- 主模型中的体已被变换。
- 已添加或删除体。

更新模型时，将删除并重新生成所有自动生成的面对。手工创建的面对不受影响。更新时：

- 如果自动生成的面对与现有手工创建的面对具有相同的源面和目标面，则不重新生成自动生成的面对。
- 如果自动生成的面对与现有手工创建的面对共享相同曲面的子集，则仍重新生成自动生成的面对。可能需要手工编辑面对定义以确保模型有解。

8.1.4 上机指导：曲面和曲面接触分析

设计要求：

在本练习中将用曲面和曲面接触分析模拟 0.1mm 轮和轴的压配合，了解 NX 接触分析的工作流程。

第 8 章 高级 FEM 建模技术

设计思路:

(1) 定义面之间的接触。
(2) 设置两种不同的解算工况。

练习步骤:

(1) 打开部件,启动高级仿真。

在这个练习中分析一个滑轮装配。有一刚轴和尼龙滑轮,压配到轴上。

① 在 NX 中,打开 ch08\8.1.4\ wheel_shaft_assy.prt,如图 8-4 所示。

② 启动【高级仿真】模块。选择【开始】|【高级仿真】命令。

(2) 创建 FEM 文件。

① 打开仿真导航器,右击 wheel_shaft_assy,从快捷菜单中选择【新建 FEM】命令,弹出新建部件文件对话框。选择 NX Nastran 模板,指定文件名为 wheel_fem1.fem。

② 单击【确定】按钮,弹出【新建 FEM】对话框。求解器选择 NX NASTRAN,分析类型选择【结构】,如图 8-5 所示,单击【确定】按钮。

图 8-4 wheel_shaft_assy.prt

图 8-5 【新建 FEM】对话框

注意:在仿真导航器的 polygon Geometry 节点下有两个多边形体。

(3) 网格化部件。

将对滑轮和轴划分 3D 网格。

① 在仿真导航器中,右击 wheel_fem1.fem,从快捷菜单中选择【新建网格】|【3D 网格】|【四面体网格】命令,弹出【3D 四面体网格】对话框。选择轴,设定单元属性类型为 CTETRA(10),单元大小设置为自动 ,单击【应用】按钮。结果如图 8-6 所示。

图 8-6 选择轴并划分 3D 网格

② 继续选择滑轮，设定单元属性类型为 CTETRA(10)，单元大小设置为自动，单击【应用】按钮。结果如图 8-7 所示。

(4) 改变滑轮网格显示颜色。

在仿真导航器中，展开 3D Collectors 节点，选择 Solid(2)并右击，选择【编辑显示】命令，弹出对话框。指定颜色为浅绿色或选择其他颜色，单击【确定】按钮。结果如图 8-8 所示。

图 8-7 选择滑轮并划分 3D 网格

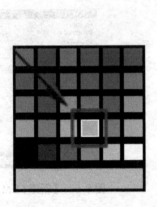

图 8-8 为滑轮网格指定浅绿色

(5) 指定材料属性。

在材料库中分别为轴和滑轮指定刚和尼龙材料。

指定 STEEL 材料到轴。

① 在仿真导航器中展开 3D Collectors 节点，选择 Solid(1)右击，选择【编辑】命令，弹出【网格捕捉器】对话框。单击【修改选定的】按钮，弹出 PSOLID 对话框。单击【选择材料】按钮，弹出【材料列表】对话框。选择 Steel 并右击，选择【将材料加载到文件中】命令。连续 3 次单击【确定】按钮，关闭对话框。

指定 Nylon 材料到滑轮。

② 选择 Solid(2)右击，选择【编辑】命令，弹出【网格捕捉器】对话框。单击【修改选定的】按钮，弹出 PSOLID 对话框。单击【选择材料】按钮，弹出【材料列表】对话框。选择 Nylon 并右击，选择【将材料加载到文件中】命令。连续 3 次单击【确定】按钮，关闭对话框。

(6) 创建仿真文件。

第8章 高级FEM建模技术

① 在仿真导航器中，右击 wheel_fem1，从快捷菜单中选择【新建仿真】命令，弹出【新建仿真】对话框。名称输入 wheel_sim1.sim，其他默认，单击【确定】按钮。

② 再次单击【确定】按钮，弹出【创建解算方案】对话框。解算方案类型选择【SESTATIC 101-单约束】，选择【工况控制】选项卡，单击【创建模型对象】按钮。

③ 在弹出的【接触参数】对话框中，收敛的接触变化设置为【接触变化次数】，许用接触变化次数(NCHG)设置为 20，接触状态(RESET)设置为【自上一个开始】，初始穿透/隙缝(INIPENE)设置为【设为零】，其他设置默认，如图 8-9 所示，连续两次单击【确定】按钮。

图 8-9 【接触参数】对话框

④ 单击 Subcase - Static Loads 1 并右击，选择【重命名】命令，重命名为 Preload Only。

(7) 定义接触。

定义轴的红色曲面与滑轮的黄色曲面之间的接触。

① 在仿真导航器中，关闭 3D Collectors(将不显示模型的网格)，展开 Polygon Geometry，关闭 Polygon Body_1(只显示轴)。

② 在【高级仿真】工具条中的【仿真对象】中选择【曲面与曲面接触】。弹出【曲面与曲面接触】对话框。类型选择【手工】，源区域选择如图 8-10 所示的轴端，目标区域选择(将 Polygon Body_1 打开，Polygon Body_2 关闭)滑轮的内壁，如图 8-11 所示。

③ 展开【属性】选项组，设置【偏置源】为 0.05mm，单击【确定】按钮。将 Polygon Body_2 打开，如图 8-12 所示。

图 8-10 选择轴端面　　图 8-11 选择滑轮内表面　　图 8-12 创建曲面到曲面接触约束

(8) 定义约束。

将定义一固定和一用户定义的约束。用户定义的约束固定外侧多边形边缘的 Tt (theta) 和 Tz (axial)的一位移,在轮毂的-X面上。

① 在【高级仿真】工具条中的【约束类型】中选择【固定约束】,弹出【固定约束】对话框。类型过滤器选择【多边形面】,选择如图 8-13 所示的轴端面,单击【确定】按钮,创建一固定约束。

图 8-13　选择轴端面并创建固定约束

② 关闭 Polygon Body_2,在【高级仿真】工具条中的【约束类型】中选择【用户定义约束】,弹出【用户定义约束】对话框。类型过滤器选择【多边形边】,选择如图 8-14 所示的边。

③ 展开【方向】选项组,位移 CSYS 选择【柱坐标系】|【自动判断】,类型过滤器选择【多边形边】,结果如图 8-15 所示。单击【确定】按钮,返回【用户定义约束】对话框。

图 8-14　选择模型对象的边　　　　　图 8-15　选择坐标系放置边

④ 展开【自由度】选项组,设置 DOF2 和 DOF3 为【固定】,单击【确定】按钮。创建的用户自定义约束如图 8-16 所示。

图 8-16　创建用户自定义约束

⑤ 在仿真导航器中将 Polygon Body_2 选中。

(9) 解算模型。

① 单击 Solution 1，右击，选择【求解】命令，弹出【求解】对话框。单击【确定】按钮。解算完成后关闭信息和命令窗口。

② 取消【解算监视器】。

(10) 观察分析结果。

① 在仿真导航器中双击 Results。

② 打开后处理导航器，展开 Solution_1 节点，展开【位移-节点的】，双击 Magnitude，仿真结果如图 8-17 所示。

③ 当查看完分析结果时返回建模状态。

(11) 创建新的子工况。

定义新的子工况来研究不同载荷对部件的影响。

① 在仿真导航器中单击 Solution 1 并右击，选择【创建子工况】命令，弹出【创建解算方案步骤或子工况】对话框。在名称栏中输入 Preload and Operating，如图 8-18 所示。

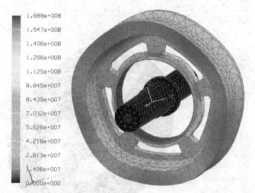

图 8-17 位移-节点仿真

图 8-18 【创建解算方案步骤或子工况】对话框

② 单击【确定】按钮，创建新的子工况。

(12) 定义工作载荷。

① 在【高级仿真】工具条的【载荷类型】中选择【力】，弹出【力】对话框。类型选择【法向】，类型过滤器选择【多边形面】，选择如图 8-19 所示滑轮上的面。

② 在【幅值】选项组中的力输入-5000N，【分布】选项组中的方法设置为【统计每个对象】，单击【确定】按钮。创建的力载荷如图 8-20 所示。

(13) 再次解算模型。

① 单击 Solution 1，右击，选择【求解】命令，弹出【求解】对话框。单击【确定】按钮。解算完成后关闭信息和命令窗口。

② 取消【解算监视器】。

图 8-19 选择滑轮面

图 8-20 创建力载荷

(14) 观察分析结果。

① 在仿真导航器中双击 Results。

② 打开后处理导航器，展开 Solution_1 节点，展开【载荷工况 2】节点，展开【位移-节点的】节点，双击 Magnitude。仿真结果如图 8-21 所示。

③ 展开【应力-单元节点】节点，双击 Von-Mises。仿真结果如图 8-22 所示。

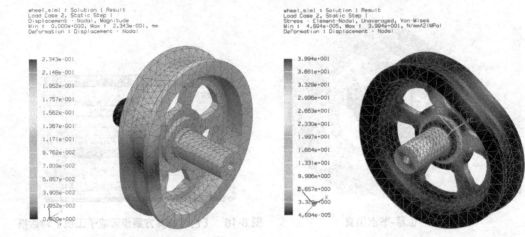

图 8-21 位移仿真效果图　　　　　　图 8-22 应力-单元节点仿真效果图

(15) 保存并关闭所有模型文件。

8.1.5 上机指导：曲面和曲面粘合分析

设计要求：

在本练习中将用曲面和曲面粘合分析两个面之间的粘合，了解 NX 接触分析的工作流程。

设计思路：

(1) 定义面之间的粘合。

(2) 解算粘合模型和查看结果。

第 8 章 高级 FEM 建模技术

练习步骤：

(1) 打开部件，启动高级仿真。

① 在 NX 中，打开 ch08\8.1.5\ glue.prt，如图 8-23 所示。

② 启动【高级仿真】模块。选择【开始】|【高级仿真】命令。

(2) 创建 FEM 文件。

① 打开仿真导航器，右击 glue.prt，从快捷菜单中选择【新建 FEM】命令，弹出新建部件文件对话框。选择 NX Nastran 模板，指定文件名为 glue_fem1.fem。

② 单击【确定】按钮，弹出【新建 FEM】对话框。求解器选择 NX Nastran，分析类型选择【结构】，单击【确定】按钮，创建 FEM 文件。

(3) 选择材料。

在【高级仿真】工具条中单击【材料】按钮，弹出【材料】对话框。在列表中选择 Steel 并右击，选择【将库材料加载到材料中】命令。在弹出的对话框中选择绿色片体和黄色实体，单击【确定】按钮关闭对话框。

(4) 创建物理属性。

① 在【高级仿真】工具条中单击【物理属性】按钮，弹出【物理属性表管理器】对话框，单击【创建】按钮，弹出 PSOLID 对话框。在【属性】选项组中的 Material 选择 Steel。

② 单击【确定】按钮，返回【物理属性表管理器】对话框，在【类型】下拉列表框中选择 PSHELL，其他默认，单击【创建】按钮，弹出 PSHELL 对话框。在 Material 下拉列表框中选择 Steel，默认厚度指定为 2mm，单击【确定】按钮，单击【关闭】按钮，将【物理属性表管理器】对话框关闭。

(5) 创建网格捕集器。

① 在【高级仿真】工具条中单击【网格捕集器】按钮，弹出对话框。在单元族选择 2D，集合类型选择 ThinShell，物理属性类型选择 PSHELL，名称指定为 PSHELL1，单击【应用】按钮。

② 在单元族中选择 3D，集合类型选择【实体】，物理属性类型选择 PSOLID，名称指定为 PSOLID1，单击【确定】按钮关闭对话框。

(6) 划分网格。

① 在仿真导航器中单击 glue_fem1.fem 并右击，选择【新建网格】|2D|【自动网格】命令，弹出【2D 网格】对话框。选择绿颜色面，单元属性类型选择 CQUAD4，单元大小设置为 5mm，在【目标捕集器】选项组中取消选中【自动创建】复选框，网格捕捉器选择 ThinShell(1)，单击【确定】按钮创建 2D 网格。结果如图 8-24 所示。

② 在仿真导航器中单击 glue_fem1.fem 并右击，选择【新建网格】|3D|【四面体网格】命令，弹出【3D 网格】对话框。选择黄颜色面，单元属性类型选择 CTETRA(10)，单元大小设置为【自动】，在【目标捕集器】选项组中取消选中【自动创建】复选框，网格捕捉器选择 Solid(1)，单击【应用】按钮创建 3D 网格。结果如图 8-25 所示。

图 8-23　glue.prt　　　　　　　　　图 8-24　创建 2D 网格

③ 在仿真导航器中展开 3D Collectors 节点，选择 3d_mesh(1)并右击，选择【显示和编辑】命令。在弹出的对话框中指定颜色为蓝色，单击【确定】按钮，关闭所有对话框。结果如图 8-26 所示。

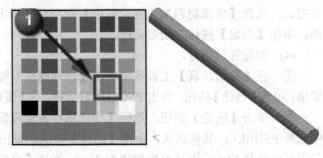

图 8-25　创建 3D 四面体网格　　　　　图 8-26　为 3D 网格指定颜色

(7) 创建仿真文件。

① 在仿真导航器中，右击 glue_fem1，从快捷菜单中选择【新建仿真】命令，弹出【新建部件文件】对话框。

② 选择 NX Nastran 模板，输入文件名为 glue_sim1.sim，指定保存路径，单击【确定】按钮创建仿真文件。

(8) 定义粘合。

① 在仿真导航器中将 2D Collectors 和 3D Collectors 节点关闭。

② 在【高级仿真】工具条中的【仿真对象】中选择【曲面至曲面粘合】，弹出对话框，类型选择【手工】，源区域指定【绿色圆柱面】，目标区域指定【黄色实体圆柱表面】，在【属性】选项组中指定搜索距离为 6mm，其他选项默认，单击【确定】按钮。生成的曲面和曲面粘合如图 8-27 所示。

(9) 创建约束和载荷。

① 在【高级仿真】工具条中的【约束】中选择【固定约束】，弹出对话框。类型选择器指定【多边形边】，选择管子的-Z 方向上的边缘，单击【确定】按钮关闭对话框。结果如图 8-28 所示。

② 在【高级仿真】工具条中单击【力载荷】按钮，弹出【力】对话框。类选择器指定为【多边形面】并选择黄色实体端面，在【幅值】选项卡中指定力大小为 10000N，方向指定为-Y，在【分布】选项卡中方法指定为【统计每个对象】，单击【确定】按钮。结果如图 8-29 所示。

图 8-27　曲面和曲面粘合　　　图 8-28　选择管子边缘　　　图 8-29　生成力约束

(10) 解算模型。

① 单击 Solution 1，右击，选择【求解】命令，弹出【求解】对话框。单击【确定】按钮。解算完成后关闭信息和命令窗口。

② 取消【解算监视器】。

(11) 观察分析结果。

① 在高级导航器中双击 Results 节点。

② 打开后处理导航器，展开 Solution 1 节点，展开【位移-节点的】并双击 Magnitude 节点。仿真效果如图 8-30 所示。

(12) 建立标准模型的动力学解算。

① 在仿真导航器中，右击 glue_sim1，从快捷菜单中选择【新建解算方案】命令，弹出对话框。在【解算方案类型】下拉列表框中选择 SEMODES 103，单击【确定】按钮。新解算法成为激活的解法，它仅含有空洞仿真对象与约束设置。

② 在仿真文件的约束容器中拖动固定约束到新解法的 Constrains 节点。

③ 拖动 Face Gluing 仿真对象到新解法的 Simulation Objects 节点，如图 8-31 所示。

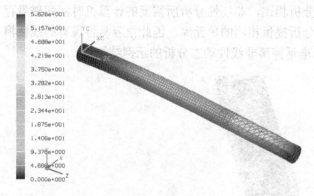　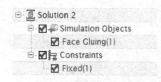

图 8-30　显示结果　　　　　　　　　图 8-31　新解算器下的节点

(13) 解算模型。

① 单击 Solution 2，右击，选择【求解】命令，弹出【求解】对话框。单击【确定】按钮。解算完成后关闭信息和命令窗口。

② 取消【解算监视器】。

(14) 查看仿真结果。

① 在高级导航器中双击 Results 节点。

② 打开后处理导航器，展开 Solution 2 节点，展开【模式 9】，展开【位移-节点的】并双击 Magnitude 节点。仿真效果如图 8-32 所示。

③ 研究各种生成的结果并关闭所有文件。

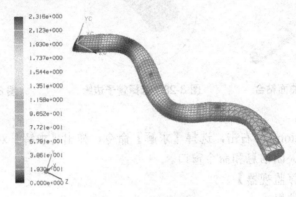

图 8-32 显示结果

8.2 高级非线性分析

8.2.1 高级非线性接触概述

所有结构问题在某种程度上都是非线性的。只要载荷、材料属性、接触条件或结构刚度取决于位移，问题就是非线性的。如果存在大的位移或旋转，线性分析中所采用的线性应变-位移关系就可能不适当。

非线性分析将考虑几何和材料非线性行为。例如，在非线性动态分析中，软件将计算具有非线性效应的动态响应。与线性分析相比，非线性分析所需要的计算机时间和磁盘存储量会大得多。由于为线性和非线性分析提供相同的单元库，因此很容易将现有的线性模型转换为非线性模型。图 8-33 所示为电话摔落非线性动态分析的示例结果。

图 8-33 电话摔落非线性动态分析的示例结果

高级仿真支持表 8-2 所示的非线性分析类型。

第8章 高级 FEM 建模技术

表 8-2 非线性分析支持解算器

解算器	解 法
NX Nastran	NLSTATIC 106(非线性静态)
	NLTRAN 129(非线性瞬态响应)
	ADVNL 601，106(高级非线性静态，隐式)
	ADVNL 601，129(高级非线性动态，隐式)
	ADVNL 701(高级非线性动态分析，显式)
ANSYS	非线性静态
ABAQUS	一般

使用【高级非线性接触】对话框(图 8-34)，可以在 NX Nastran 的高级非线性解法中的壳和实体元素面上定义曲面与曲面接触。此命令可用于 SOL 601、106，SOL 601、129 和 SOL 701。

为了定义接触，在仿真模型中选择一个初始区域和一个目标区域。在对话框中输入参数以定义这两个曲面之间的接触。将目标区域类型指定为 FLEX(柔性)或 RIGID。使用刚性目标区域时(这意味着目标接触曲面是刚性的，源曲面是柔性的)，可以使用刚性目标位移的可选节点，以来控制刚性目标区域的运动。在内部，刚性链接会将刚性目标区域中的所有节点都连接到此主节点。

图 8-34 【高级非线性接触】对话框

8.2.2 定义高级非线性接触

通过创建面对可定义高级非线性接触区域。可以自动或手工方式为高级非线性接触创建面对。

注意： 只有 NX Nastran SOL 601,106 和 SOL 601,129 支持高级非线性接触。

1. 自动定义接触区域

自动定义接触区域的操作步骤如下。

(1) 在【高级仿真】工具条中，从【仿真对象类型】中选择【高级非线性接触】。

(2) 在【高级非线性接触】对话框中，从【类型】选项组的下拉列表框中选择【自动配对】。

(3) 在【自动面对创建】选项组中，单击【创建面对】按钮。

(4) 在【创建自动面对】对话框中：

- (可选)指定面对搜索子集。
- 选择分组选项。
- 预览面对，必要时修改距离公差以生成更多或更少面对。

(5) 单击【确定】按钮，返回到【高级非线性接触】对话框。

(6) 在【属性】选项组中，为这些面对之间的接触输入任何其他属性并单击【确定】按钮。

2. 手工定义接触区域

手动定义接触区域的操作步骤如下。

(1) 在【高级仿真】工具条中，从【仿真对象类型】中选择【高级非线性接触】。

(2) 在【高级非线性接触】对话框中，从【类型】选项组的下拉列表中选择【手工】。

(3) 在【源区域】选项组中，选择第一个曲面集或单元面集。

(4) 在【目标区域】选项组中，选择第二个曲面集或单元面集。

(5) 在【属性】选项组中，为这些面对之间的接触输入其他属性并单击【确定】按钮。

(6) 如果将目标区域类型设置为 RIGID，则可单击节点组中的刚性目标位移的节点 ✱。

8.3　装配 FEM 分析

8.3.1　装配 FEM 概述

装配 FEM (.afm)文件支持增强的工作流程，以分析大型装配。装配 FEM 类似于部件装配。与部件装配包含多个组件部件的事例和位置数据非常类似，装配 FEM 也包含多个组件 FEM 的事例和位置数据。此外，装配 FEM 还包含将组件 FEM 连接到系统中的连接单元，以及组件 FEM 网格中的材料和物理属性覆盖。

图 8-35 所示为将组件 FEM 映射到装配部件实例。

装配 FEM 支持多个 FEM 事例，用户可将相同的 FEM 映射到装配层次结构中部件的多个事例，可将装配 FEM 映射到较大装配 FEM 中的子装配。

对组件 FEM 进行的编辑将会立即在装配 FEM 和组件 FEM 的所有事例中反映出来。

> **注意**：高级仿真中的装配 FEM 工具以装配应用模块中许多相同的命令为基础并使用这些命令。在使用装配 FEM 之前，应熟练使用装配应用模块。

图 8-35 将组件 FEM 映射到装配部件实例

8.3.2 装配 FEM 和多个体 FEM

作为装配 FEM 的备选方法，可以从 NX 装配创建单个 FEM 文件，以生成包含多个多边形体的 FEM。在使用较小，较简单的装配时，此方法可能更合适。然而，在使用较大较复杂的装配时，装配 FEM 具有以下优势：

- 对于包括没有基本几何体的 FE 数据的较大模型，可以使用装配 FEM 来改进组件网格的记录和管理。
- 可以在多个装配 FEM 中使用和重用现有的组件 FEM，包括旧的和导入的 FEM 数据。
- 可以控制组件 FEM 的加载，以更有效地使用资源。
- 可以使用备选网格或几何体表示来替换单个组件 FEM，以便在保留原来的组件 FEM 数据并保存操作和资源的同时支持假设分析。
- 可以在小组成员之间分配工作。小组成员或第三方可提供单个部件或子装配的网格，分析员或项目管理者可将其装配到完整的系统模型中。对组件 FEM 或其关联的 CAD 数据所做的更新可由软件自动处理，或由用户根据部件进行处理。

图 8-36 所示为在仿真导航器中的多个体 FEM 和装配 FEM 的显示状态。

(a) 多个体 FEM　　(b) 装配 FEM

图 8-36

8.3.3 装配 FEM 工作流程

装配 FEM 支持两种工作流程。

- 相关联的。在此工作流程中，可将装配 FEM 与部件的现有装配关联起来，并将新的或现有的组件 FEM 映射到每个组件部件。在更新装配配置或其组件部件的几何体时，装配 FEM 也会更新。可将关联组件 FEM 和非关联组件 FEM 组合在相同的装配 FEM 中。例如，可将非关联组件 FEM 添加到关联装配 FEM，以表示用于下降测试的影响结构。
- 非关联的。在此工作流程中，可以首先创建空的装配 FEM；然后添加组件 FEM 到装配 FEM；最后，使用重定位组件定义组件 FEM 的位置和方位。

关联和非关联两种工作流程如下表 8-3 所示。

表 8-3 关联和非关联工作流程

关联工作流程	非关联工作流程
1. 创建或获取组件 FEMs	1. 创建或获取组件 FEMs
2. 创建装配 FEM	2. 创建空的装配 FEM
	3. 添加组件到 FEM
3. 将 CAD 组件映射到 FEM	4. 定义组件的位置和方向
4. 连接组件 FEMs	5. 连接组件 FEMs
5. 解析标签冲突	6. 解析标签冲突
6. 根据装配 FEM 创建仿真文件	7. 根据装配 FEM 创建仿真文件

8.3.4 创建装配 FEM 文件

创建相关联的装配 FEM 的操作步骤为在仿真导航器中右击装配部件节点，选择【新建装配 FEM】命令，如图 8-37 所示。

创建非关联的装配 FEM 的操作步骤如下。

(1) 选择【文件】|【新建】命令。
(2) 在弹出的对话框中选择【仿真】选项卡，从中选择装配 FEM 模板。
(3) 取消选中【映射到部件】复选框。

如果创建关联装配 FEM，则加载的装配部件将显示为装配 FEM 节点的子级，组件部件显示为装配部件节点的子级，如图 8-38 所示。

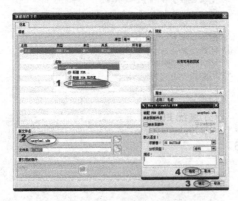

图 8-37 新建关联装配 FEM 文件   图 8-38 装配 FEM 节点

由于 CAD 组件当前未映射到组件 FEM，因此其状态设置为忽略，这表示该 CAD 组件将不考虑分析。由于新的装配 FEM 中没有 FEM 组件，因此图形窗口是空的。

8.3.5 创建关联和非关联装配 FEM 文件

创建关联装配 FEM 文件：
- 所创建的模型中必须有 CAD 装配系统。
- 指定要映射到 CAD 装配组件的组件 FEM 文件。

映射已存 FEMs 到 CAD 组件，在仿真导航器中右击忽略的 CAD 组件，选择【映射已存部件】命令，如图 8-39 所示。

如果存在同一 CAD 部件组件的多个实例，右键单击一个忽略的 CAD 组件部件，选择【查找所有匹配的组件】命令。然后右键单击所选项并选择【映射新的】命令，将组件 FEM 映射到所有匹配的 CAD 组件。

创建非关联装配 FEM 文件：
- 在添加现有 FEM，并且【添加组件】对话框中的放置设置为移动时。
- 在添加新 FEM，并且软件提示时。

添加现有 FEM 到非关联装配 FEM，右键单击仿真导航器中的装配 FEM，然后选择【添加现有的】命令，如图 8-40 所示。

图 8-39 映射已存 FEMs 到 CAD 组件

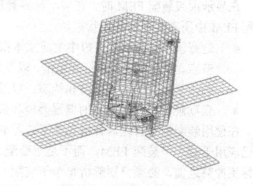
图 8-40 非关联装配 FEM

8.3.6 连接组件 FEM 和解析标签冲突

1. 连接组件 FEM

在装配 FEM 文件中，可以使用以下工具定义连接单元，以将组件 FEM 连接到系统中。
- 使用【1D 连接】命令定义 1D 单元的基于几何体或基于 FE 的连接网格。基于几何体的连接网格是基于方法的，在修改几何体或装配或在对组件 FEM 重新划分网格时将自动更新。还可以使用此命令创建蛛网单元或对连接结构(如销、螺栓或支柱)进行建模。
- 使用手工节点和单元操作创建单个单元，如连接单元、集中质量单元或壳或六面实体单元。可以使用组件 FEM 中现有的节点创建单元，也可以在装配 FEM 中创建新节点。与 1D 连接不同的是，可将创建的单元添加到现有网格。

此外，在装配 FEM 的仿真文件中，可使用【表面到表面接触】和【表面到表面粘合】命令来约束组件 FEM 相邻面的行为，如图 8-41 所示。

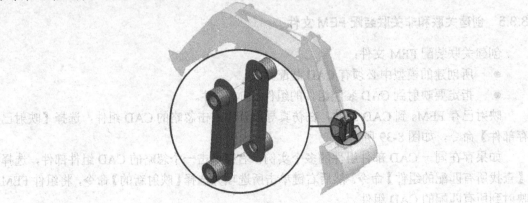

图 8-41　1D 连接

2. 解析标签冲突

在【标签】中，检查装配 FEM 中组件 FEM 标签的当前状态。检查冲突节点、单元和坐标系选项卡，以查看每个实体类型的标签状态。

在仿真导航器中，右键单击装配 FEM 节点，选择【装配标签管理器】命令。

在显示顶级装配 FEM 时，在装配标签管理器中，单击【运行验证】按钮以检查每个子装配 FEM 中所有组件的标签状态。

- 运行验证：在信息窗口中生成文本报告。对于每个组件 FEM，列出应用了偏置的节点、单元和坐标系标签范围，以及每个组件的当前状态。对于每个子装配 FEM，列出子装配的标签范围和状态，以及每个组件 FEM 的标签范围和状态。
- 自动解析：使用指定的偏置类型和值自动解析节点、单元和坐标系标签。

在使用装配标签管理器解析包含子装配 FEM 的装配 FEM 中的标签冲突时，注意，偏置已应用于整个子装配 FEM，而不是子装配 FEM 中的组件 FEM。在解析顶级装配 FEM 的标签冲突之前，必须分别解析每个子装配 FEM 的标签冲突。每次编辑子装配 FEM 时，应使用装配标签管理器解析子装配 FEM 标签冲突。

8.3.7　上机指导：航天器的装配 FEM 分析

设计要求：

在装配 FEM 中，将创建一个相关联的子装配 FEM 并使用 1D 连接去连接到大装配的 FEM 中。

设计思路：

(1) 创建装配 FEM。
(2) 映射 FEM 组件。
(3) 连接 FEM 组件。
(4) 解决标签冲突。

(5) 映射 FEM 文件到当前装配。

练习步骤：

(1) 打开人造卫星装配 FEM 并加载人造卫星模型。

① 在 NX 中，打开 ch08\8.3.7\ Hessi Satellite AFM.afm，如图 8-42 所示。

② 启动 NX 高级仿真模块，在仿真导航器中，右击 Hessi_Satellite.prt，从快捷菜单中选择【加载】命令。

(2) 创建名为 Solar Panel Inner 的 FEM 组件。

① 在仿真导航器的仿真文件视图中双击 Solar Panel Inner.prt，结果如图 8-43 所示。

图 8-42　Hessi Satellite AFM.afm

图 8-43　Solar Panel Inner.prt

② 选中 Solar Panel Inner.prt 并右击，选择【新建 FEM】命令，弹出对话框。输入名称为 Solar_panel_inner_fem1.fem，指定保存路径，单击两次【确定】按钮，创建 FEM 文件。

(3) 理想化部件。

① 双击 Solar_panel_inner_fem1_i.prt，使其成为当前显示部件。

② 在【高级仿真】工具条中单击【理想化几何体】按钮，弹出对话框。选择如图 8-44 所示要移除的面，单击【应用】按钮。创建的理想化几何体如图 8-45 所示。

图 8-44　指定要移除面

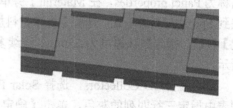

图 8-45　创建理想化几何体

③ 移除顶部太阳能电池。在空白处右击，选择【定向视图】|【右视图】命令。选择要移除的面，鼠标拖动一矩形框选中如图 8-46 所示顶部太阳能电池，单击【应用】按钮，移除顶部面。

④ 移除底部太阳能电池。重复以上移除顶部面的步骤移除底部面，结果如图 8-47 所示。

图 8-46 选择顶部面

图 8-47 移除底部面

(4) 创建中位面并显示 FEM 文件。

① 在【模型准备】工具条中单击【中位面】按钮，弹出对话框。选择模型的上表面，如图 8-48 所示，单击【自动创建】按钮，单击【取消】按钮，创建出中位面。

② 在仿真导航器中，在仿真文件视图中双击 solar_panel_inner_fem1.fem，使其成为当前工作部件。

(5) 内部面创建网格。

① 展开仿真导航器的 Polygon Geometry 节点并关闭 Polygon Body_2，只显示模型的中位面，如图 8-49 所示。

图 8-48 选择模型上表面

图 8-49 模型中位面

② 在【高级仿真】工具条中的【3D 网格】中选择【2D 网格】，弹出对话框，选择中位面，单元属性类型选择 CQUAD4，单元大小设置为 40mm，在【目标捕捉器】选项组中取消选中【自动创建】复选框，单击【新建捕捉集】按钮，弹出【网格捕捉集】对话框。输入名称为 Solar Panel，单击【创建物理选项】按钮，弹出 PSEHLL 对话框。输入名称为 Panel properties，在 Material 1 旁单击【选择材料】按钮，弹出【材料列表】对话框。找到 Epoxy 材料并右击，选择【将库材料加载到文件中】命令。在弹出的对话框中单击【确定】按钮，指定默认厚度为 25mm。连续多次单击【确定】按钮。创建的 2D 网格如图 8-50 所示。

③ 展开 2D Collectors，选择 Solar Panel 右击，选择【编辑显示】命令，在【颜色】列表中指定三行四列的灰色，单击【确定】按钮。结果如图 8-51 所示。

图 8-50 创建 2D 网格

图 8-51 2D 网格

④ 单击【保存】按钮 。

(6) 创建名为 Solar Panel Out 的 FEM 组件。

① 在仿真导航器的仿真文件视图中双击 Solar Panel Outer.prt，结果如图 8-52 所示。

② 右击 Solar Panel Outer.prt，从快捷菜单中选择【新建 FEM】命令，弹出对话框。输入名称为 Solar_panel_outer_fem1.fem，指定保存路径，单击两次【确定】按钮，创建 FEM 文件。

(7) 理想化部件。

① 双击 Solar_panel_outer_fem1_i.prt，使其成为当前显示部件。

② 在【高级仿真】工具条中单击【理想化几何体】按钮，弹出对话框。选择如图 8-53 所示要移除的面，单击【应用】按钮。创建的理想化几何体如图 8-54 所示。

图 8-52 Solar Panel Outerr.prt

图 8-53 指定要移除面　　　　　　　　图 8-54 创建理想化几何体

③ 移除顶部太阳能电池。在空白处右击，选择【定向视图】|【右视图】命令。选择要移除的面，鼠标拖动一矩形框选中如图 8-55 所示顶部太阳能电池，单击【应用】按钮，移除顶部面。

图 8-55 选择顶部面

④ 移除底部太阳能电池。重复以上移除顶部面的步骤移除底部面，结果如图 8-56 所示。

(8) 创建中位面并显示 FEM 文件。

① 在【模型准备】工具条中单击【中位面】按钮，弹出对话框。选择模型的上表面，如图 8-57 所示，单击【自动创建】按钮，单击【取消】按钮，创建出中位面。

图 8-56 移除底部面

图 8-57 选择模型上表面

② 在仿真导航器中选择 Solar_panel_outer_fem1_i.prt 并右击,选择【显示 FEM】| solar_panel_outer_fem1.fem 命令。

(9) 内部面创建网格。

① 展开仿真导航器的 Polygon Geometry 节点并关闭 Polygon Body_2,只显示模型的中位面,如图 8-58 所示。

图 8-58 模型中位面

② 在【高级仿真】工具条中的【3D 网格】中选择【2D 网格】,弹出对话框。选择中位面,单元属性类型选择 CQUAD4,单元大小设置为 40mm,在【目标捕捉器】选项组中取消选中【自动创建】复选框,单击【新建捕捉集】按钮,弹出【网格捕捉集】对话框。输入名称为 Solar Panel,单击【创建物理选项】按钮,弹出 PSEHLL 对话框。输入名称为 Panel properties,在 Material 1 旁单击【选择材料】按钮,弹出【材料列表】对话框。找到 Epoxy 材料并右击,选择【将库材料加载到文件中】命令,单击【确定】按钮,指定默认厚度为 25mm。连续多次单击【确定】按钮。创建的 2D 网格如图 8-59 所示。

③ 展开 2D Collectors 并选择 Solar Panel 右击,选择【编辑显示】命令,在【颜色】列表中指定三行四列的灰色,单击【确定】按钮。结果如图 8-60 所示。

图 8-59 创建 2D 网格   图 8-60 2D 网格

④ 单击【保存】按钮。

(10) 显示 Solar Panels 并创建装配 FEM。

① 在仿真导航器的仿真文件视图中双击 Solar Panels，使其成为工作部件，如图 8-61 所示。

② 选择 Solar Panels 并右击，选择【新建装配 FEM】命令，弹出对话框。输入名称为 solar_panels_afm.afm，连续两次单击【确定】按钮，创建装配 FEM 文件。

(11) 映射组件 FEM。

① 在高级装配导航器中展开 Solar Panels.prt，选择 Solar Panel Inner.prt 并右击，选择【映射现有的】命令，在【有限元模型】下拉列表框中选择 solar_panel_inner_fem1，单击【确定】按钮。

② 右击 Solar Panel outer.prt，从快捷菜单中选择【映射现有的】命令，在【有限元模型】下拉列表框中选择 solar_panel_outer_fem1，单击【确定】按钮。结果如图 8-62 所示。

图 8-61　Solar Panels 部件　　　　图 8-62　映射 CAD 组件到已存 FEM

③ 隐藏多边形体。将类型过滤器设置为【隐藏多边形体】，选择如图 8-63 所示多边形体，右击，选择【隐藏】命令，将多边形体隐藏。

图 8-63　选择多边形体并隐藏

(12) 连接 FEM 组件。

在【高级仿真】工具条中单击【1D 连接】按钮，弹出对话框，类型设置为【节点到节点】，在【连接单元】选项组中的【单元属性类型】中选择 RBE2，依次选择如图 8-64 所示节点，单击鼠标中键依次选择如图 8-65 所示的点，单击【确定】按钮，生成如图 8-66 所示的 1D 连接网格。

图 8-64　选择源点　　　　图 8-65　选择目标点　　　　图 8-66　创建 1D 连接网格

(13) 解析标签冲突。

① 在仿真导航器中，右击 solar_panels_afm.afm，从快捷菜单中选择【装配标签管理器】命令，弹出【装配标签管理器】对话框。单击【自动解析】按钮，单击【应用】按钮，如图 8-67 所示。

② 单击【运行验证】按钮，弹出信息窗口，观察里面的信息并关闭信息窗口。单击【确定】按钮。

③ 保存文件。

(14) 映射 solar panel 装配 FEM 到当前 solar panel 装配文件。

① 在仿真导航器中的仿真文件视图窗口中双击 Hessi Satellite AFM，使其成为当前工作部件。

② 在仿真导航器中展开 HESSI_Satellite.prt 节点，单击 Solar Panels.prt(任意 4 个 Solar Panels.prt 都可以)并右击，选择【查找所有匹配组件】命令；再右击，选择【匹配所有的】命令。在【有限元模型】下拉列表框中选择 solar_panels_afm，单击【确定】按钮，生成结果如图 8-68 所示。

图 8-67 【装配标签管理器】对话框

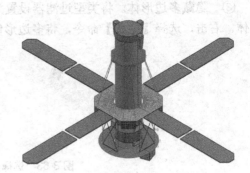

图 8-68 映射的装配 FEM 模型

(15) 隐藏 solar panel 多边形体。

在类型过滤器中选择【多边形体】，选择如图 8-69 所示的 4 对太阳能电池板，右击，选择【隐藏】命令。结果如图 8-70 所示。

图 8-69 选择 4 对太阳能电池板

图 8-70 隐藏 4 对太阳能电池板

(16) 连接太阳能电池板到甲板。

① 在【高级仿真】工具条中单击【1D 连接】按钮,弹出对话框。类型设置为【节点到节点】,在【连接单元】选项组中的【单元属性类型】中选择 RBE2,依次选择如图 8-71 所示节点,单击鼠标中键依次选择如图 8-72 所示的点。

② 继续连接剩余的 3 对太阳能板,单击【确定】按钮,生成如图 8-73 所示的 1D 连接网格。

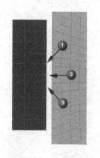  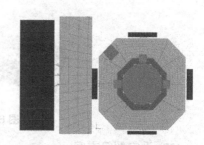

图 8-71 选择源点　　　　图 8-72 选择目标点　　　　图 8-73 连接剩余 3 对太阳能板

(17) 解析标签冲突并创建仿真文件。

① 在仿真导航器中,右击 Hessi Satellite AFM.afm,从快捷菜单中选择【装配标签管理器】命令,弹出【装配标签管理器】对话框。单击【自动解析】按钮,单击【应用】按钮,单击【运行验证】按钮,弹出信息窗口。观察里面的信息并关闭信息窗口。单击【确定】按钮。

② 保存文件。

③ 右击 Hessi Satellite AFM.afm,从快捷菜单中选择【新建仿真文件】命令,弹出【新建部件文件】对话框。在名称栏中输入 satellite_modes.sim,单击两次【确定】按钮,弹出创建解算方案对话框。解算方案类型选择 SEMODES 103,单击【确定】按钮。结果如图 8-74 所示。

(18) 显示望远镜 FEM 子装配。

① 在仿真导航器中选择 Hessi Satellite AFM.afm(不选择并展开)。

② 选择 Telescope Detector Unit AFM.afm 和 Telescope Unit AFM.afm,结果如图 8-75 所示。

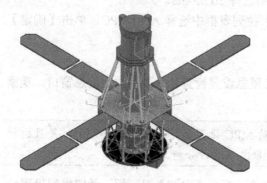 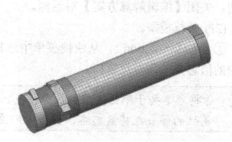

图 8-74　satellite_modes.sim　　　　图 8-75　望远镜 FEM 子装配

(19) 创建望远镜粘合分析。

① 在【高级仿真】工具条中的【仿真对象】中选择【曲面至曲面粘合】。

② 在弹出的对话框中，类型选择【自动配对】，在【自动面对创建】选项组中单击【创建面对】按钮，在弹出的【创建自动面对】对话框中单击【预览】按钮，单击两次【确定】按钮，关闭对话框。结果如图 8-76 所示。

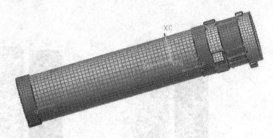

图 8-76　创建曲面至曲面粘合

(20) 设定解算方案。

① 在【高级仿真】工具条中单击【模型对象】按钮，弹出【模型对象管理器】对话框。类型选择【结构输出请求】，名称输入 Modal Output，单击【创建】按钮，弹出【结构输出请求】对话框。选择【应变】选项卡，选中【启用 STRAIN 请求】复选框，位置选择 CORNER，单击【预览】按钮，关闭信息窗口，单击【确定】按钮，返回【模型对象管理器】对话框。

② 在【类型】选项组的下拉列表框中选择【实数特征值-Lanczos】，名称设置为 20 Modes，单击【创建】按钮，弹出【实数特征值-Lanczos】对话框。在【属性】选项组中设置希望的模式数为 20，单击【确定】按钮，返回【模型对象管理器】对话框。

③ 在【类型】选项组的下拉列表框中选择【解算方案参数】，名称设置为 Auto MPC，单击【创建】按钮，弹出【解算方案】对话框。展开 A-B 选项组，设置 Auto MPC 为 YES，单击【确定】按钮，返回【模型对象管理器】对话框，单击【关闭】按钮。

④ 保存文件。

⑤ 在仿真导航器中，单击 Solution 1 并右击，选择【编辑解算方案】命令，弹出【编辑解算方案】对话框。选择【工况控制】选项卡，在 Output Requests 下拉列表框中选择 Modal Output，在 Lanczos Method 下拉列表框中选择 20 Modes。

⑥ 选择【参数】选项卡，在 Parameter 下拉列表框中选择 Auto MPC，单击【确定】按钮，关闭【编辑解算方案】对话框。

(21) 解算模型。

① 右击 Solution 1，从快捷菜单中选择【模型设置检查命令】，弹出信息窗口。观察当中的信息并关闭信息窗口。

> **注意**：你将忽略关于刚性连接的警告信息。自动 MPC 设置为是将处理这些问题。并且材料属性的警告也将被忽略，因为他们没有考虑到这种分析。

② 选择 Solution 1 右击，选择【求解】命令，弹出【求解】对话框，关闭模型设置检查，单击【确定】按钮。等待解算完成后关闭【信息】窗口，关闭【解算监视器】窗口，

取消【分析作业监视器】。

(22) 显示分析结果。

① 打开后处理导航器，选择 Solution 1 右击，选择【载入】命令，展开 Solution 1 节点，展开 Mode 17, 5.984e+000 Hz 节点，展开【位移-节点】节点，双击 Magnitude，仿真分析结果如图 8-77 所示。

图 8-77 位移-节点仿真结果

② 单击【后处理】工具条中的【播放】按钮，观察模型变化状态。
③ 保存所有文件并关闭。

8.4 习 题

打开 ch08\8.4\synchrEditing.prt，如图 8-78 所示。在模型的底部面和两个圆柱孔端面上施加固定约束，模型的顶面上施加 0.1Mpa 的压力，分析受力后的最大位移值和最大应力值为多少。

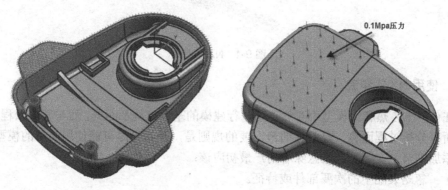

图 8-78 synchrEditing.prt

第 9 章 NX 热流分析

9.1 NX 热分析

NX 热和流是一个综合的热传递和流仿真套件，它将热分析和计算流体动力学(CFD)分析结合起来了。这两个解算器可以单独运行，也可以一起运行。NX 热和 NX 流组合成耦合的解算器后，就成为第三个高效解算器：NX 耦合热流，它将显式对流建模与这两个解算器的所有建模功能都结合在一起。热边界条件和流边界条件均可以定义为恒定的或随时间变化的。与 NX Nastran 相同，NX 热和流完全集成在 NX 高级仿真环境中。图 9-1 所示为 NX 热分析。

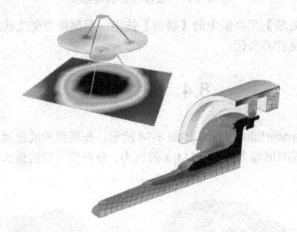

图 9-1 NX 热分析

9.1.1 使用 NX 热和流

在任何 NX 热和流模型中对热传递进行建模的基本过程都相同，而与其复杂程度无关。对于所有分析过程而言，要记住的最重要的规则是，开始时尽可能使用简单的模型，需要时再添加细节。实际上，这意味着用户最初应该：

- 忽略装配中的次要部件或特征。
- 简化几何表示。
- 使用粗略的单元网格。
- 进行简单分析。例如，只进行流分析，而不进行耦合分析，或者进行稳态分析，而不进行瞬时分析。
- 使用基本热传递计算和/或流体流动原理，检查解法结果。

确信初始热和/或流体模型符合要求后，即可在必要时添加细节和使用更精细的网格。

9.1.2 工作流程

NX 热建模的工作流程见表 9-1。

表 9-1 NX 热和流建模工作流程

步骤编号	应用模块和文件类型	任 务
1	建模，部件(.prt)文件	几何体建模、模型简化
2	高级仿真，FEM(.fem)文件	定义材料、物理属性。 网格划分和网格捕集器。 如果正在对流进行建模，则可能需要先研究流体域网格划分，然后再对流模型进行网格划分
3	高级仿真，仿真(.sim)文件	定义解算选项和解算参数。 流体域网格划分。 定义载荷、约束和其他特殊边界条件。 解算和检查解法消息
4	后处理仿真(.sim)文件	检查和显示结果

对于 NX 中的所有仿真而言，此过程以对组件和装配的几何体进行建模开始。建模应用模块为对任何部件或装配进行建模提供了极好的工具。打开高级仿真应用模块，然后就可以使用【理想化】命令对几何体进行简化。

在 FEM 文件中，使用网格划分工具可创建模型的有限元网格。使用网格捕集器可定义材料和物理属性，并指定热-光属性。

在仿真文件中创建一种解法，以便包含载荷、约束及仿真对象，这些对象定义附加了传热途径、热载荷、恒温、辐射源和轨道等条件。可通过【创建解法】或【编辑解法】对话框设置热和流仿真选项，并使用解算器参数控制解算器行为。然后可启动求解过程。后处理以图形方式显示结果并创建报告，以便将用户的结果传送给设计小组。

9.1.3 定义属性单元

可以指定额外的属性作为网格单元，通过物理属性和热光学属性分配到适当的网格捕集器。

物理属性描述单元的物理质量和特性，如厚度或非结构质量。可以在 FEM 文件或仿真文件的上下文中创建物理属性表以存储这些物理属性。如果物理属性表是在 FEM 处于活动状态时创建的，则可以将它指定给网格捕集器。因此，指定给网格捕集器的网格(以及其中的单元)会继承这些物理属性。

如果物理属性表是在仿真文件处于活动状态时创建的，则可以使用它来覆盖指定给网格捕集器的物理属性。如果有多个仿真文件，则可以使用覆盖功能来研究不同的物理属性对解算结果的影响。在 FEM 文件处于活动状态时，不能使用在仿真文件处于活动状态时创建的物理属性表。

9.1.4 定义热载荷和约束

使用热载荷定义模型中的已知热源,可以创建不同类型的热载荷。
- 创建热载类型以定义流入选定几何体或单元的热流量或热能量。
- 创建热通量类型以定义选定表面每单位面积的热通量或热载。
- 创建发热类型以定义选定体每单位体积的热通量或热载。

NX 热载荷边界条件和约束见表 9-2。

表 9-2 NX 热载荷边界条件和约束

边界条件	描述
热载荷	在选定的几何体中定义热流速(能量/时间)或功率。不能将多边形体与选择的其他阶次的几何体(2D、1D 或 0D)相混合
热通量	定义选定几何体每单位面积上的热通量或热载(能量 /(时间 × 面积))。多边形不支持用于选择,但是可以选择采用 3D 单元划分网格的多边形体的面
发热	定义了单位体积的热通量或热载(能量 /(时间 × 体积))。可以选择任何阶次的几何体来定义载荷

可以将一个热载荷定义为用于稳态或瞬态分析的常数值。对于恒稳态分析,可将热载荷值定义为随时间变化的值,也可以指定热感应设备(如温度调节装置)来控制热载荷,在温度随时间变化时打开或关闭它。可使用温度调节装置或活动的加热器控制器类型模型对象来指定热感应设备。

对于应用于 2D 或 1D 几何体的热载荷,可指定载荷在 2D 几何体的面积上或 1D 几何体的长度上随空间变化的方式。可在稳态分析或瞬态分析中定义空间变化。

9.1.5 定义热耦合

使用热耦仿真对象可以:
- 对物理上接触的实体对象或组件的表面间的传导建模。
- 对某个系数定义的广义传导率建模。

1. 在平行表面间创建热耦

一般情况下,可在平行表面之间创建热耦。尽管并不禁止在不平行的表面和边之间创建热耦,但是不平行会引起不精确;平行度越差,精确度就越差。

2. 为热耦选择几何体或单元

热耦通常都定义在采用 2D 单元划分网格的多边形面或采用 1D 单元划分网格的多边形边上,但是也支持其他几何体/网格组合。软件使用主要区域的面积来计算热路径的幅值,参见表 9-3 中的详细信息。

表 9-3 NX 热传导计算

选 择	热传递计算
采用 2D 单元划分网格的多边形面	面积 = 多边形面表面积
采用 3D 单元划分网格的多边形体的面	面积 = 多边形面表面积
采用 1D 单元划分网格的曲线或多边形边	面积 = 多边形边的长度 × 关联的梁横截面的周长
采用 2D 单元划分网格的多边形面的边	面积 = 多边形边的长度 × 2D 单元的厚度
采用 0D 单元划分网格的网格点	面积 = 0D 单元直径的球体表面

9.1.6 模型解算

尽管默认设置通常可生成结果，但应在每次分析之前检查选定的解法选项。常用设置位于【创建解法或编辑解法】对话框中的【解法细节】选项卡和【环境条件】选项卡中。当其他选项卡中的设置用于解算的模型时，应该要始终对这些设置进行检查。

- 对于瞬态分析，必须在【瞬态】选项卡中指定起始时间和结束时间，并检查其他设置是否正确。更改【初始条件】选项卡的默认设置可以节约分析的时间。
- 要对复杂流进行 3D 流分析，【3D 流】选项卡中的设置可以改进网格划分、精度和收敛。
- 对于较大的模型，在【结果选项】选项卡，取消选中不必要的结果类型选项，可以减少处理时间并缩小结果文件的大小。

9.1.7 上机指导：PCB 板热流分析

设计要求：

在本练习中将对印刷电路板(PCB)和芯片进行热分析模拟，了解 NX 热分析的工作流程。

设计思路：

(1) 2D 和 3D 网格。
(2) 定义热约束和载荷。
(3) 定义接触热耦合。
(4) 运行热分析和观察结果。

练习步骤：

(1) 打开部件，启动高级仿真。
① 在 NX 中，打开 ch09\9.1.7\pcb-w-chip.prt，如图 9-2 所示。
② 启动【高级仿真】模块。选择【开始】|【高级仿真】命令。
(2) 创建 FEM 和仿真文件。
① 在仿真导航器中，右击 pcb-w-chip.prt，从快捷菜单中选择【新建 FEM 和仿真文

件】命令。在弹出的【新建 FEM 和仿真】对话框中列出 3 个已自动建立的新文件。在【默认语言】选项组中选择 NX THERMAL / FLOW 为求解器，分析类型选择【热】，如图 9-3 所示。

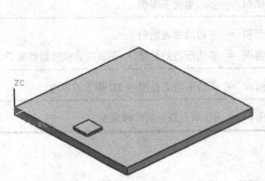
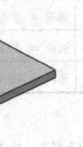

图 9-2　pcb-w-chip.prt　　　　　　　　图 9-3　【新建 FEM 和仿真】对话框

② 单击【确定】按钮，弹出【创建解算方案】对话框，如图 9-4 所示。名称选择 PCB_Chip_Solution，求解器选择 NX THERMAL/FLOW，分析类型选择【热】。单击【确定】按钮，将 pcb-w-chip_fem1 设为当前工作部件。

(3) 在 PCB 板上划分 2D 网格。

用 2D 网格划分 PCB 板，并作用正交各向异性材料。用 3D 网格划分芯片，并作用一各向同性材料。

① 单击【高级仿真】工具条中的【2D 网格】按钮，弹出对话框。选择 PCB 板的上表面，如图 9-5 所示。

图 9-4　【创建解算方案】对话框　　　　图 9-5　选择 PCB 板的上表面

② 单元属性类型设置为 QUAD4，网格单元大小设置为 7。
③ 在目标捕集器中取消自动创建，并新建一目标捕集器。设置属性类型为【薄壳】。
④ 在 Material 中选择【材料】，弹出【材料列表】对话框。将新建材料类型设置为【正交各项异性】，单击【创建材料】按钮。

⑤ 在弹出的【材料】对话框中，设置名称为 PCB_ortho，设置类别为 Other，设置质量密度为 2700 kg/m^3，设置比热为 396 J/kg-K，设置杨氏模量 X Y Z 分别为 1 N/mm^2 (MPa)，设置泊松比 X Y Z 分别为 1，设置剪切模量 X Y Z 分别为 1 N/mm^2 (MPa)，设置导热率 X 为 9 W/m-K、Y 为 41W/m-K、Z 为 0.55 W/m-K。

⑥ 单击【确定】按钮，返回【材料列表】对话框，单击【确定】按钮，返回【网格捕捉器】对话框。材料方向选择绝对 WCS。单击【创建物理属性项】按钮，弹出对话框。

⑦ 设置名称为 PCB_thickness，厚度为 1.8mm。单击【确定】按钮，返回【网格捕捉器】对话框。

⑧ 将名称设置为 PCB，单击【确定】按钮，返回【2D 网格】对话框。单击【确定】按钮。生成的 2D 网格如图 9-6 所示。

⑨ 展开 2D Collectors，将 2d_mesh(1)重命名为 PCB_mesh。

(4) 在芯片上板上划分 3D 网格。

① 单击【高级仿真】工具条中的【3D 四面体网格】按钮，弹出对话框。选择 PCB 板的上芯片，如图 9-7 所示。

图 9-6　生成 2D 网格

图 9-7　选择芯片划分 3D 四面体网格

② 设置类型为 TET4，网格大小为 5。

③ 在目标捕捉器中取消自动创建并单击【新建捕捉集】按钮，弹出【网格捕捉集】对话框。

④ 在属性中选择【选择材料】，弹出【材料列表】对话框。在新建材料中的类型选择【各向同性】，单击【创建材料】按钮，弹出【创建材料】对话框，设置名称为 Chip_iso，设置质量密度为 2700 kg/m^3，选择【热】选项卡，设置导热率为 383 W/m-K，设置比热为 380 J/kg-K。

⑤ 单击【材料】对话框中的【确定】按钮，返回【材料列表】对话框。设置名称为 Chip。单击【确定】按钮，返回【3D 四面体网格】对话框，如图 9-8 所示。单击【确定】按钮，划分网格如图 9-9 所示。

(5) 创建一热载荷。

显示仿真文件，作用一热载荷到芯片。热载荷定义进入选择几何体的热流量(能量/时间)或功率。

① 在仿真文件视图中双击 pcb-w-chip_sim1，使其成为当前工作部件。

② 展开 pcb-w-chip_fem1.fem 节点，取消 2D Collectors 和 3D Collectors 网格。

③ 在【高级仿真】工具条中单击【热载】按钮，弹出对话框。设置选择意图为多边形面，并选择芯片的上表面，如图 9-10 所示。

④ 设置类型为【热载】，设置名称为 Heat_Load_5W。
⑤ 在幅值中设置热载为 5W，单击【确定】按钮。加载热载荷如图 9-11 所示。

图 9-8 【3D 四面体网格】对话框

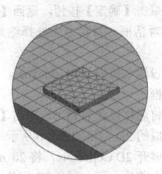

图 9-9 芯片上划分 3D 网格

图 9-10 选择芯片上表面

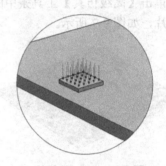

图 9-11 芯片上表面加载热载荷

(6) 创建一温度约束。
作用一温度约束到 PCB。一温度约束定义在热载荷模型内一热源或接收器的已知温度。
① 在【高级仿真】工具条中的【约束】中选择【温度】，弹出对话框。
② 选择 PCB 板上的一条边作为区域，如图 9-12 所示。
③ 设置名称为 Edge_at_25C。设置温度为 25℃。
④ 单击【确定】按钮。结果如图 9-13 所示。

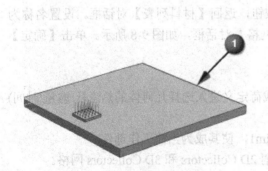

图 9-12 选择 PCB 板的边

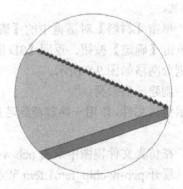

图 9-13 在边上施加热约束

(7) 创建一热耦合。

定义在芯片和 PCB 间的接触热耦。接触热耦模拟物理上实体或元件的表面间热传导。

① 在仿真对象类型中选择【热耦合】，弹出对话框。
② 设置名称为 Chip_to_PCB。
③ 主区域选择芯片的上表面，如图 9-14 所示。
④ 次区域选择 PCB 板的上表面，如图 9-15 所示。

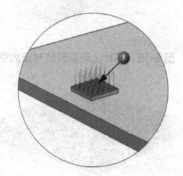

图 9-14　选择芯片上表面　　　　　　图 9-15　选择 PCB 上表面

⑤ 设置幅值类型为【传热系数】，设置系数为 2100 microW/mm^2–C，设置附加参数中的耦合解为【一到一】，单击【确定】按钮。结果如图 9-16 所示。

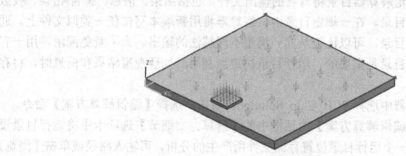

图 9-16　建立热耦合约束

(8) 为芯片创建一对流到环境约束。

作用对流约束到芯片和 PCB。对流约束仿真一个或多个表面的对流。

① 在约束类型中选择【对流到环境】，弹出对话框。
② 设置名称为 Chip_fan。
③ 设置芯片的上表面作为区域，如图 9-17 所示。
④ 对流幅值指定为【对流系数】，设置对流系数为 24 microW/mm^2 –C，设置温度幅值为【指定】，设置温度值为 30℃。单击【确定】按钮，结果如图 9-18 所示。

(9) 为 PCB 板创建一对流到环境约束。

① 在约束类型中选择【对流到环境】，弹出对话框。
② 设置名称为 PCB_convection，设置 PCB 板的上表面作为区域，如图 9-19 所示。
③ 对流幅值指定为【对流系数】，设置对流系数为 19 microW/mm^2 –C，设置温度幅值为【指定】，设置温度值为 25℃。单击【确定】按钮。结果如图 9-20 所示。

图 9-17 指定芯片上表面

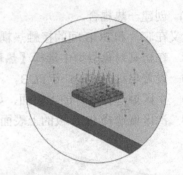
图 9-18 芯片上表面创建对流约束

图 9-19 选择 PCB 板上表面

图 9-20 PCB 板表面创建对流约束

(10) 设置运行目录。

利用运行目录规定解算器目录将写它的输出文件，包括结果、信息、警告/错误、收敛标绘和草稿文件到此目录。在一规定目录中，解算器将用新版本写在任一类似文件上。通过规定一不同的运行目录，可以比较从同一模型不同解法的输出。为了避免混淆，用一有意义方式命名一运行目录是重要的。运行目录决定当利用后处理观察结果和信息时，将存取哪个目录。

① 在仿真导航器中选择 PCB_Chip_Solution，右击，选择【编辑解算方案】命令。

② 在弹出的【编辑解算方案】对话框中的【解算方案细节】选项卡中将运行目录设置为【指定】；定义一个运行目录位置存储文件所产生的分析，可输入路径或单击【浏览】按钮 选择位置。单击【确定】按钮关闭对话框。

(11) 解算模型。

① 在仿真导航器中右击 PCB_Chip_Solu，选择【求解】命令。

② 单击【确定】按钮。

(12) 显示结果。

① 在仿真导航器中双击 Results(结果)。

② 默认显示节点温度结果。可以见到正交各向异性材料在温度分布中的影响，如图 9-21 所示。

(13) 设置带状等直线显示。

改变后处理显示为【条带】。每个均匀颜色带对应到展示在颜色条的值限。

① 在【后处理】工具栏中单击【后处理视图】按钮。

② 在弹出的【后处理视图】对话框中的【显示】选项卡中，改变【光顺】为【条带】。

单击【确定】按钮，后处理显示更新为如图 9-22 所示。

图 9-21 显示节点温度结果

图 9-22 节点温度结果带状显示

(14) 保存并关闭文件。

9.2 NX 流体运动仿真

NX 流体运动仿真(NX Flow)就是用计算流体力学(CFD)来准确、高效地仿真流体流动和对流。一个基于元件的有限量 CFD 方案通过解算 Navier-Stokes 方程式来计算三维流体流速、温度和压力。图 9-23 所示为 NX 流体运动仿真。

图 9-23 NX 流体运动仿真

9.2.1 NX 流体运动仿真特点

利用 NX 流体运动仿真技术,可以对复杂的流体流动问题进行建模。这些解算程序和建模特征包括:
- 稳态和瞬态分析(自适应纠正多网格解算程序)。
- 未结构化的流体网格(支持四面体、砖型以及楔型单元)。
- 表面网格(边界层网格)。
- 为选定流体领域提供的一整套自动和/或人工网格划分选项。
- 湍流、层流和混流。
- CFD 解决方案的中间结果恢复和重新启动。
- 流体上的热负荷和温度约束。
- 强制、自然和混合对流。
- 流体浮力。
- 多围墙。

- 多流体。
- 内部流和外部流。
- 与 NX 热解决方案完整无缝耦合,对共轭传热进行仿真(处理流体/固体边界的不相交网格)。
- 因为过滤网、过滤器和其他流体阻碍物(包括正交转动对称多孔堵塞)造成的流体流量损失。
- 水头损失入口和开口(固定或与计算得出的速度或均方根速度成正比)。
- 在入口和内部风扇处的流体漩涡。
- 流体回流圈,在不相连的流体区域之间存在水头损失和热输入/损失或流体温度交换。
- 自动连接不相交的流体网格。
- 高程效应。
- 非线性流动边界条件。

9.2.2 工作流程

NX 流体仿真建模的工作流程见表 9-4。

表 9-4 NX 流体仿真建模的工作流程

步骤编号	应用模块和文件类型	任 务
1	建模,部件 (.prt) 文件	使用 NX 工具简化模型
2	高级仿真,FEM (.fem) 文件	定义材料、物理属性和热光学效应 定义网格模型,并确定网格捕集器,组织和分配网格的物理特性
3	高级仿真,仿真 (.sim) 文件	定义解算选项和解算参数 定义载荷、约束和其他特殊边界条件 解算和检查解法消息
4	后处理仿真 (.sim) 文件	检查和显示结果

9.2.3 定义约束和载荷

确定适当的热载荷和约束,以模拟简单加热源到热模型。
NX 热载荷和温度的描述见表 9-5。

表 9-5 NX 热载荷和温度的描述

边界条件	描 述
热载荷	使用热载荷定义模型中的已知热源,可以创建不同类型的热载荷 热载类型 以面积为基础的热通量 体积产生发热
温度	不管热流如何,选定的几何体或单元保持已知的温度

第9章　NX热流分析

可以将一个热载荷定义为用于稳态或瞬态分析的常数值。对于恒稳态分析，可将热载荷值定义为随时间变化的值，也可以指定热感应设备(如温度调节装置)来控制热载荷，在温度随时间变化时打开或关闭它。可使用温度调节装置或活动的加热器控制器类型模型对象来指定热感应设备。

对于应用于 2D 或 1D 几何体的热载荷，可指定载荷在 2D 几何体的面积上或 1D 几何体的长度上随空间变化的方式。可在稳态分析或瞬态分析中定义空间变化。

9.2.4　流体域和流体面网格

使用流体域仿真对象可创建网格，以便对流体流建模。可以定义网格材料、尺寸以及其他网格参数。

使用【流体域】对话框可创建两种类型的流体域网格。
- 流体网格类型为一般流体体积定义网格。
- 流体曲面网格类型通过为边界层定义网格来修改流体域定义。

在创建输入文件或运行分析时，解算器将使用流体域命令创建所定义的网格。由于流体域网格是在仿真文件中定义的，并且是在分析过程中由流解算器自动创建的，因此不能在流模型创建过程中自动查看它或更改其显示属性。但是，可以在创建后立即检查流体域网格。

> **注意**：还可以使用标准网格划分命令在 FEM 文件中显式创建流体网格。不同的几何体限制和技术以及其他差异都与其有直接关系。

9.2.5　流体域边界条件

使用流边界条件仿真对象可以：
- 对移动流体的设备(例如风扇或泵)进行建模。
- 在分析移动中对象周围的气流时，对通过静止流体的整个模型的已知移动进行建模。
- 对流体域边界中的开口建模，流体在指定的压力下通过这些开口进入或保留，如通风口或其他被动开口。

使用【流边界条件】对话框可选择不同方法，分别是：入口流、出口流、开口、内风扇、回流环。

1. 流边界条件要求

可在 3D 流体单元的一个或多个相邻和相关多边形面上定义流边界条件。
- 该(这些)面必须处于流体域的边界上，创建内部扇形类型时除外。
- 不需要对该(这些)面划分网格。然而，可使用 2D 单元对其划分网格。
- 流边界条件的相邻 3D 流网格的密度是很重要的。解算器需要至少两个流体单元跨任何开口来进行精确建模。

流边界条件约束着流体通过开口在模型几何体中的运动。可使用流边界条件对风扇、泵、阀、通风口和其他此类设置建模。

2. 不同类型的流动边界条件

不同类型的流动边界条件如下所述。

- 入口流类型。按已知速率和位置进入流体域的流体进行建模，或设置多边形流体以对模型所经过的静态空气进行模拟，如图 9-24 所示。
- 出口流类型。按已知速率和位置离开流体域的流体进行建模，或设置多边形流体以对模型所经过的静态空气进行模拟，如图 9-25 所示。

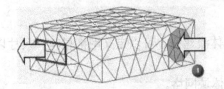 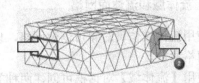

图 9-24　入口面临进 3D 流体要素的自由面　　图 9-25　出口面临进 3D 流体要素的自由面

- 开口类型。使用开口类型对外部开口进行建模，该开口允许流体流入或流出 3D 流网格域。任何开口均可充当入口或出口，这取决于解算时的流动条件。如果流体通过开口离开流体域，则忽略在【流边界条件】对话框中指定的所有选项(或【创建解法或编辑解法】对话框中的【环境条件】选项卡中的类似条件)，压力除外，如图 9-26 所示。
- 内部扇形类型。使用内部扇形类型对多边形流体内已知位置的流体移动进行建模，如图 9-27 所示。

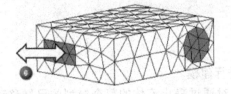 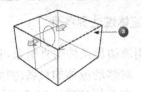

图 9-26　通风孔临近 3D 流网格域，流动方向决定条件收敛　　图 9-27　为流体指定矢量方向

- 回流环类型。使用回流环类型对从 3D 流域抽取流体的设备或系统进行建模，并将相同的流体喷射回该域。通过回流环类型，可定义两个不同的开口：流抽取和流返回。如果两个开口的大小不同，则两个开口处的流速也不同，流返回开口处只有下游效应，如图 9-28 所示。
  - 分析仅包括在流抽取开口处的上游效应。
  - 分析仅包括在流返回开口处的下游效应。

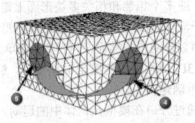

图 9-28　4 抽取面和 5 返回面处于流体要素的自由面

9.2.6 流表面和流阻塞

使用流表面和流阻塞可以修改流动体的液量。

1. 流表面

流表面仿真对象用于对选定热模型面上的对流和拖动建模，以及对流体上这些位置的表面拖动建模。对于选定面，流表面将覆盖在【创建解法或编辑解法】对话框中的【3D 流】选项卡中的【摩擦和对流参数】选项。

例如，可创建流表面对以下对象建模：

- 从一个表面流向周围流体的对流，表面上附有或未附有小对象(障碍物)。
- 流体上的表面拖动以及表面上相应的力。
- 约束流体的流动或对其定向的表面，例如 PC 主板、挡板、导管或腔壁。
- 一面不可渗透的壁，对流体在多边形流体内的流动定向。

流表面必须采用 2D 单元划分网格。要进行对流建模，这些单元必须具有非流体材料属性。

> **注意**：如果两个相邻的体分别包含 3D 流体和 3D 非流体单元，起分隔作用的配对表面则可定义为无 2D 单元的流表面。

在对模型求解时，软件从表面和障碍物建立指向相邻 3D 流体单元的热路径(传导)。流解算器会在嵌入流表面上分离 3D 流网格，并对流体流动创建 3D 障碍物。图 9-29 所示为流表面。

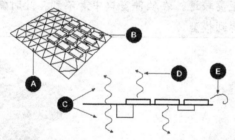

A.流表面　B.表面障碍物(可选)　C.从顶部和底部起的对流(可选)
D.从障碍物对流　E.从障碍物的表面拖动或壁摩擦的粗糙度

图 9-29　流表面

2. 流阻塞

创建流阻塞仿真对象可通过指定的压头损失(压力降)强制流绕过实体对象或穿过流体区域。一般情况下，可将流阻塞应用于采用 3D 单元划分网格的体，还可将其应用于与 3D 流网格接触的未划分网格的体。

可以创建 3 种不同类型的流阻塞。

- **实体**：使用实体类型的流阻塞可对 3D 障碍物建模，该障碍物阻塞 3D 流，并(在大多数情况下)通过在其多边形面上进行对流来与流体进行热交换。随着流体绕过该障碍物，还可以对表面拖动和湍流效应进行建模。

- 多孔——各向同性：障碍物在任何方向均衡地阻碍流。
- 多孔——正交各向异性：障碍物在3个正交方向以不同方式阻碍流。

9.2.7 上机指导：NX流体分析

设计要求：

在本练习中将对一模型的内部体积进行流体的模拟仿真，了解NX流体分析的工作流程。分析结果如图9-30所示。

设计思路：

(1) 从Parasolid几何体中创建一新的模型。
(2) 抽取模型内部体积。
(3) 定义流体边界条件。
(4) 解算模型并显示仿真结果。

练习步骤：

(1) 创建新文件并导入Parasolid文件。

① 选择【文件】|【新建】命令，弹出【新建】对话框。选择【模型】模板，名称设置为valve_part.prt，并指定文件的保存路径。单击【确定】按钮并自动打开建模模块。

② 选择【文件】|【导入】| Parasolid 命令，弹出【导入】对话框，选择ch09\9.2.7\valve.x_t，单击【确定】按钮。结果如图9-31所示。

提示： 有时模型离坐标系距离较远，在软件窗口中看不到。此时需单击视图工具栏的【适合窗口】按钮即可看到模型。

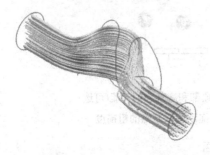
图9-30 NX流体仿真

图9-31 导入的Parasolid模型

(2) 创建草图阀体。

① 在阀体的端面上创建一草图，在特征导航器上单击草图，选择如图9-32所示的草图放置面，草图方位选择【水平参考】，并选择阀体的顶面作为水平参考面，如图9-33所示。

② 单击【确定】按钮，在【草图曲线】工具条中单击【矩形】按钮，采用两点方式绘制如图9-34所示的矩形，并退出草图返回建模状态。

(3) 拉伸草图。

① 在【特征】工具条中单击【拉伸】按钮，选择刚创建的草图，指定拉伸结束距离为-120，如图9-35所示。

② 单击【拉伸】对话框中的【确定】按钮。创建的拉伸实体如图9-36所示。

图9-32 草图放置面　　　　　　　　　　图9-33 草图水平参考放置面

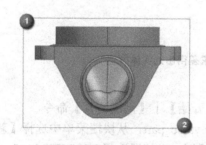
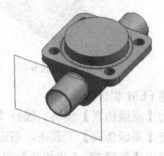

图9-34 绘制矩形并退出草图返回建模状态

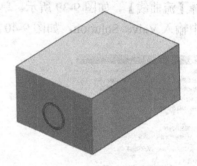

图9-35 选择草图并指定拉伸距离　　　　图9-36 生成拉伸实体

(4) 从拉伸矩形中减去阀体。

① 在【特征操作】工具条中单击【求差】按钮，选择拉伸实体为目标体，选择阀体为工具体，如图9-37所示。

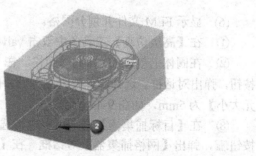

图9-37 选择①目标体和②工具体

235

② 单击【确定】按钮，创建求差体。选择【格式】|【移动至图层】命令，选择拉伸实体并指定 10 层。选择【格式】|【图层设置】命令，弹出【图层设置】对话框，将 10 层设置为不可见状态。最终显示模型如图 9-38 所示。

图 9-38 求差得出的实体模型

(5) 创建 FEM 和仿真文件。

① 启动【高级仿真】模块。选择【开始】|【高级仿真】命令。

② 固定【高级仿真】工具条，右击 valve_part，从快捷菜单中选择【新建 FEM 和仿真】命令，弹出【新建 FEM 和仿真】对话框。求解器选择 NX THERMAL / FLOW，分析类型选择【流曲线】，如图 9-39 所示。单击【确定】按钮，弹出【创建解算方案】对话框，在名称中输入 Valve_Solution，如图 9-40 所示，单击【确定】按钮。

图 9-39 【新建 FEM 和仿真】对话框

图 9-40 【创建解算方案】对话框

(6) 显示 FEM 文件并划分网格。

① 在【高级仿真】工具条中双击 valve_part_fem1，使其成为当前工作部件。

② 在阀体上创建 3D 四面体网格。在【高级仿真】工具条中单击【3D 四面体网格】按钮，弹出对话框。选择阀体作为划分网格的对象，指定【单元属性类型】为 TET4，【单元大小】为 5mm，如图 9-41 所示。

③ 在【目标捕集器】选项组中取消选中【自动创建】复选框，单击【新建捕集器】按钮，弹出【网格捕集器】对话框。在【属性】选项组中单击【选择材料】按钮，弹出【材料列表】对话框。在材料列表中选择 Water，右击，选择【将库材料加载到材料中】命令，单击【确定】按钮，返回【网格捕集器】对话框。在名称栏中输入 water，如图 9-42

所示。单击【确定】按钮,返回【3D 四面体网格】对话框。单击【确定】按钮,创建 3D 网格,如图 9-43 所示。

图 9-41　【3D 四面体网格】对话框　　图 9-42　【网格捕集器】对话框　　图 9-43　创建 3D 四面体网格

(7) 创建种子节点组。

① 选择【格式】|【组】|【新建组】命令,弹出【新建组】对话框。

② 在【选择】工具条中指定方法为【相关的单元】,类型过滤器指定为【多边形面】,如图 9-44 所示。

图 9-44　【选择】工具条

③ 选择如图 9-45 所示的阀体一个端面,并在【新建组】对话框的名称栏中输入 Seed Nodes,单击【确定】按钮。

图 9-45　【新建组】对话框

(8) 显示仿真文件并创建流边界条件。

① 打开仿真导航器,在仿真文件视图中双击 valve_part_sim1,使其成为当前工作部件。

② 在定义种子节点组的面上创建一入口流边界条件约束。在【仿真对象类型】列表中选择【流边界条件】，弹出对话框。类型选择【入口流】，名称指定为 Flow_in，类型过滤器指定为【多边形面】，选择如图 9-46 所示的面。在【幅值】选项组中模式选择【体积流】，体积指定为 3000 mm/sec，单击【确定】按钮。生成如图 9-47 所示的边界流约束。

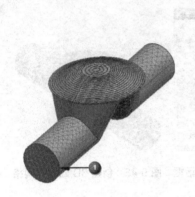

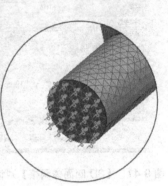

图 9-46 选择定义种子面作为约束面　　　图 9-47 【流边界条件】对话框以及施加流体约束

(9) 创建开口约束条件。

在体积的另一端面创建一开口的约束条件。

在【仿真对象类型】列表中选择【流边界条件】，弹出对话框。类型选择【开口】，名称指定为 Outlet_Opening，类型过滤器指定为【多边形面】，选择如图 9-48 所示的面并创建流体约束。

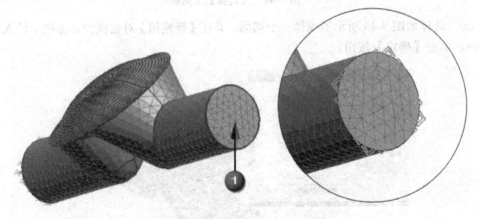

图 9-48 选择面并创建流体约束

(10) 编辑解算器方案。

① 打开仿真导航器。

② 单击 Valve_Solution 并右击，选择【编辑解算方案】命令，弹出对话框，在【解算方案细节】选项卡中指定湍流模型为 K-Epsilon，单击【确定】按钮，如图 9-49 所示。

注意：K-Epsilon 是一个公认的并且经过广泛验证的两个方程的湍流模型。

第9章 NX热流分析

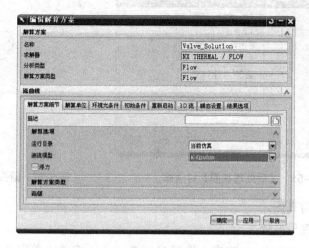

图 9-49 【编辑解算方案】对话框

(11) 解算模型。

① 打开仿真导航器。

② 右击 Valve_Solution,选择【求解】命令,弹出【求解】对话框。单击【确定】按钮,大约需要 1 分半时间。

(12) 查看流动显示结果。

① 打开后处理导航器。

② 单击 Valve_Solution,右击,选择 Load 命令;再次单击 Valve_Solution,右击,选择 New Postview 命令。速度-节点单元仿真结果如图 9-50 所示。

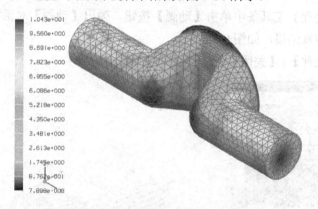

图 9-50 速度-节点单元仿真结果

(13) 创建箭头仿真图。

① 打开后处理导航器。

② 单击 Post View 1,右击,选择【编辑】命令,弹出【后处理视图】对话框。在【显示】选项卡中指定颜色显示为【箭头】,在【边和面】选项卡中指定边为【特征】,如图 9-51 所示。

③ 单击【确定】按钮。创建的箭头流体仿真如图 9-52 所示。

239

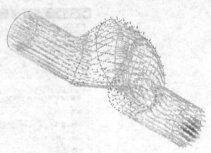

图 9-51 【后处理视图】对话框　　　　图 9-52 箭头流体仿真效果图

(14) 创建流线仿真图。

① 打开后处理导航器。

② 单击 Valve_Solution，右击，选择 New Postview 命令。单击 Post View 2，右击，选择【编辑】命令。在弹出的对话框中的【显示】选项卡中指定颜色显示为【流线】。单击流线参数旁的【选项】按钮，弹出【流线参数】对话框。单击【创建】按钮，弹出【种子集】对话框。在【种子点】下拉列表框中选择【组中的节点】，在【抽取】下拉列表框中选择【下游】，单击【生成流线】按钮，单击【将种子添加到列表】按钮，如图 9-53 所示。单击【确定】按钮，返回【后处理视图】对话框。单击【结果】按钮，弹出【流线绘图】对话框。在【样式】下拉列表框中选择【软管】，单击【确定】按钮，返回【后处理视图】对话框。在【边和面】选项卡中指定边为【特征】，单击【确定】按钮。结果如图 9-54 所示。

③ 在【后处理】工具条中单击【动画】按钮，弹出【动画】对话框。单击【播放】按钮，观察流体仿真结果，如图 9-55 所示。

(15) 选择【文件】|【关闭】|【所有部件】命令。

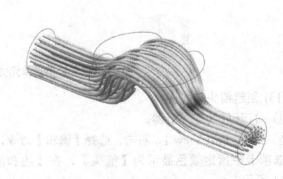

图 9-53 【种子集】对话框　　　　图 9-54 流线型的软管流体仿真

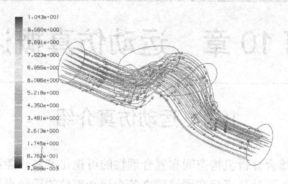

图 9-55 流体仿真效果图

9.3 习　　题

打开 ch09\9.3\ Engine_intake.prt，如图 9-56 所示。给发动机内部实体模型施加 Air 材料，5 个进风口施加入口流为 1000mm/sec，底部施加流体边界为开口，发动机通风口材料为 Steel，用 NX flow 求解模型，求空气从发动机入口处流到开口处的最大速度为多少。

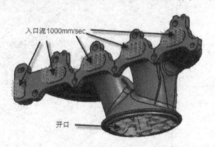

图 9-56 Engine_intake.prt

第 10 章　运动仿真概述

10.1　运动仿真介绍

运动仿真是一种综合分析机构空间布置合理性的可视化产品，能满足对复杂机械系统设计的运动性能分析。运动仿真旨在通过建立各个运动部件的运动模型，通过必要的操作研究其运动规律。图 10-1 所示为运动仿真界面。

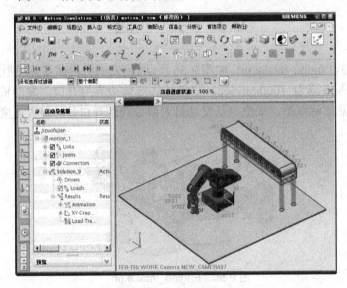

图 10-1　运动仿真界面

运动仿真能对任何二维或者三维模型进行复杂的静力学、运动学和动力学分析，可用于预测机械系统的性能、运动范围、碰撞检测、峰值载荷以及计算有限元的输入载荷等。运动仿真模型以电子表格或图表的形式输出位移、速度、加速度和反作用力的数据表格、图表曲线，进行机构的干涉检查分析，跟踪机构的运动轨迹，分析运动机构的速度、加速度、作用力、反作用力和力矩等运动参数，得到机构的大量运动参数。对运动参数的变化情况进行静力学、运动学和动力学分析，以验证该运动机构设计的合理性，指导修改零件的结构设计或调整零件的材料，达到运动机构最优化设计。

10.2　运动仿真文件结构

装配或部件主模型与运动仿真模型具有双向相关的关系：打开运动仿真界面后，软件自动复制主模型的装配或部件文件，如图 10-2 所示，对同一个机构可以建立一系列的运动仿真。

每一个运动仿真文件都是独立不相关的，可针对不同的要求单独修改仿真文件，此时不会影响主模型，如图 10-3 所示，确定机构的优化设计方案后，可以直接更新主模型，设计更改可直接反映到装配主模型中。

图 10-2　打开运动仿真界面后的装配导航器

图 10-3　建立多个独立运动仿真文件

10.3　运动仿真工作流程

运动仿真的工作流程具有通用性，是很格式化的分析过程，有很清晰的框架，有几个步骤无论是多复杂的运动分析都要使用的，比如环境设置，建立连杆、运动副，新建解算方案、求解。

10.3.1　新建运动仿真文件

打开零件或装配的主模型文件后选择【开始】|【运动仿真】命令，打开运动仿真界面。此时工具条呈灰显状态，运动导航器窗口中只有一个节点，这个节点是模型的主模型。在节点上右键单击(图 10-4)，选择【新建仿真】命令后，工具条变亮，是可操作的。

图 10-4　新建仿真

10.3.2　环境设置

新建仿真后自动弹出【环境】对话框，如图 10-5 所示，选择【运动学】选项分析仿真机构时，只注重机构的运动过程，而不注重机构的质量，比如二维曲线定义的连杆参与的运动。而【动态】选项分析仿真机构时是考虑机构的质量的，即考虑连杆的重力，这样的运动仿真更接近机构运动的真实情况，本书全部应用动态分析机构的运动。【基于组件的仿真】选项是方便你在创建连杆时能快速选择装配组件。也就是无论这个组件多么复杂，在该选项下只作为一个运动机构是不可再分的。对于不是装配体的主模型进行运动仿真时，不能选中这个选项。

图 10-5　【环境】对话框

10.3.3　工作流程

运动仿真功能的工作流程为：
(1) 新建立一个运动仿真。
(2) 设置每个零件的连杆特性，包括指定连杆的材料属性。

(3) 设置两个连杆间的运动副和添加机构载荷。

(4) 新建解算方案并求解，设置运动参数，控制机构运动的过程和运动仿真动画的输出。

(5) 输出运动分析结果的数据，绘制表格、变化曲线，进行机构运动特性的分析。

10.4　上机指导：四连杆机构运动仿真

设计要求：

在本练习中利用四连杆机构，了解运动仿真的工作流程

设计思路：

(1) 打开部件及建立运动仿真文件。
(2) 环境设置。
(3) 观察运动仿真导航器结构。
(4) 初步了解运动驱动含义。
(5) 了解创建方案。
(6) 求解模型。
(7) 观察分析结果。

练习步骤：

(1) 打开部件文件并启动运动仿真模块。
① 在 NX 中，打开 ch10\10.4\Fourbar.prt，结果如图 10-6 所示。
② 启动【运动仿真】模块。选择【开始】|【运动仿真】。
(2) 新建运动仿真。

在运动仿真导航器中，右击 Fourbar.prt，从快捷菜单中选择【新建仿真】命令，弹出【环境】对话框。在【分析】选项组中选中【动态】单选按钮，选中【基于组件的仿真】复选框，如图 10-7 所示，单击【确定】。

图 10-6　Fourbar.prt

图 10-7　【环境】对话框

(3) 创建连杆。
① 在【运动仿真】工具条中单击【连杆】按钮，弹出【连杆】对话框。
② 选择底部黄色底座，在【质量属性选项】选项组的下拉列表框中选择【自动】

选项，在【名称】选项组的文本框中输入L001，选中【固定连杆】复选框，其余默认，如图10-8所示。单击【应用】按钮。

注意：也可以不选中【固定连杆】复选框，可以创建【固定】运动副。

③ 选择曲柄link，在【质量属性选项】选项组中的下拉列表框中选择【自动】选项，在【名称】文本框中输入L002，其余默认。单击【应用】按钮。

④ 选择连架杆link2，在【质量属性选项】选项组中的下拉列表框中选择【自动】选项，在【名称】文本框中输入L003，其余默认。单击【应用】按钮。

⑤ 选择摇杆link3，在【质量属性选项】选项组中的下拉列表框中选择【自动】选项，在【名称】文本框中输入L004，其余默认。单击【应用】按钮。

创建完连杆后，运动导航器如图10-9所示。

图10-8 【连杆】对话框

图10-9 Fourbar导航器

(4) 创建运动副。

① 在【运动仿真】工具条中单击【运动副】按钮，弹出【运动副】对话框，如图10-10所示。

② 在【类型】选项组中的下拉列表框中选择【旋转副】选项，在【操作】选项组的【选择连杆】中选择曲柄，【指定原点】选择曲柄孔的中心，【指定方位】选择平行于孔轴线方向，在【基本】选项组的【选择连杆】中选择机架连杆，如图10-11所示。【名称】为默认。单击【应用】按钮。

注意：一般，【操作】选项组中的【选择连杆】为主动部件，【基本】选项组中【选择连杆】为从动部件。

③ 在【类型】选项组中的下拉列表框中选择【旋转副】选项，在【操作】选项组的【选择连杆】中选择连架杆，【指定原点】选择曲柄与连架杆连接的中心，【指定方位】选择平行于连架杆孔轴线方向，如图10-12所示。在【基本】选项组的【选择连杆】中选择曲柄，【名称】为默认，其余默认。单

图10-10 【运动副】对话框

击【应用】按钮。

④ 在【类型】选项组中的下拉列表框中选择【旋转副】选项,在【操作】选项组的【选择连杆】中选择摇杆,【指定原点】选择摇杆与连架杆连接的中心,【指定方位】选择平行于连架杆孔轴线方向,如图10-13所示。在【基本】选项组的【选择连杆】中选择连架杆,【名称】为默认,其余默认。单击【应用】按钮。

 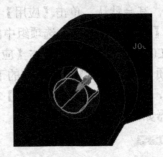 

图10-11 指定原点和方位　　　图10-12 指定原点和方位　　　图10-13 指定原点和方位

⑤ 在【类型】选项组中的下拉列表框中选择【旋转副】选项,在【操作】选项组的【选择连杆】中选择摇杆,【指定原点】选择摇杆与机架连接的中心,【指定方位】选择平行于机架孔轴线方向,如图10-14所示。在【基本】选项组的【选择连杆】中选择机架,【名称】为默认,其余默认。单击【确定】按钮。

(5) 定义驱动。

① 在【运动仿真】工具条中单击【驱动】按钮,弹出【驱动】对话框。

② 在【驱动对象】选项组中选择旋转副J002,选择【驱动】选项组中的【旋转】下拉列表中的【恒定】选项,在【初速度】文本框中输入60,即此旋转副的角速度为60rad/s,如图10-15所示。单击【确定】按钮,定义运动驱动。此时在旋转副上出现旋转符号,如图10-16所示。

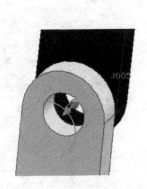  

图10-14 指定原点和方位　　　图10-15 【驱动】对话框　　　图10-16 运动驱动运动副

注意:上文中旋转副的驱动定义还可以在【驱动】对话框中选择【驱动】选项组的【旋转】为【恒定】选项,在【初速度】文本框中输入60,其余默认,如图10-16所示。

注意：对旋转副、滑动副、圆柱副定义运动驱动可直接在其各自【运动副】对话框中的【驱动】选项卡中定义。如图 10-17 所示。

(6) 新建解算方案并求解。
① 在【运动仿真】工具条中单击【解算方案】按钮，弹出【解决方案】对话框。
② 打开【解算方案选项】选项组，在【解算方案类型】下拉列表框中选择【常规驱动】选项，在【分析类型】下拉列表框中选择【运动学/动力学】选项，在【时间】文本框中输入 5，在【步数】文本框中输入 350，选中【通过按"确定"进行解算】复选框。其余选项默认，单击【确定】按钮进行求解，如图 10-18 所示。

注意：在【解算方案】对话框中，可以取消选中【通过按"确定"进行解算】复选框，在【运动仿真】工具条中单击【解算方案】按钮，软件自行解算。

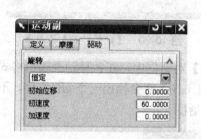

图 10-17 【驱动】选项卡

图 10-18 【解算方案】对话框

(7) 动画演示。
① 在【运动仿真】工具条中单击【动画】按钮，弹出【动画】对话框，如图 10-19 所示。
② 单击【动画控制】按钮，演示运动仿真，观察各部件之间的运动。单击【播放】按钮，连杆进行联动。注意观察模型运动变化情况。单击【停止】按钮，连杆停止运动。

注意：可以通过【动画控制】工具条控制运动仿真，如图 10-20 所示。

③ 如果在【解算方案】对话框中设置的时间过于短，看不清楚各个机构的运动关系时，可用【动画延时】控制尺使机构的运动变慢，以便更好地观察其中的运动关系。
④ 在播放动画时，想使动画达到连续播放的效果，可使用播放模式进行控制。播放模式分为播放一次、循环播放、往返播放。循环播放使播放顺序按照生成的动画顺序重复播放。往返播放先按照正常顺序播放动画然后按照相反的顺序播放。
⑤ 【封装选项】主要用于测量机构在某一时间的距离和角度，追踪机构的运动位移和运动轨迹的路线，检查机构之间的干涉关系，通过干涉检查可以间接测量机构之间干涉的体积。

(8) 运动仿真后处理。
① 在运动导航器中右键单击运动场景 motion_1，选择【导出】|MPEG 命令或者 TIF 命令。

图 10-19 【动画】对话框

图 10-20 【动画控制】工具条

② 在弹出的 MPEG(图 10-21)或者【动画 TIF】对话框中，在各种动画输出格式中选择 MPEG，将可以输出一个 mpg 文件，选择【动画 GIF】将会输出一个 gif 文件。不论选择哪一种格式，系统都将弹出【动画文件设置】对话框。

图 10-21 MPEG 对话框

③ 软件把要生成的动画已经按照默认设置，比如要生成的文件名、动画的帧数。

④ 可以通过【预览动画】来观察生成动画的效果，可以改变生成动画的视角，使动画的观察效果达到最优。

(9) 保存并关闭所有文件。

10.5 习　　题

1. 打开 ch10\10.5\ four_bar2.prt，如图 10-22 所示。添加必要的运动副，创建四连杆机构的运动仿真。

2. 打开 ch10\10.5\ revolute_mech.prt，如图 10-23 所示。添加必要的运动副，创建运动仿真。

图 10-22　four_bar2.prt

图 10-23　revolute_mench.prt

第 11 章 创建连杆和运动副

11.1 连杆介绍

在运动仿真中,把装配体抽象为可动的或者不可动的连杆连接在一起,使之成为具有一定的运动规律的机构,因此在运动仿真中首先要建立连杆。刚性体的机构特征通过连杆体现,每个连杆中会包含一个或者几个组件或部件,并且可为每个连杆赋予材料属性和质量属性。连杆分为可动连杆和不可动连杆。可动连杆里包含机构中可运动的组件或部件。不可动连杆又叫固定连杆,包括机构中不可运动的组件或部件,如底座、支架、大地等。

11.2 创建连杆

单击【运动仿真】工具条中的【连杆】按钮,弹出【连杆】对话框,如图 11-1 所示。连杆的对象可以是二维、三维的机构模型,也可以是二者的混合体,但同一个机构模型对象不能同时属于两个不同的连杆。

11.2.1 质量属性

质量属性选项用于设置连杆的质量特性,包含 3 个选项:自动、用户定义、无。

- 自动:由系统根据连杆中的实体按默认自动生成连杆的质量属性。
- 用户定义:由用户定义连杆的质量特性,如质量、质心和惯性矩,如图 11-2 所示。
- 无:不考虑质量属性。

图 11-1 【连杆】对话框

注意:在运动仿真中,只有在考虑反作用力或者动力学的分析时必须要选择质量属性,其余情况可不予选择。

模型的材料对质量、质心和惯性矩起着重要作用,指定运动仿真模型的材料有多种方式,可以不指定材料使用默认的材料密度值。NX 建模的实体通常其默认值设为 0.2829 lb/in^3 (磅/每立方英寸)或 $7.83 \times 10^{-6} kg/mm^3$ (千克/每立方毫米)。可以先为主模型指定材料库的材料,运动仿真模型可以继承主模型的材料特性,也可以将用户自定义的材料指

图 11-2 选择【用户定义】选项

定给模型。

11.2.2 设置固定连杆和名称

对于运动仿真模型中底座、支架、轨道等不可动的部件可定义为固定连杆。在创建连杆时可同时选中【固定连杆】复选框，此时在连杆上自动生成固定运动副。在运动分析时部件以固定连杆参与运算，否则固定部件是不参与计算的。

对于特别复杂的机构，需要创建大量的连杆，为了便于区分每个连杆的作用，可为每个连杆指定不同的名字。

11.3 运动副介绍

单击【运动仿真】工具条中的【运动副】按钮，弹出【运动副】对话框，如图 11-3 所示。为一个运动机构指定各部分的连杆后，并不能使机构运动，此时的连杆是相互独立的，必须为连杆与连杆指定一定的运动关系，即运动副。运动副是为了组成一个能运动的机构，必须把两个相邻连杆(包括机架、原动件、从动件)接触而又保持某些相对运动的可动连接。创建运动副的过程可看做减少机构各部件自由度的过程。当运动副创建之后，运动副会限制每个连杆 6 个自由度中的一个或几个，达到使连杆按照既定的运动轨迹运动的目的。

图 11-3 【运动副】对话框

11.4 旋 转 副

11.4.1 旋转副介绍

旋转副可以实现两个连接件绕同一轴作相对的转动。旋转副分两种：一种为一个连杆绕着固定在机架上的轴旋转，如图 11-4 所示；另一种是两个连杆绕着同一个轴作相对旋转，如图 11-5 所示。旋转副对连杆约束 5 个自由度，但在旋转副的轴线方向对连杆没有自由度的约束。

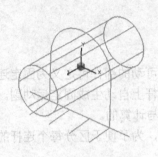
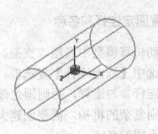

图 11-4　固定旋转副　　　　　图 11-5　相对运动旋转副

11.4.2　创建旋转副

创建旋转副的操作步骤如下。

(1) 选择第一个连杆。选择旋转副要约束的第一个连杆。

(2) 指定原点和方位，设置旋转副在第一个连杆上的位置和方向。旋转副的方向指的是连杆旋转的旋转轴，旋转副的原点是指连杆与连杆或者连杆与机架连接的关键点，连杆将在此点与连杆或机架相连接。指定原点和方位完成后连杆将绕旋转轴在定义的原点处作旋转运动。连杆旋转的方向可以按照右手螺旋法则进行编辑。

(3) 选择第二个连杆。选择旋转副要约束的第二个连杆，只有是相对运动旋转副时才需要这个选项。

(4) 设置显示比例和名称。显示比例控制旋转副显示的符号大小。为了便于记忆可为不同的旋转副定义不同的名称。

(5) 定义驱动。为旋转副指定一个运动方法，使该旋转副成为主动件。

11.5　滑　动　副

11.5.1　滑动副介绍

滑动副可以实现两个相连接件互相接触并保持相对的滑动。滑动副分两种：一种是两个连杆做相对的滑动，如图 11-6 所示；另一种是一个连杆在静止的表面上做滑动，比如：箱子在轨道上的滑动，如图 11-7 所示。滑动副对连杆约束 5 个自由度，只允许两个连杆沿着一条轴线相互移动。

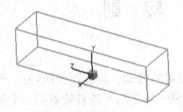
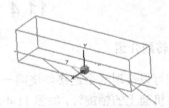

图 11-6　相对滑动副　　　　　图 11-7　固定滑动副

11.5.2 创建滑动副

创建滑动副的操作步骤如下。

(1) 选择第一个连杆。选择滑动副要约束的第一个连杆。

(2) 指定原点和方位，设置滑动副在第一个连杆上的位置和方向。滑动副的方向指的是连杆平移的方向。滑动副的原点是指连杆与连杆或者连杆与机架连接的关键点，连杆将在此点与连杆或机架相连接。指定原点和方位完成后连杆将沿着轴线在定义的原点处作相对滑动。

(3) 选择第二个连杆。选择滑动副要约束的第二个连杆，只有是相对滑动时才需要这个选项。

(4) 设置显示比例和名称。显示比例控制滑动副显示的符号大小。为了便于记忆可为不同的滑动副定义不同的名称。

(5) 定义驱动。为滑动副指定一个运动方法，使该滑动副成为主动件。

11.6 柱 面 副

11.6.1 柱面副介绍

柱面副可以实现两个连杆沿着一条轴线滑动和旋转运动。柱面副有两种：一种是两个连杆做相对的滑动和旋转运动，如图11-8所示；另一种是一个连杆在静止的表面上做滑动和旋转运动，如图11-9所示。柱面副对连杆约束4个自由度，允许连杆沿着轴线做相对的滑动和旋转运动。

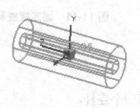
图 11-8 相对运动柱面副

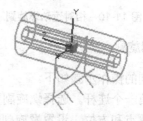
图 11-9 固定柱面副

11.6.2 创建柱面副

创建柱面副的操作步骤如下。

(1) 选择第一个连杆。选择柱面副要约束的第一个连杆。

(2) 指定原点和方位，设置柱面副在第一个连杆上的位置和方向。柱面副的方向指的是连杆滑动的方向。柱面副的原点是指连杆与连杆或者连杆与机架连接的关键点，连杆将在此点与连杆或机架相连接。指定原点和方位完成后连杆将沿着轴线在定义的原点处作相对滑动和旋转运动。

(3) 选择第二个连杆。选择柱面副要约束的第二个连杆，只有是相对滑动时才需要这个选项。

(4) 设置显示比例和名称。显示比例控制柱面副显示的符号大小。为了便于记忆可为不同的柱面副定义不同的名称。

(5) 定义驱动。为柱面副指定一个运动方法,使该柱面副成为主动件。

> 注意:运动仿真中,一个柱面副在连杆上产生的运动效果相当于一个滑动副和一个旋转副在同一个连杆上产生效果的叠加。

11.7 螺 旋 副

11.7.1 螺旋副介绍

螺旋副实现了一个连杆绕另一个连杆(或机架)作相对的螺旋运动。螺旋副有两种:一种是一个连杆相对于另一个连杆作轴向的旋转和轴向的移动,如图 11-10 所示;另一种是一个连杆相对于机架作轴向的旋转和轴向的移动,如图 11-11 所示。螺旋副对连杆自由度的约束在使用不同的解算器时是不同的。

- Adams 解算器:一个螺旋副对连杆约束 1 个自由度。
- RecurDyn 解算器:一个螺旋副对连杆约束 5 个自由度。

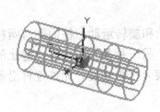
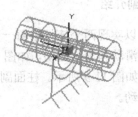

图 11-10　相对运动螺旋副　　　　图 11-11　固定螺旋副

11.7.2 创建螺旋副

创建螺旋副的操作步骤如下。

(1) 选择第一个连杆。选择螺旋副要约束的第一个连杆。

(2) 指定原点和方位,设置螺旋副在第一个连杆上的位置和方向。螺旋副的方向指的是连杆沿着轴线滑动的方向。螺旋副的原点是指连杆与连杆或者连杆与机架连接的关键点,连杆将在此点与连杆或机架相连接。指定原点和方位完成后连杆将沿着轴线在定义的原点处作相对滑动和旋转运动。

(3) 选择第二个连杆。选择螺旋副要约束的第二个连杆,只有是相对运动时才需要这个选项。

(4) 设置螺旋副比率。在【螺旋副】对话框底部需要设置螺旋副比率,如图 11-12 所示。【螺旋副比率】在几何意义上相当于螺距,可按照右手螺旋法则设置。当螺旋副比率为正时,创建右旋螺纹,即第一个连杆沿着 Z 轴正向移动一个距离;当螺旋副比率为负时,创建左旋螺纹,即第一个连杆沿着 Z 轴负向移动一个距离。这个距离就是输入的【螺旋副比率】数的绝对值。

图 11-12　螺纹模数比

(5) 设置显示比例和名称。显示比例控制螺旋副显示的符号大小。为了便于记忆可为不同的螺旋副定义不同的名称。

11.8　万　向　节

11.8.1　万向节介绍

万向节传动主要用来传递在工作过程中不断改变相对位置的两根相连轴的动力,采用万向节传动可以保证在轴向交角变化时可靠地传递动力。运动仿真中,万向节副可以实现让旋转轴线有夹角的两个物体,把运动由一个物体传递给另一个物体。它的类型只有一种:两个轴线有一定夹角的相连的连杆,如图 11-13 所示。万向节副对连杆约束 4 个自由度。

图 11-13　万向节副符号

注意:万向节副的第二个连杆也可以不选,会生成一个固定的万向节,但是这样的万向节不能传递动力,没有实际的意义。

11.8.2　创建万向节

创建万向节的操作步骤如下。

(1) 选择第一个连杆。选择万向节副要约束的第一个连杆。

(2) 指定原点和方位,设置万向节副在第一个连杆上的位置和方向。万向节副的原点是指连杆与连杆连接的关键点,连杆将在此点与连杆相连接传递动力。万向节副的方向指的是连杆的轴线的方向,每一个连杆的方向都由各自的右手坐标系确定,坐标系的原点即为两个连杆的连接点,X 轴方向即为连杆轴线方向,如图 11-14 所示。原点和方位完成后连杆将沿着轴线在定义的原点处作旋转运动。

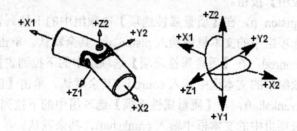

图 11-14　万向节副的方向

(3) 选择第二个连杆和第二个连杆的方位。选择万向节副要约束的第二个连杆,指定第二个连杆的方向。

(4) 设置显示比例和名称。显示比例控制万向节副显示的符号大小。为了便于记忆可为不同的万向节副定义不同的名称。

(5) 定义驱动。万向节副不能定义驱动，它只是传递动力，也不可以指定万向节副的运动极限。

> **注意**：正确地设置万向节的原点和方向是保证运动仿真达到预期效果的前提。原点必须位于 ZY 的交点，尽可能地设置大于 90°夹角的连杆传动。

11.8.3 上机指导：活塞运动仿真

设计要求：

在本练习中将为模型创建运动仿真，了解运动仿真的工作流程。

设计思路：

(1) 创建连杆。
(2) 创建运动副。
(3) 新建解算方案。
(4) 运行动画仿真。

练习步骤：

(1) 打开部件文件并启动运动仿真模块。
① 在 NX 中，打开 ch11\11.8.3\piston.prt，结果如图 11-15 所示。
② 启动【运动仿真】模块。选择【开始】|【运动仿真】命令。

(2) 新建运动仿真。

在运动仿真导航器上，右击 piston.prt，从快捷菜单中选择【新建仿真】命令，弹出【环境】对话框。在【分析】选项组选中【动态】单选按钮，选中【基于组件的仿真】复选框，单击【确定】按钮。

(3) 创建连杆。

① 在【运动仿真】工具条中单击【连杆】按钮，弹出【连杆】对话框。

② 选择支撑块 Engineblock，在【质量属性选项】选项组中的下拉列表框中选择【自动】选项，在【名称】选项组中的文本框中输入 Engineblock，选中【固定连杆】复选框，其余默认。单击【应用】按钮。

③ 选择活塞 piston_p，在【质量属性选项】选项组中的下拉列表框中选择【自动】选项，在【名称】选项组中的文本框中输入 piston_p，其余默认。单击【应用】按钮。

④ 选择连杆 conrod，在【质量属性选项】选项组中的下拉列表框中选择【自动】选项，在【名称】选项组中的文本框中输入 conrod，其余默认。单击【应用】按钮。

⑤ 选择曲柄 crankshaft，在【质量属性选项】选项组中的下拉列表框中选择【自动】选项，在【名称】选项组中的文本框中输入 crankshaft，其余默认。单击【应用】按钮。

(4) 创建运动副。

① 在【运动仿真】工具条中单击【运动副】按钮，弹出【运动副】对话框。

② 在【类型】选项组中的下拉列表框中选择【旋转副】选项，在【操作】选项组的

【选择连杆】中选择曲柄 crankshaft，【指定原点】选择曲柄轴的中心，【指定方位】选择平行于轴线方向，如图 11-16 所示。在【名称】选项组中的文本框中输入 cra。选择【驱动】选项组的【旋转】为【恒定】选项，在【初速度】文本框中输入 60，其余默认。单击【应用】按钮。

③ 在【类型】选项组中的下拉列表框中选择【旋转副】选项，在【操作】选项组的【选择连杆】中选择曲柄 crankshaft，【指定原点】选择曲柄与连杆连接的中心，【指定方位】选择平行于连杆孔轴线方向，如图 11-17 所示。在【基本】选项组的【选择连杆】中选择连杆 conrod，在【名称】选项组中的文本框中输入 cco，其余默认。单击【应用】按钮。

  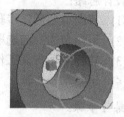

图 11-15 piston.prt　　　　图 11-16 指定原点和方位 1　　　图 11-17 指定原点和方位 2

④ 在【类型】选项组中的下拉列表框中选择【旋转副】选项，在【操作】选项组的【选择连杆】中选择连杆 conrod，【指定原点】选择活塞与连杆连接的中心，【指定方位】选择平行于连杆 conrod 孔轴线方向，如图 11-18 所示。在【基本】选项组的【选择连杆】中选择活塞 piston_p，在【名称】选项组中的文本框中输入 cpo，其余默认。单击【应用】按钮。

⑤ 在【类型】选项组中的下拉列表框中选择【滑动副】选项，在【操作】选项组的【选择连杆】中选择活塞 piston_p，【指定原点】选择活塞与支撑块连接的象限点，【指定方位】选择平行于活塞 piston_p 轴线方向，如图 11-19 所示。在【基本】选项组的【选择连杆】中选择支撑块 Engineblock，在【名称】选项组中的文本框中输入 pco，其余默认。单击【应用】按钮。

图 11-18 指定原点和方位 3　　　　图 11-19 指定原点和方位 4

(5) 新建解算方案并求解。

① 在【运动仿真】工具条中单击【解算方案】按钮，弹出【解算方案】对话框。

② 选择【解算方案选项】选项组中的【解算方案类型】为【常规驱动】选项，在【分析类型】下拉列表中选择【运动学/动力学】选项，在【时间】文本框中输入 5，在【步数】文本框中输入 350，选中【通过按"确定"进行解算】复选框。其余选项默认。单击【确定】按钮，进行求解。

(6) 动画演示。
① 在【运动仿真】工具条中单击【动画】按钮,弹出【动画】对话框。
② 单击【动画控制】按钮▶,演示运动仿真,观察各部件之间的运动。
(7) 保存并关闭所有文件。

11.8.4 上机指导:万向节运动仿真

设计要求:

在本练习中将为模型创建运动仿真,掌握万向节的方向选择,熟练掌握运动仿真的工作流程。

设计思路:
(1) 万向节的创建步骤。
(2) 万向节的方向选取。
(3) 熟练运动仿真工作流程。
(4) 运行动画仿真。

练习步骤:

(1) 打开部件文件并启动运动仿真模块。
① 在 NX 中,打开 ch11\11.8.4\wxj.prt,结果如图 11-20 所示。
② 启动【运动仿真】模块。选择【开始】|【运动仿真】命令。
(2) 新建运动仿真。
在运动仿真导航器上,右击 wxj.prt,从快捷菜单选择【新建仿真】命令,弹出【环境】对话框。在【分析】选项组中选中【动态】单选按钮,选中【基于组件的仿真】复选框,单击【确定】按钮。
(3) 创建连杆。
① 在【运动仿真】工具条中单击【连杆】,弹出【连杆】对话框。
② 选择支架 zj,在【质量属性选项】选项组中的下拉列表框中选择【自动】选项,在【名称】选项组中的文本框中输入 zj,选中【固定连杆】复选框,其余默认。单击【应用】按钮。
③ 选择有倾角的万向节头 wxj_2,在【质量属性选项】选项组中的下拉列表框中选择【自动】选项,在【名称】选项组中的文本框中输入 wxj_2,其余默认。单击【应用】按钮。
④ 选择中心块 dk,在【质量属性选项】选项组中的下拉列表框中选择【自动】选项,在【名称】选项组中的文本框中输入 dk,其余默认。单击【应用】按钮。
⑤ 选择剩余的组件,在【质量属性选项】选项组中的下拉列表框中选择【自动】选项,在【名称】选项组中的文本框中输入 wxj_1,其余默认。单击【应用】按钮。
(4) 创建运动副。
① 在【运动仿真】工具条中单击【运动副】按钮,弹出【运动副】对话框。
② 在【类型】选项组中的下拉列表框中选择【旋转副】,在【操作】选项组的【选择连杆】中选择万向节头 wxj_1,【指定原点】选择传动轴与支架相接的中心,【指定方位】选择平行于轴线方向,如图 11-21 所示。在【名称】选项组中的文本框中输入 wxj_w1。在【基本】选项组的【选择连杆】中选择支架 zj,在【驱动】选项卡中的【旋转】选项组

中选择【恒定】选项,在【初速度】文本框中输入60,其余默认。单击【应用】按钮。

图 11-20　wxj.prt

图 11-21　指定原点和方位 1

③ 在【类型】选项组中的下拉列表框中选择【旋转副】,在【操作】选项组的【选择连杆】中选择万向节头 wxj_2,【指定原点】选择万向节底部的中心,【指定方位】选择平行于万向节头的面法向线方向,如图 11-22 所示。在【基本】选项组的【选择连杆】中选择支架 zj,在【名称】选项组中的文本框中输入 wxj_w2,其余默认。单击【应用】按钮。

图 11-22　指定原点和方位 2

④ 在【类型】选项组中选择【万向节】,在【操作】选项组的【选择连杆】中选择万向节头 wxj_1,【指定原点】选择万向节头两个固定孔中心线相交的点,【指定方位】选择平行于万向节头 wxj_1 轴线方向,如图 11-23 所示。在【基本】选项组的【选择连杆】中选择万向节头 wxj_2,【指定方位】选择平行于万向节头 wxj_2 轴线方向,如图 11-24 所示。在【名称】选项组中的文本框中输入 wxj_w,其余默认。单击【应用】按钮。

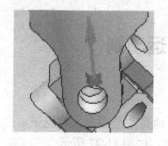

图 11-23　指定原点和方位 3

图 11-24　指定原点和方位 4

⑤ 在【类型】选项组中的下拉列表框中选择【旋转副】,在【操作】选项组的【选择连杆】中选择万向节头 wxj_1,【指定原点】选择中心块的体中心,【指定方位】单击

259

【矢量构造器】命令，构造中心块与万向节头 wxj_1 接触面的法线方向，如图 11-25 所示。在【基本】选项组的【选择连杆】中选择中心块 dk，在【名称】选项组中的文本框中输入 wxj_3，其余默认。单击【应用】按钮。

> **注意**：万向节与中心块用旋转副连结，在传动过程的中心块的方位是时时变化的，故应构造旋转副的方位为中心块面法向方向。

⑥ 在【类型】选项组中的下拉列表框中选择【旋转副】，在【操作】选项组的【选择连杆】中选择万向节头 wxj_2，【指定原点】选择中心块的体中心，在【指定方位】中单击【矢量构造器】命令，构造中心块与万向节头 wxj_2 接触面的法线方向，如图 11-26 所示。在【基本】选项组的【选择连杆】中选择中心块 dk，在【名称】选项组中的文本框中输入 wxj_4，其余默认。单击【应用】按钮。

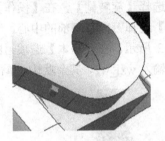
图 11-25 指定原点和方位 5

图 11-26 指定原点和方位 6

(5) 新建解算方案并求解。

① 在【运动仿真】工具栏单击【解算方案】按钮，弹出【解算方案】对话框。

② 选择【解算方案类型】为【常规驱动】选项，选择【分析类型】为【运动学/动力学】选项，在【时间】文本框中输入 5，在【步数】文本框中输入 350，选中【通过按"确定"进行解算】复选框。其余选项默认，单击【确定】进行求解。

(6) 动画演示。

① 在【运动仿真】工具栏单击【动画】命令。

② 弹出【动画】对话框，单击【动画控制】按钮 ▶，演示运动仿真，观察各部件之间的运动。

(7) 保存并关闭所有文件。

11.9 固定运动副

11.9.1 固定运动副介绍

固定副把连杆的运动全部限制住，使连杆对地是完全固定，相当于底座、支架等支撑。固定副限制连杆的 6 个自由度，如图 11-27 所示。

11.9.2 创建固定运动副

创建固定运动副可以采取以下两种方法。

图 11-27 固定副

方法一：在【创建连杆】对话框中直接创建固定副。在【创建连杆】对话框中选中【固定连杆】复选框，软件自动生成固定运动副，如图 11-28 所示。

图 11-28 固定连杆复选框

方法二：
(1) 选择第一个连杆。选择固定副要约束的第一个连杆。
(2) 指定原点和方位。设置固定副在第一个连杆上的位置和方向。
(3) 选择第二个连杆。选择固定副要约束的第二个连杆。
(4) 设置显示比例和名称，显示比例控制固定副显示的符号大小。为了便于记忆可为不同的固定副定义不同的名称。

注意：固定副就是把连杆固定在一起，其原点位置和方向不影响运动仿真的最终结果。

11.9.3 咬合连杆介绍

在运动仿真中，当部件的设计位置和装配位置不重合时，要用到【咬合连杆】选项。咬合连杆会在运动仿真时把部件由设计位置连接到装配位置，使连杆在装配位置做运动仿真达到某一个预设的效果。在【动画】下拉列表中选择【设计位置】可以查看当前模型的设计位置和装配位置。设计位置就是在设计机构过程时，每一个零件都放在实现零件自身功能的位置上，在整个机构中每个零件的自由度是约束的。但是往往在包含多个独立体的模型中或是装配过程中没有完全添加装配约束的装配体中，有一个或者几个功能零件的自由度是没有约束的，这时在运动仿真中是实现不了这个机构的预期效果的。这时候在添加运动副时选中【咬合连杆】复选框，定义没有约束的零件的位置和方位，在运动仿真时，这个连杆会自动地咬合到能实现机构预期功能的位置，这个位置就是装配位置。

注意：只有在装配位置和设计位置不重合时，用咬合连杆才能看出这两个位置的不同，也只有在进行运动仿真时连杆才会咬合在一起。

注意：用咬合连杆把连杆约束到某一位置，相当于在运动仿真时重定位此连杆。

11.9.4 上机指导：四连杆运动仿真

设计要求：

在本练习中将为模型创建运动仿真，掌握咬合连杆的创建步骤。

设计思路：
(1) 旋转副的创建步骤。
(2) 咬合连杆的创建步骤。

(3) 咬合连杆的位置和方位。
(4) 设计位置和装配位置的概念。
(5) 运行动画仿真。

练习步骤:

(1) 打开部件文件并启动运动仿真模块。

① 在 NX 中，打开 ch11\11.9.4\fourbar_snap.prt，结果如图 11-29 所示。

图 11-29 fourbar_snap.prt

② 启动【运动仿真】模块。选择【开始】|【运动仿真】命令。

(2) 新建运动仿真。

在运动仿真导航器上，右击 fourbar_snap.prt，从快捷菜单选择【新建仿真】命令，弹出【环境】对话框。在【分析】选项组中选中【动态】单选按钮，选中【基于组件的仿真】复选框，单击【确定】按钮。

(3) 创建连杆。

① 在【运动仿真】工具条中单击【连杆】按钮，弹出【连杆】对话框。

② 选择支架 base，在【质量属性选项】选项组中的下拉列表框中选择【自动】选项，选中【固定连杆】复选框创建固定连杆。在【名称】选项组中的文本框中输入 base，其余默认。单击【应用】按钮。

③ 选择摇杆 arm_1，在【质量属性选项】选项组中的下拉列表框中选择【自动】选项，在【名称】选项组中的文本框中输入 arm_1，其余默认。单击【应用】按钮。

④ 选择曲柄 arm_2，在【质量属性选项】选项组中的下拉列表框中选择【自动】选项，在【名称】选项组中的文本框中输入 arm_2，其余默认。单击【应用】按钮。

⑤ 选择连杆 bar，在【质量属性选项】选项组中的下拉列表框中选择【自动】选项，在【名称】选项组中的文本框中输入 bar，其余默认。单击【确定】按钮。

(4) 创建运动副。

① 在【运动仿真】工具条中单击【运动副】，弹出【运动副】对话框。

② 在【类型】选项组中的下拉列表框中选择【旋转副】，在【操作】选项组的【选择连杆】中选择摇杆 arm_1，【指定原点】选择摇杆孔的中心，【指定方位】选择平行于孔轴线方向，在【基本】选项组的【选择连杆】中选择支架 base，如图 11-30 所示。在【名称】选项组中的文本框中输入 snap_1。其余默认，单击【应用】按钮。

③ 在【类型】选项组中的下拉列表框中选择【旋转副】，在【操作】选项组的【选

择连杆】中选择曲柄 arm_2,【指定原点】选择曲柄孔的中心,【指定方位】选择平行于曲柄孔轴线方向,在【基本】选项组的【选择连杆】中选择支架 base,如图 11-31 所示,在【名称】选项组中的文本框中输入 snap_2。在【驱动】选项卡中的【旋转】选项组中选择【简谐】,在【幅值】文本框中输入 60,在【频率】文本框中输入 350,其余默认。单击【应用】按钮。

图 11-30 指定原点和方位 1　　　　图 11-31 指定原点和方位 2

④ 在【类型】选项组中的下拉列表框中选择【旋转副】,在【操作】选项组的【选择连杆】中选择摇杆 arm_1,【指定原点】选择摇杆孔的中心,【指定方位】选择平行于摇杆孔轴线方向,如图 11-32 所示。选中【咬合连杆】选项,在【基本】选项组的【选择连杆】中选择连杆 bar,【指定原点】选择连杆左端孔的中心,【指定方位】选择平行于孔轴线方向,如图 11-33 所示,在【名称】选项组中的文本框中输入 snap_3。其余默认,单击【应用】按钮。

图 11-32 指定原点和方位 3　　　　图 11-33 指定原点和方位 4

⑤ 在【类型】选项组中的下拉列表框中选择【旋转副】,在【操作】选项组的【选择连杆】中选择曲柄 arm_2,【指定原点】选择曲柄孔的中心,【指定方位】选择平行于曲柄孔轴线方向,如图 11-34 所示。选中【咬合连杆】选项,在【基本】选项组的【选择连杆】中选择连杆 bar,【指定原点】选择连杆右端任意孔的中心,【指定方位】选择平行于孔轴线方向,如图 11-35 所示,在【名称】选项组中的文本框中输入 snap_4。其余默认,单击【应用】按钮。

 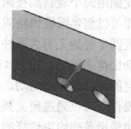

图 11-34 指定原点和方位 5　　　　图 11-35 指定原点和方位 6

(5) 新建解算方案并求解。

① 在【运动仿真】工具条中单击【解算方案】按钮,弹出【解算方案】对话框。

② 选择【解算方案类型】为【常规驱动】选项,选择【分析类型】为【运动学/动力学】选项,在【时间】文本框中输入 5,在【步数】文本框中输入 350,选中【通过按"确定"进行解算】复选框。其余选项默认。单击【确定】进行求解。

(6) 动画演示。

① 在【运动仿真】工具条中单击【动画】按钮,注意观察连杆由设计位置到装配位置的变化。在【动画】对话框中部单击【设计位置】按钮,咬合连杆不起作用,如图 11-36 所示,单击【装配位置】按钮,此时咬合连杆起作用,如图 11-37 所示,观察机构的设计位置和装配位置。

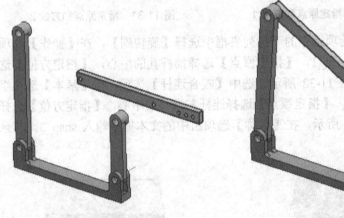

图 11-36 设计位置　　　　　　　　　　图 11-37 装配位置

② 在【动画】对话框中,单击【动画控制】按钮,演示运动仿真,观察各部件之间的运动。

(7) 保存并关闭所有文件。

11.10 齿轮副、齿轮齿条副和线缆副

11.10.1 齿轮副、齿轮齿条副和线缆副介绍

齿轮副、齿轮齿条副、线缆副是通过连杆与连杆之间啮合,按照一定的传动比进行运动的传递。齿轮副用两个旋转副按照一定的传动比传递运动,这两个旋转副的方位可以有一定的夹角,即可以创建圆锥齿轮或者蜗轮蜗杆的传动,如图 11-38 所示。齿轮齿条副可以看做一个分度圆半径为无穷大圆柱齿轮与普通齿轮的啮合,用一个滑动副和一个旋转副按照一定的传动比传递运动,如图 11-39 所示。线缆副的传动原理相当于带传动,用两个滑动副按照一定的传动比传递运动。以上 3 种运动副都是对旋转副和滑动副的操作,不是直接对连杆的操作,可以通过定义某一旋转副或滑动副的驱动间接定义这 3 种运动副的驱动。齿轮副、齿轮齿条副约束连杆的 1 个自由度,线缆副约束连杆的 2 个自由度。

第 11 章 创建连杆和运动副

图 11-38 齿轮副

图 11-39 齿轮齿条副

11.10.2 创建齿轮副

创建齿轮副的操作步骤如下。

(1) 创建旋转副。为将要创建齿轮副的齿轮分别创建旋转副，每个旋转副都是固定旋转副。如果齿轮副要把运动传递给下一个机构时，要把旋转副约束的第二个连杆选上，创建相对运动的旋转副。指定原点和方位，设置旋转副在第一个连杆上的位置和方向，如前面所述创建旋转副指定原点和方位一样。创建驱动，齿轮副不能直接定义驱动，但可以通过定义旋转副的驱动间接定义齿轮副的驱动。

(2) 创建齿轮副。选择齿轮副要约束的第一个旋转副，这个旋转副是主动轮上定义的旋转副。第二个旋转副是齿轮副中从动轮上定义的旋转副。接触点就是两个齿轮的啮合点。比率可按照齿轮传动比进行设置。

(3) 设置显示比例和名称，显示比例控制齿轮副显示的符号大小。为了便于记忆可为不同的齿轮副定义不同的名称。

11.10.3 上机指导：齿轮副方法的锥齿轮运动仿真

设计要求：

在本练习中将为模型创建运动仿真，掌握齿轮副的创建步骤，熟练掌握齿轮副的工作流程。

设计思路：

(1) 旋转副的创建步骤。
(2) 齿轮副的创建步骤。
(3) 齿轮副的比率的意义。
(4) 运行动画仿真。

练习步骤：

(1) 打开部件文件并启动运动仿真模块。

① 在 NX 中，打开 ch11\11.10.3\bevel_gears.prt，结果如图 11-40 所示。
② 启动【运动仿真】模块。选择【开始】|【运动仿真】命令。

(2) 新建运动仿真。

在运动仿真导航器上，右击 bevel_gears.prt.prt，从快捷菜单中选择【新建仿真】命令，弹出【环境】对话框。在【分析】选项组选中【动态】单选按钮，选中【基于组件的仿真】复选框，单击【确定】按钮。

(3) 创建连杆。

① 在【运动仿真】工具条中单击【连杆】按钮,弹出【连杆】对话框。

② 选择大齿轮 40bevel1,在【质量属性选项】选项组中的下拉列表框中选择【自动】选项,在【名称】选项组中的文本框中输入 40bevel1。其余默认。单击【应用】按钮。

③ 选择小齿轮 20bevel4,在【质量属性选项】选项组中的下拉列表框中选择【自动】选项,在【名称】选项组中的文本框中输入 20bevel4。其余默认。单击【应用】按钮。

④ 选择小齿轮 20bevel5,在【质量属性选项】选项组中的下拉列表框中选择【自动】选项,在【名称】选项组中的文本框中输入 20bevel5。其余默认。单击【应用】按钮。

(4) 创建运动副。

① 在【运动仿真】工具条中单击【运动副】按钮,弹出【运动副】对话框。

② 在【类型】选项组中的下拉列表框中选择【旋转副】,在【操作】选项组的【选择连杆】中选择大齿轮 40bevel1,【指定原点】选择大齿轮的中心,【指定方位】选择平行于轴线方向,如图 11-41 所示。在【名称】选项组中的文本框中输入 bg1。在【驱动】选项卡中的【旋转】选项组中选择【恒定】,在【初速度】文本框中输入 60。其余默认。单击【应用】按钮。

图 11-40　bevel_gears.prt

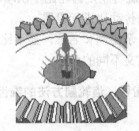

图 11-41　指定原点和方位 1

③ 在【类型】选项组中的下拉列表框中选择【旋转副】,在【操作】选项组的【选择连杆】中选择小齿轮 20bevel4,【指定原点】选择小齿轮的中心,【指定方位】选择平行于小齿轮孔轴线方向,如图 11-42 所示。在【名称】选项组中的文本框中输入 bg2。其余默认。单击【应用】按钮。

④ 在【类型】选项组中的下拉列表框中选择【旋转副】选项,在【操作】选项组的【选择连杆】中选择小齿轮 20bevel5,【指定原点】选择小齿轮的中心,【指定方位】选择平行小齿轮孔轴线方向,如图 11-43 所示。在【名称】选项组中的文本框中输入 bg2。其余默认。单击【应用】按钮。

图 11-42　指定原点和方位 2

图 11-43　指定原点和方位 3

(5) 创建齿轮副。

① 在【运动仿真】工具条中单击【齿轮】，弹出【齿轮】对话框。

② 在【第一个旋转副】设置【选择运动副】中选择大齿轮旋转副 bg1，在【第二个运动副】设置【选择运动副】中选择小齿轮旋转副 bg2，【接触点】选择两齿轮啮合点，在【设置】下的【比率】文本框中输入齿轮传动比 2。在【名称】文本框中输入 gear_1。如图 11-44 所示，单击【应用】按钮。

③ 在【第一个旋转副】设置【选择运动副】中选择大齿轮旋转副 bg1，【第二个旋转副】设置【选择运动副】选择小齿轮旋转副 bg3，【接触点】选择两齿轮啮合点，在【设置】下的【比率】文本框中输入齿轮传动比 2。在【名称】文本框中输入 gear_2。如图 11-45 所示，单击【应用】按钮。

图 11-44　gear_1　　　　图 11-45　gear_2

(6) 新建解算方案并求解。

① 在【运动仿真】工具条中单击【解算方案】按钮，弹出【解算方案】对话框。

② 选择【解算方案类型】为【常规驱动】选项，选择【分析类型】为【运动学/动力学】选项，在【时间】文本框中输入 5，在【步数】文本框中输入 350，选中【通过按"确定"进行解算】复选框。其余选项默认，单击【确定】按钮进行求解。

(7) 动画演示。

① 在【运动仿真】工具条中单击【动画】按钮，弹出【动画】对话框。

② 单击【动画控制】按钮，演示运动仿真，观察各部件之间的运动。

(8) 保存并关闭所有文件。

11.11　弹簧与阻尼

11.11.1　弹簧与阻尼介绍

弹簧是通过在一定距离的状态下的两个连杆或者连杆与机架之间添加一个柔性的载荷，使两个连杆之间或连杆与机架之间在平移或旋转方向上产生一个力或扭矩，相当于弹簧的作用。阻尼的作用正好与弹簧的作用相反，是施加在一定距离的状态下的两个连杆或者连杆与机架之间产生反作用力，逐步消减两个连杆或连杆与机架之间的运动状态，对二者产生缓冲作用。在运动仿真中阻尼常用来和弹簧一起使用，产生与弹性力相对应的反作用力，逐步消耗掉弹性势能，使两连杆之间或者连杆与机架之间达到动态平衡。

弹簧施加力的大小由胡克定律确定：

$$F = k \cdot \Delta x$$

式中：F——施加在弹簧上的力，N；

k——弹簧的刚度系数，N/mm；

Δx——弹簧产生的位移，mm，Δx =弹簧自由长度-弹簧后长度。

施加扭矩的方程为

$$T = k \cdot \theta$$

式中：T——施加在弹簧上的扭矩；

k——弹簧的刚度系数；

θ——弹簧产生的角位移。

阻尼力的作用方向与连杆的运动相反，作用力大小的公式为

$$F = C \cdot V$$

式中：F——施加在连杆上的阻尼力，N；

C——阻尼系数，N-sec/mm；

V——连杆的运动速度，mm/sec。

11.11.2 创建弹簧与阻尼

创建弹簧和阻尼的操作步骤如下。

(1) 在【弹簧】对话框中，【附着】类型有连杆、旋转副和滑动副，弹簧可以附着在连杆、旋转副和滑动副上。

(2) 在【连杆】类型中，选择第一个连杆，指定弹簧在第一个连杆的附着点；选择第二个连杆，指定弹簧在第二个连杆的附着点。在【滑动副】类型中，选择弹簧附着的滑动副。在【旋转副】类型中，选择弹簧附着的旋转副，创建扭矩弹簧。

(3) 指定弹簧刚度。为弹簧指定一个恒定的常数刚度系数，力与位移呈正比关系。

(4) 指定弹簧的自由长度。对于附着在滑动副上的弹簧，可以通过指定初始长度设定弹簧的预载荷。

(5) 设置显示名称。为了便于记忆可为不同的弹簧定义不同的名称。

注意：创建阻尼的方法可按弹簧的创建方法。

11.11.3 上机指导：门的运动仿真

设计要求：

在本练习中将为模型创建运动仿真，掌握弹簧和阻尼的创建步骤，练习弹簧和阻尼的工作流程。

设计思路：

(1) 弹簧的创建步骤。

(2) 阻尼的创建步骤。

(3) 阻尼消耗弹性势能。

(4) 观察阻尼图表。

第 11 章 创建连杆和运动副

练习步骤：

(1) 打开部件文件并启动运动仿真模块。

① 在 NX 中，打开 ch11\11.11.3\Door.prt，结果如图 11-46 所示。

② 启动【运动仿真】模块。选择【开始】|【运动仿真】命令。

(2) 新建运动仿真。

在运动仿真导航器上，右击 Door.prt，从快捷菜单中选择【新建仿真】命令，弹出【环境】对话框。在【分析】选项组中选中【动态】单选按钮，选中【基于组件的仿真】复选框，单击【确定】按钮。

(3) 创建连杆。

① 在【运动仿真】工具条中单击【连杆】命令，弹出【连杆】对话框。

图 11-46 Door.prt

② 选择门框 frame、门框上的合页 hingep1 和支架 mount1，在【质量属性选项】下拉列表框中选择【自动】选项，在【名称】文本框中输入 Door_subassembly1。其余默认。单击【应用】按钮。

③ 选择门 door_s、门上的合页 hingep2 和支架 mount2，在【质量属性选项】选项组中的下拉列表框中选择【自动】选项，在【名称】选项组中的文本框中输入 Door_subassembly2。其余默认。单击【应用】按钮。

④ 选择活塞 gas_piston，在【质量属性选项】选项组中的下拉列表框中选择【自动】选项，在【名称】选项组中的文本框中输入 gas_piston。其余默认。单击【应用】按钮。

⑤ 选择活塞筒 gas_cylinder，在【质量属性选项】选项组中的下拉列表框中选择【自动】选项，在【名称】选项组中的文本框中输入 gas_cylinder。其余默认。单击【应用】按钮。

(4) 创建运动副。

① 在【运动仿真】工具条中单击【运动副】按钮，弹出【运动副】对话框。

② 在【类型】选项组中的下拉列表框中选择【旋转副】，在【操作】选项组的【选择连杆】中选择连杆 Door_subassembly2，【指定原点】选择合页 hingep1 的中心，【指定方位】选择平行于轴线方向。在【基本】选项组的【选择连杆】中选择连杆 Door_subassembly1，如图 11-47 所示。在【名称】选项组中的文本框中输入 door_1。单击【应用】按钮。

③ 在【类型】选项组中的下拉列表框中选择【旋转副】，在【操作】选项组的【选择连杆】中选择活塞筒 gas_cylinder，【指定原点】选择支架的圆柱中心，【指定方位】选择平行于支架圆柱轴线方向，在【基本】选项组的【选择连杆】中选择连杆 Door_subassembly2，如图 11-48 所示。在【名称】选项组中的文本框中输入 door_2，其余默认。单击【应用】按钮。

图 11-47 指定原点和方位 1　　　图 11-48 指定原点和方位 2

④ 在【类型】选项组中的下拉列表框中选择【旋转副】选项，在【操作】选项组的【选择连杆】中选择活塞 gas_piston，【指定原点】选择支架的圆柱中心，【指定方位】选择平行支架圆柱轴线方向，在【基本】选项组的【选择连杆】中选择连杆 Door_subassembly1，如图 11-49 所示。在【名称】选项组中的文本框中输入 door_3，其余默认。单击【应用】按钮。

⑤ 在【类型】选项组中选择【滑动副】选项，在【操作】选项组的【选择连杆】中选择活塞 gas_piston，【指定原点】选择活塞筒孔的中心，【指定方位】选择活塞圆柱杆轴线方向，在【基本】选项组的【选择连杆】中选择活塞筒 gas_cylinder，如图 11-50 所示。在【名称】文本框中输入 door_4，其余默认。单击【应用】按钮。

图 11-49　指定原点和方位 3　　　图 11-50　指定原点和方位 4

(5) 创建弹簧。

① 在【运动仿真】工具条中单击【弹簧】按钮，弹出【弹簧】对话框。

② 选择【附着】下的【连杆】选项，在【操作】选项组的【选择连杆】中选择连杆 gas_cylinder，【指定原点】指定活塞筒底部的圆柱面中心，如图 11-51 所示。

在【基本】选项组的【选择连杆】中选择连杆 gas_piston，【指定原点】指定活塞底部的圆柱面中心，如图 11-52 所示。

选择【刚度】下拉列表框中【类型】下的【恒定】选项，在【恒定】文本框中输入 1，在【自由长度】文本框中输入 180。在【名称】文本框中输入 door_s1。单击【应用】按钮。

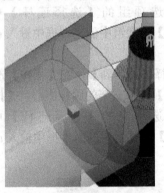 

图 11-51　弹簧的第一个附着点　　　图 11-52　弹簧的第二个附着点

(6) 创建阻尼。

① 在【运动仿真】工具条中单击【阻尼】，弹出【阻尼】对话框。

② 【附着】设置为【连杆】，在【操作】选项组的【选择连杆】中选择连杆 gas_cylinder，

【指定原点】指定活塞筒顶部的圆柱面中心，如图11-53所示。

在【基本】选项组的【选择连杆】中选连杆gas_piston，【指定原点】指定活塞顶部的圆柱面中心，如图11-54所示。

选择【系数】下拉列表框中的【类型】下的【恒定】选项，在【恒定】文本框中输入5。在【名称】文本框中输入door_s2。单击【应用】按钮。

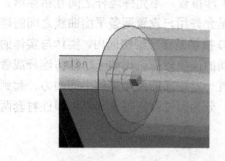 

图11-53　阻尼的第一个附着点　　　　　图11-54　阻尼的第二个附着点

(7) 新建解算方案并求解。

① 在【运动仿真】工具条中单击【解算方案】，弹出【解算方案】对话框。

② 选择【解算方案类型】为【常规驱动】选项，选择【分析类型】为【运动学/动力学】选项，在【时间】文本框中输入20，在【步数】文本框中输入500，选中【通过按"确定"进行解算】复选框。其余选项默认。单击【确定】进行求解。

(8) 动画演示。

① 在【运动仿真】工具条中单击【动画】，弹出【动画】对话框。

② 单击【动画控制】按钮，演示运动仿真，观察各部件之间的运动。

(9) 生成弹簧、阻尼图表。

① 在【运动仿真】工具条中单击【生成图表】按钮，弹出【生成图表】对话框。

② 在【运动对象】选项组中选择【选择对象】为弹簧door_s1，【Y轴属性】选择【位移】选项，【值】选择【幅值】选项，单击【添加曲线】按钮，再选择【选择对象】为阻尼door_s2，单击【添加曲线】按钮将其作为Y轴定义，单击【确定】按钮。生成的弹簧、阻尼图表如图11-55所示。

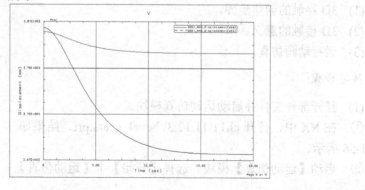

图11-55　弹簧、阻尼图表

(10) 保存并关闭所有文件。

11.12 2D、3D 接触和衬套

11.12.1 2D、3D 接触和衬套介绍

2D、3D 接触用于连杆之间的碰撞接触，模拟干涉检查，不允许连杆之间互相穿透。2D 接触只是在二维平面内线与线的碰撞，其实质就是允许用户设置两条平面曲线之间的碰撞载荷，比如连杆上的两条平面曲线之间的碰撞。3D 接触是在三维空间内，实体与实体的碰撞，其实质就是允许用户设置两个公面的实体之间的碰撞载荷，比如一个球与连杆或者机架上选定的面之间的碰撞的效果。衬套用于添加有一定距离的两个零件之间的力，起到力和力矩的效果。衬套为连杆添加一个柔性的约束，分为圆柱弹性衬套和通用弹性衬套两种类型。

11.12.2 创建 3D 接触

创建 3D 接触的操作步骤如下。
(1) 选择第一个连杆。选择 3D 接触要约束的第一个连杆。
(2) 选择第二个连杆。选择 3D 接触要约束的第二个连杆。
(3) 设置 3D 参数。【刚度】是指零件在载荷作用下抵抗弹性变形的能力。零件的刚度常用单位变形所需的力或力矩来表示，默认值为 100000N/mm。【材料阻尼】是指材料对物体的运动起阻碍作用，逐步抵消物体的运动，默认值为10N·s/mm。【穿透深度】是指当阻尼系数逐步达到用户定义的最大值时，物体运动的最大深度，默认值为 0.01mm。
(4) 设置显示名称。为了便于记忆可为不同的 3D 接触定义不同的名称。

11.12.3 上机指导：用 3D 接触方法锥齿轮的运动仿真

设计要求：

在本练习中将为锥齿轮创建运动仿真，将用 3D 接触创建锥齿轮的啮合。

设计思路：
(1) 3D 接触的创建步骤。
(2) 3D 接触的意义。
(3) 运行动画仿真。

练习步骤：
(1) 打开部件文件并启动运动仿真模块。
① 在 NX 中，打开 ch11\11.12.3\ bevel_gears.prt，结果如图 11-56 所示。
② 启动【运动仿真】模块。选择【开始】|【运动仿真】命令。
(2) 新建运动仿真。

图 11-56 bevel_gears.prt

在运动仿真导航器上，右击 bevel_gears.prt，从快捷菜单中选择【新建仿真】命令，弹出【环境】对话框。在【分析】选项组中选择【动态】单选按钮，选中【基于组件的仿真】复选框，单击【确定】按钮。

(3) 创建连杆。

① 在【运动仿真】工具条中单击【连杆】按钮，弹出【连杆】对话框。

② 选择大齿轮 40Bevelbevel1，在【质量属性选项】选项组中的下拉列表框中选择【自动】选项，在【名称】选项组中的文本框中输入 40Bevelbevel1。其余默认。单击【应用】按钮。

③ 选择小齿轮 20Bevelbevel4，在【质量属性选项】选项组中的下拉列表框中选择【自动】选项，在【名称】选项组中的文本框中输入 20Bevelbevel4。其余默认。单击【应用】按钮。

④ 选择小齿轮 20Bevelbevel5，在【质量属性选项】选项组中的下拉列表框中选择【自动】选项，在【名称】选项组中的文本框中输入 20Bevelbevel5。其余默认。单击【应用】按钮。

(4) 创建运动副。

① 在【运动仿真】工具条中单击【运动副】按钮，弹出【运动副】对话框。

② 在【类型】选项组中的下拉列表框中选择【旋转副】，在【操作】选项组的【选择连杆】中选择大齿轮 40Bevelbevel1，【指定原点】选择大齿轮的中心，【指定方位】选择平行于轴线方向，如图 11-57 所示。在【名称】选项组中的文本框中输入 bg1。在【驱动】选项卡中的【旋转】选项组中选择【恒定】选项，在【初速度】文本框中输入 60。其余默认。单击【应用】按钮。

③ 在【类型】选项组中的下拉列表框中选择【旋转副】，在【操作】选项组的【选择连杆】中选择小齿轮 20Bevelbevel4，【指定原点】选择小齿轮的中心，【指定方位】选择平行于小齿轮孔轴线方向，如图 11-58 所示。在【名称】选项组中的文本框中输入 bg2。其余默认。单击【应用】按钮。

④ 在【类型】选项组中的下拉列表框中选择【旋转副】，在【操作】选项组的【选择连杆】中选择小齿轮 20Bevelbevel5，【指定原点】选择小齿轮的中心，【指定方位】选择平行于小齿轮孔轴线方向，如图 11-59 所示。在【名称】选项组中的文本框中输入 bg2。其余默认。单击【确定】按钮。

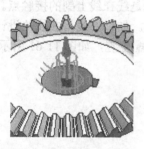  

图 11-57 指定原点和方位 1　　图 11-58 指定原点和方位 2　　图 11-59 指定原点和方位 2

(5) 创建 3D 接触。

① 在【运动仿真】工具条中单击【3D 接触】按钮，弹出【3D 接触】对话框。

② 在【操作】选项组的【选择体】中选择大齿轮 gear_1，在【基本】选项组的【选

择体】中选择小齿轮 gear_2，此处参数可按照默认值。在【名称】文本框中输入 3D_1。单击【应用】按钮。

③ 在【操作】选项组的【选择体】中选择大齿轮 gear_1，在【基本】选项组的【选择体】中选择小齿轮 gear_3，此处参数可按照默认值。在【名称】文本框中输入 3D_1。单击【确定】按钮。

(6) 新建解算方案并求解。

① 在【运动仿真】工具条中单击【解算方案】按钮，弹出【解算方案】对话框。

② 选择【解算方案类型】为【常规驱动】选项，选择【分析类型】设置为【运动学/动力学】选项，在【时间】文本框中输入 6，在【步数】文本框中输入 350，选中【通过按"确定"进行解算】复选框。其余选项默认。单击【确定】进行求解。

(7) 动画演示。

① 在【运动仿真】工具栏单击【动画】按钮，弹出【动画】对话框。

② 单击【动画控制】按钮，演示运动仿真，观察各部件之间的运动。

(8) 保存并关闭所有文件。

11.13 点在线上副、线在线上副和点在面上副

11.13.1 运动高副介绍

点线接触的运动副称为运动高副。点在线上副用于一个连杆的一点始终与另一个连杆或者机架上的线保持接触，实现连杆上点始终在线上运动。线在线上副用于一个连杆的曲线始终与另一个连杆或者机架上的曲线保持接触并且保持线与线的相切运动。点在面上副用于两个连杆之间或者连杆与机架之间保持连杆上的点约束在一个面或一组面上，实现连杆上点始终在保持面上。

点在线上副对连杆约束 2 个自由度，所约束的点就是点在线上副的接触点。主要分为 3 种情况：点在固定的曲线上运动；曲线沿着固定的点运动；点和曲线都不固定，点和曲线相互运动。如果点和曲线的设计位置和装配位置不在同一位置，点在线上副会约束点和曲线在装配位置，如图 11-60 所示。

线在线上副对连杆约束 2 个自由度，线与线的相切点就是线在线上副的接触点。在运动仿真中，曲线与曲线不允许分离，必须保持接触并且相切。如果曲线与曲线的设计位置和装配位置不在同一位置，线在线上副约束曲线和曲线在装配位置，如图 11-61 所示。

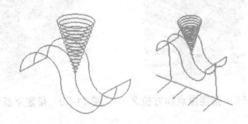

图 11-60　点在线上副

图 11-61　线在线上副

点在面上副对连杆约束 3 个自由度，在运动仿真中，点在面上不允许分离，如果点和面的设计位置和装配位置不在同一位置，点在面上副约束点在面上，保持装配位置。

11.13.2 创建点在线上副

创建点在线上副的操作步骤如下。

(1) 选择点。选择点在线上副要约束的点。

(2) 选择曲线。选择点在线上副要约束的曲线。

(3) 点在线上副不可以直接定义驱动,可以通过定义点或者曲线所在的连杆的驱动间接地定义点在线上副的驱动。点在线上副的行程就是曲线轨迹,曲线的长度就限制了点在线上副的行程距离。

(4) 设置显示名称。为了便于记忆可为不同的点在线上副定义不同的名称。

11.13.3 上机指导:阀门的运动仿真

设计要求:

在本练习中将为阀门创建运动仿真,将用线在线上副创建阀门的运动仿真。

设计思路:

(1) 线在线上副的创建步骤。

(2) 观察线在线上副的约束形式。

(3) 运行动画仿真。

练习步骤:

(1) 打开部件文件并启动运动仿真模块。

① 在 NX 中,打开 ch11\11.13.3\ Valve_Cam.prt,结果如图 11-62 所示。

② 启动【运动仿真】模块。选择【开始】|【运动仿真】命令。

(2) 新建运动仿真。

在运动仿真导航器上,单击 Valve_Cam.prt 并右击,选择【新建仿真】命令,弹出【环境】对话框。在【分析】选项组中选中【动态】单选按钮,选中【基于组件的仿真】复选框,单击【确定】按钮。

图 11-62 Valve_Cam.prt

(3) 创建连杆。

① 在【运动仿真】工具条中单击【连杆】,弹出【连杆】对话框。

② 选择凸轮 camshaft 并且选上凸轮上的曲线,在【质量属性选项】选项组中的下拉列表框中选择【自动】选项,在【名称】选项组中的文本框中输入 camshaft。其余默认。单击【应用】按钮。

③ 选择连杆 rocker 和连杆上的曲线,在【质量属性选项】选项组中的下拉列表框中选择【自动】选项,在【名称】选项组中的文本框中输入 rocker。其余默认。单击【应用】按钮。

④ 选择门阀 Valve 和门阀上的曲线,在【质量属性选项】选项组中的下拉列表框中选择【自动】选项,在【名称】选项组中的文本框中输入 Valve。其余默认。单击【应用】按钮。

(4) 创建运动副。

① 在【运动仿真】工具条中单击【运动副】，弹出【运动副】对话框。

② 在【类型】选项组中的下拉列表框中选择【旋转副】，在【操作】选项组的【选择连杆】中选择凸轮 camshaft，【指定原点】选择凸轮的中心，【指定方位】选择平行于轴线方向，如图 11-63 所示。在【名称】选项组中的文本框中输入 Vc_1。在【驱动】选项卡中的【旋转】选项组中选择【恒定】选项，在【初速度】文本框中输入 60。其余默认。单击【应用】按钮。

③ 在【类型】选项组中的下拉列表框中选择【旋转副】，在【操作】选项组的【选择连杆】中选择连杆 rocker，【指定原点】选择连杆的中心，【指定方位】选择平行于连杆轴线方向，如图 11-64 所示。在【名称】选项组中的文本框中输入 Vc_2。其余默认。单击【应用】按钮。

④ 在【类型】选项组中的下拉列表框中选择【滑动副】，在【操作】选项组的【选择连杆】中选择门阀 Valve，【指定原点】选择门阀的杆的一端的中心，【指定方位】选择平行门阀运动的方向，如图 11-65 所示。在【名称】选项组中的文本框中输入 Vc_3。其余默认。单击【确定】按钮按钮。

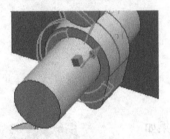  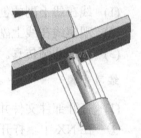

图 11-63　指定原点和方位 1　　　图 11-64　指定原点和方位 2　　　图 11-65　指定原点和方位 3

(5) 创建线在线上副。

① 在【运动仿真】工具条中单击【线在线上副】按钮，弹出【线在线上副】对话框。

② 【第一曲线集】设置为【选择曲线】。再选择凸轮 camshaft 上的曲线，选择多条曲线时应按照一定的顺序，如图 11-66 所示，否则曲线会选不全。【第二曲线集】设置为【选择曲线】。再选择连杆 rocker 靠近凸轮一边的圆弧线，如图 11-67 所示。在【名称】文本框中输入 Vc_4。单击【应用】按钮。

 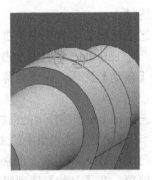

图 11-66　camshaft 上的曲线集　　　图 11-67　线在线上副 Vc_4

③ 【第一曲线集】设置为【选择曲线】。再选择连杆 rocker 上靠近门阀的曲线,如图 11-68 所示。【第二曲线集】设置为【选择曲线】。再选择门阀 Valve 上托板的线,如图 11-69 所示。在【名称】文本框中输入 Vc_5。单击【确定】按钮。

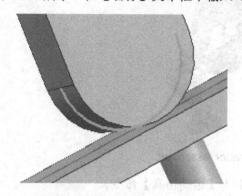

图 11-68　rocker 上的曲线

图 11-69　线在线上副 Vc_5

注意：在创建线在线上副的曲线集时,一定要把将要约束的两个曲线集共面,否则二者不能同时选上。

(6) 新建解算方案并求解。
① 在【运动仿真】工具条中单击【解算方案】按钮,弹出【解算方案】对话框。
② 选择【解算方案类型】为【常规驱动】选项,选择【分析类型】为【运动学/动力学】选项,在【时间】文本框中输入 6,在【步数】文本框中输入 350,选中【通过按"确定"进行解算】复选框。其余选项默认。单击【确定】按钮进行求解。
(7) 动画演示。
① 在【运动仿真】工具条中单击【动画】按钮,弹出【动画】对话框。
② 单击【动画控制】按钮,演示运动仿真,观察各部件之间的运动。
(8) 保存并关闭所有文件。

11.14　上机指导：挖掘机模型运动仿真

设计要求：

在本练习中将为挖掘机模型创建运动仿真,综合利用各种运动副创建挖掘机挖起重物的运动仿真。

设计思路：

(1) 各种运动副的创建步骤。
(2) 各种载荷的创建。
(3) 运行动画仿真,调试各个运动副之间的关系。

练习步骤：

(1) 打开部件文件并启动运动仿真模块。

① 在 NX 中,打开 ch11\11.14\ excavator_assem.prt,结果如图 11-70 所示。

图 11-70　excavator_assem.prt

② 启动【运动仿真】模块。选择【开始】|【运动仿真】命令。

(2) 新建运动仿真。

在运动仿真导航器上,右击 excavator_assem.prt,从快捷菜单中选择【新建仿真】命令,弹出【环境】对话框。在【分析】选项组中选中【动态】单选按钮,选中【基于组件的仿真】复选框,单击【确定】按钮。

(3) 创建连杆。

① 在【运动仿真】工具条中单击【连杆】按钮,弹出【连杆】对话框。

② 选择挖掘机的主臂 boom,在【质量属性选项】选项组中的下拉列表框中选择【自动】选项,在【名称】选项组中的文本框中输入 boom。其余默认。单击【应用】按钮。

③ 选择挖掘机的前臂 stick,在【质量属性选项】选项组中的下拉列表框中选择【自动】选项,在【名称】选项组中的文本框中输入 stick。其余默认。单击【应用】按钮。

④ 选择挖掘机的铲斗 bucket,在【质量属性选项】选项组中的下拉列表框中选择【自动】选项,在【名称】选项组中的文本框中输入 bucket。其余默认。单击【应用】按钮。

⑤ 选择挖掘机的主臂右边的液压缸 cylinder1a,在【质量属性选项】选项组中的下拉列表框中选择【自动】选项,在【名称】选项组中的文本框中输入 cylinder1a。其余默认。单击【应用】按钮。

⑥ 选择挖掘机的主臂左边的液压缸 cylinder1b,在【质量属性选项】选项组中的下拉列表框中选择【自动】选项,在【名称】选项组中的文本框中输入 cylinder1b。其余默认。单击【应用】按钮。

⑦ 选择挖掘机的主臂右边的液压杆 tube1a,在【质量属性选项】选项组中的下拉列表框中选择【自动】选项,在【名称】选项组中的选项组中的文本框中输入 tube1a。其余默认。单击【应用】按钮。

⑧ 选择挖掘机的主臂右边的液压杆 tube1b,在【质量属性选项】选项组中的下拉列表框中选择【自动】选项,在【名称】选项组中的文本框中输入 tube1b。其余默认。单击【应用】按钮。

⑨ 选择挖掘机的主臂顶部的液压缸 cylinder2,在【质量属性选项】选项组中的下拉列表框中选择【自动】选项,在【名称】选项组中的文本框中输入 cylinder1。其余默认。单击【应用】按钮。

⑩ 选择挖掘机的主臂顶部的液压杆 tube2，在【质量属性选项】选项组中的下拉列表框中选择【自动】选项，在【名称】选项组中的文本框中输入 tube2。其余默认。单击【应用】按钮。

⑪ 选择挖掘机的前臂顶部的液压缸 cylinder3，在【质量属性选项】选项组中的下拉列表框中选择【自动】选项，在【名称】选项组中的文本框中输入 cylinder3。其余默认。单击【应用】按钮。

⑫ 选择挖掘机的前臂顶部的液压杆 tube3，在【质量属性选项】选项组中的下拉列表框中选择【自动】选项，在【名称】选项组中的文本框中输入 tube3。其余默认。单击【应用】按钮。

⑬ 选择挖掘机的前臂前部的中间拉杆 rod_center，在【质量属性选项】选项组中的下拉列表框中选择【自动】选项，在【名称】选项组中的文本框中输入 rod_center。其余默认。单击【应用】按钮。

⑭ 选择挖掘机的前臂前部的右边拉杆 rod_right，在【质量属性选项】选项组中的下拉列表框中选择【自动】选项，在【名称】选项组中的文本框中输入 rod_right。其余默认。单击【应用】按钮。

⑮ 选择挖掘机的前臂前部的左边拉杆 rod_left，在【质量属性选项】选项组中的下拉列表框中选择【自动】选项，在【名称】选项组中的文本框中输入 rod_left。其余默认。单击【应用】按钮。

⑯ 选择最顶部的球 soil_1，在【质量属性选项】选项组中的下拉列表框中选择【自动】选项，在【名称】选项组中的文本框中输入 soil_1。其余默认。单击【应用】按钮。

⑰ 选择最前部的球 soil_2，在【质量属性选项】选项组中的下拉列表框中选择【自动】选项，选中【固定连杆】，在【名称】选项组中的文本框中输入 soil_2。其余默认。单击【应用】按钮。

⑱ 选择右后方的球 soil_3，在【质量属性选项】选项组中的下拉列表框中选择【自动】选项，选中【固定连杆】，在【名称】选项组中的文本框中输入 soil_3。其余默认。单击【应用】按钮。

⑲ 选择左后方的球 soil_4，在【质量属性选项】选项组中的下拉列表框中选择【自动】选项，选中【固定连杆】，在【名称】选项组中的文本框中输入 soil_4。其余默认。单击【应用】按钮。

(4) 创建运动副。

① 在【运动仿真】工具条中单击【运动副】按钮，弹出【运动副】对话框。

② 在【类型】选项组中的下拉列表框中选择【旋转副】，在【操作】选项组的【选择连杆】中选择挖掘机主臂连杆 boom，【指定原点】选择主臂后部的固定孔中心，【指定方位】选择平行于孔轴线方向，如图 11-71 所示。其余默认。单击【应用】按钮。

③ 在【类型】选项组中的下拉列表框中选择【柱面副】选项，在【操作】选项组的【选择连杆】中选择主臂 boom，【指定原点】选择主臂前部和前臂连接部分的孔中心，【指定方位】选择平行于连接孔轴线方向，在【基本】选项组的【选择连杆】中选择前臂 stick，如图 11-72 所示。其余默认。单击【应用】按钮。

图 11-71 指定原点和方位 1　　　　图 11-72 指定原点和方位 2

④ 在【类型】下拉列表框中选择【旋转副】，在【操作】选项组的【选择连杆】中选择挖掘机铲斗，【指定原点】选择前臂前部和铲斗连接部分的孔中心，【指定方位】选择平行于连接孔轴线方向，在【基本】选项组的【选择连杆】中选择前臂 stick，如图 11-73 所示。其余默认。单击【应用】按钮。

⑤ 在【类型】选项组中的下拉列表框中选择【球坐标系】选项，在【操作】选项组的【选择连杆】中选择挖掘机主臂右边的液压缸 cylinder1a，【指定原点】选择液压缸底部中心，【指定方位】选择平行于液压缸轴线方向，如图 11-74 所示。其余默认。单击【应用】按钮。主臂左边的液压缸也按照右边的创建球坐标系。

图 11-73 指定原点和方位 3　　　　图 11-74 指定原点和方位 4

⑥ 在【类型】选项组中的下拉列表框中选择【球坐标系】选项，在【操作】选项组的【选择连杆】中选择挖掘机主臂右边的液压杆 tube1a，【指定原点】选择液压杆顶部中心，【指定方位】选择平行于液压杆轴线方向，在【基本】选项组的【选择连杆】中选择挖掘机主臂，如图 11-75 所示。其余默认。单击【应用】按钮。主臂左边的液压杆也按照右边的创建球坐标系。

⑦ 在【类型】选项组中的下拉列表框中选择【球坐标系】选项，在【操作】选项组的【选择连杆】中选择挖掘机主臂顶部的液压缸 cylinder2，【指定原点】选择液压缸底部中心，【指定方位】选择平行于液压缸轴线方向，在【基本】选项组的【选择连杆】中选择挖掘机主臂，如图 11-76 所示。其余默认。单击【应用】按钮。

⑧ 在【类型】选项组中的下拉列表框中选择【球坐标系】选项，在【操作】选项组的【选择连杆】中选择挖掘机主臂顶部的液压杆 tube2，【指定原点】选择液压杆顶部中心，【指定方位】选择平行于液压杆轴线方向，在【基本】选项组的【选择连杆】中选择挖掘机前臂，如图 11-77 所示。其余默认。单击【应用】按钮。

⑨ 在【类型】选项组中的下拉列表框中选择【柱面副】选项，在【操作】选项组的【选择连杆】中选择挖掘机前臂顶部的液压缸 cylinder3，【指定原点】选择液压缸底部与

前臂的连接孔中心,【指定方位】选择平行于连接孔轴线方向,在【基本】选项组的【选择连杆】中选择挖掘机前臂,如图 11-78 所示。其余默认。单击【应用】按钮。

图 11-75 指定原点和方位 5

图 11-76 指定原点和方位 6

图 11-77 指定原点和方位 7

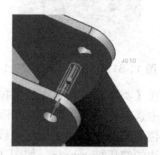

图 11-78 指定原点和方位 8

⑩ 在【类型】选项组中的下拉列表框中选择【球坐标系】选项,在【操作】选项组的【选择连杆】中选择挖掘机前臂顶部的液压杆 tube3,【指定原点】选择液压杆顶部中心,【指定方位】选择平行于液压杆轴线方向,在【基本】选项组的【选择连杆】中选择挖掘机前臂前部的中间拉杆 rod_center,如图 11-79 所示。其余默认。单击【应用】按钮。

⑪ 在【类型】选项组中的下拉列表框中选择【柱面副】选项,在【操作】选项组的【选择连杆】中选择挖掘机的前臂前部的右边拉杆 rod_right,【指定原点】选择右边拉杆与前臂的连接孔中心,【指定方位】选择平行于连接孔轴线方向,在【基本】选项组的【选择连杆】中选择挖掘机前臂,如图 11-80 所示。其余默认。单击【应用】按钮。前臂左边的拉杆也按照右边的创建柱面副。

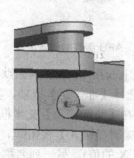

图 11-79 指定原点和方位 9

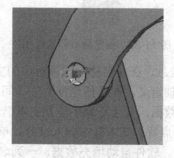

图 11-80 指定原点和方位 10

⑫ 在【类型】选项组中的下拉列表框中选择【球坐标系】选项,在【操作】选项组的【选择连杆】中选择挖掘机的前臂前部的右边拉杆 rod_right,【指定原点】选择右边拉杆与中间拉杆连接孔中心,【指定方位】选择平行于连接孔轴线方向,在【基本】选项组

的【选择连杆】中选择挖掘机前臂前部的中间拉杆 rod_center，如图 11-81 所示。其余默认。单击【应用】按钮。主臂左边的拉杆也按照右边的创建球坐标系。

⑬ 在【类型】选项组中的下拉列表框中选择【柱面副】选项，在【操作】选项组的【选择连杆】中选择挖掘机的前臂前部的中间拉杆 rod_center，【指定原点】选择中间拉杆与铲斗的连接孔中心，【指定方位】选择平行于连接孔轴线方向，在【基本】选项组的【选择连杆】中选择挖掘机的铲斗 bucket，如图 11-82 所示。其余默认。单击【应用】按钮。

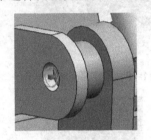 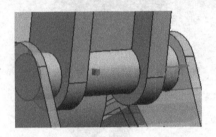

图 11-81 指定原点和方位 11　　　　　图 11-82 指定原点和方位 12

⑭ 在【类型】选项组中的下拉列表框中选择【滑动副】，在【操作】选项组的【选择连杆】中选择挖掘机主臂右边的液压缸 cylinder1a，【指定原点】选择液压杆底部中心，【指定方位】选择平行于液压缸轴线方向，在【基本】选项组的【选择连杆】中选择挖掘机主臂右边的液压杆 tube1a，如图 11-83 所示。在【驱动】选项卡中的【旋转】选项组中选择【函数】，【函数数据类型】设置为【位移】，在【函数】选项组中选择【函数管理器】。设置【函数属性】为【AFU 格式的表】。其余默认。单击【新建函数】按钮，弹出【XY 函数编辑器】对话框，AFU 格式的函数有 3 个创建步骤，如图 11-84 所示。具体参数设置如下。

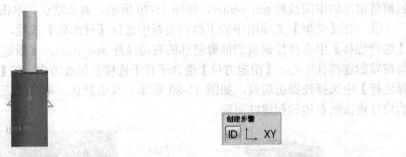

图 11-83 指定原点和方位 13　　　　　图 11-84 AFU 函数的创建步骤

- ID 信息，在【名称】选项组中的文本框中输入 jack1a_boom。其余默认。
- XY 轴定义，在【横坐标】|【间距】选项中选择【非等距】选项。其余默认。
- XY 数据，在【X 最小值】文本框中输入 0.0，在【X 向增量】文本框中输入 0.1，在【点数】文本框中输入 131。单击【从文本编辑器键入】按钮，弹出文本编辑器。软件自动填充数据，一列名称为 X(代表 X 的值)，另一列名称为 Y(代表 Y 的值)。在 X 列软件自动填充 0.0～13.0 的数据，代表 13 秒的时间段。Y 轴按照如图 11-85 所示填充数据表。

单击【确定】按钮，退出【XY 函数编辑器】。单击【确定】按钮退出【XY 函数管理器】。其余默认，单击【应用】按钮。主臂左边的液压装置也按照右边液压缸的创建滑动副，二者运动同步故 AFU 函数数据一样。

⑮ 在【类型】选项组中的下拉列表框中选择【滑动副】，在【操作】选项组的【选择连杆】中选择挖掘机主臂顶部的液压缸 cylinder2，【指定原点】选择液压杆底部中心，【指定方位】选择平行于液压缸轴线方向，在【基本】选项组的【选择连杆】中选择挖掘机主臂顶部的液压杆 tube2，如图 11-86 所示。

X_Value	Y_Value	X_Value	Y_Value	X_Value	Y_Value	X_Value	Y_Value
0	0	2.9	-302	5.9	-300	9.1	-295
0.1	0	3	-305	6	-300	9.2	-290
0.2	-2	3.1	-305	6.1	-300	9.3	-285
0.3	-5	3.2	-305	6.2	-300	9.4	-280
0.4	-10	3.3	-305	6.3	-300	9.5	-270
0.5	-15	3.4	-305	6.4	-300	9.6	-260
0.6	-20	3.5	-305	6.5	-300	9.7	-250
0.7	-28	3.6	-305	6.6	-300	9.8	-240
0.8	-38	3.7	-305	6.7	-300	9.9	-225
0.9	-50	3.8	-305	6.8	-300	10	-210
1	-65	3.9	-305	6.9	-300	10.1	-190
1.1	-80	4	-305	7	-300	10.2	-170
1.2	-95	4.1	-305	7.1	-300	10.3	-150
1.3	-110	4.2	-305	7.2	-300	10.4	-130
1.4	-125	4.3	-305	7.3	-300	10.5	-110
1.5	-140	4.4	-305	7.4	-300	10.6	-90
1.6	-155	4.5	-305	7.5	-300	10.7	-70
1.7	-170	4.6	-305	7.6	-300	10.8	-50
1.8	-185	4.7	-305	7.7	-300	10.9	-30
1.9	-200	4.8	-305	7.8	-300	11	-10
2	-215	4.9	-300	7.9	-300	11.1	-5
2.1	-230	5	-300	8	-300	11.2	0
2.2	-245	5.1	-300	8.1	-300	11.3	0
2.3	-260	5.2	-300	8.2	-300	11.4	0
2.4	-275	5.3	-300	8.3	-300	11.5	0
2.5	-285	5.4	-300	8.4	-300	11.6	0
2.6	-295	5.5	-300	8.5	-300	11.7	0
2.7	-297.5	5.6	-300	8.6	-300	11.8	0
2.8	-300	5.7	-300	8.7	-300	11.9	0
		5.8	-300	8.8	-300	12	0

图 11-85 数据表格(11.2s 后 Y 值为 0)

在【驱动】选项卡中的【旋转】选项组中选择【函数】，【函数数据类型】设置为【位移】，在【函数】选项组中选择【函数管理器】，设置函数属性为【AFU 格式的表】。其余默认。单击【新建函数】按钮，弹出【XY 函数编辑器】。具体参数设置如下。

- ID 信息，在【名称】选项组中的文本框中输入 jack2_stick。其余默认。
- XY 轴定义，【横坐标】|【间距】选项中选择【非等距】选项。其余默认。
- XY 数据，在【X 最小值】文本框中输入 0.0，在【X 向增量】文本框中输入 0.1，在【点数】文本框中输入 131。单击【从文本编辑器键入】按钮，弹出文本编辑器。Y 轴按照如图 11-87 所示填充数据表。单击【确定】按钮退出文本编辑器，单击【确定】按钮退出【XY 函数编辑器】，单击【确定】按钮退出【XY 函数管理器】。其余默认，单击【应用】按钮。

X_Value	Y_Value	X_Value	Y_Value
0	0	10.1	30
2.2	0	10.2	25
3.2	8	10.3	20
3.3	16	10.4	15
3.4	24	10.5	10
3.5	32	10.6	5
3.6	40	10.7	0
3.7	48	10.8	-5
3.8	56	10.9	-10
3.9	60	11	-15
9.5	60	11.1	-20
9.6	55	11.2	-25
9.7	50	11.3	-30
9.8	45	11.4	-35
9.9	40	11.5	-40
10	35	13	-40

图 11-86 指定原点和方位 14   图 11-87 数据表格

注意：数据说明：0s～2.2s Y 轴数据为 0，3.9s～9.5s Y 轴数据为 60，11.5s～13s Y 轴数据为-40。

⑯ 在【类型】选项组中选择【滑动副】，在【操作】选项组的【选择连杆】中选择挖掘机前臂顶部的液压缸 cylinder3，【指定原点】选择液压杆底部中心，【指定方位】选择平行于液压缸轴线方向，在【基本】选项组的【选择连杆】中选择挖掘机前臂顶部的液压杆 tube3，如图 11-88 所示。

在【驱动】选项卡中的【旋转】选项组中选择【函数】，【函数数据类型】设置为【位移】，在【函数】选项组中选择【函数管理器】，设置函数属性为【AFU 格式的表】。其余默认。单击【新建函数】按钮，弹出【XY 函数编辑器】。具体参数设置如下。

- ID 信息，在【名称】选项组中的文本框中输入 jack3_bucket。其余默认。
- XY 轴定义，【横坐标】|【间距】选项中选择【非等距】选项。其余默认。
- XY 数据，在【X 最小值】文本框中输入 0.0，在【X 向增量】文本框中输入 0.1，在【点数】文本框中输入 131。单击【从文本编辑器键入】按钮，弹出文本编辑器。Y 轴按照如图 11-89 所示填充数据表。单击【确定】按钮，退出文本编辑器，单击【确定】按钮，退出【XY 函数编辑器】，单击【确定】按钮，退出【XY 函数管理器】。其余默认，单击【应用】按钮。

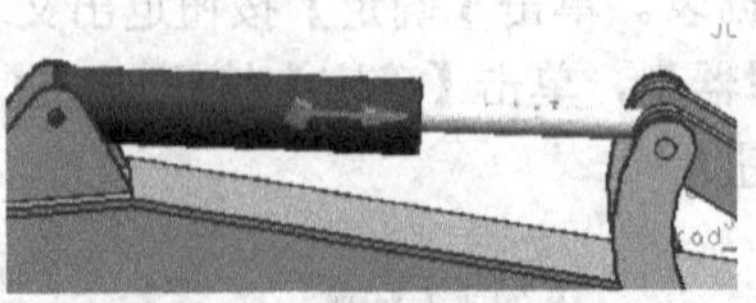

图 11-88 指定原点和方位 15

X_Value	Y_Value
0	0
3.7	0
3.8	2
3.9	4
4	8
4.1	12
4.2	15
4.3	30
4.4	45
4.5	60
4.6	75
4.7	90
4.8	105
4.9	120
5	135
5.1	150
5.2	165
5.3	180
5.4	195
5.5	210
5.6	225
5.7	240
5.8	255
5.9	270
6	285
6.1	300
6.2	315
6.3	330

6.4	345
6.5	360
6.6	375
6.7	390
6.8	405
6.9	420
7	435
7.1	450
7.2	465
7.3	480
7.4	495
7.5	510
7.6	525
7.7	540
7.8	555
7.9	570
8	585
8.1	600
8.2	615
8.3	630
8.4	640
8.5	650
8.6	660
8.7	665
8.8	670
8.9	672.5
9	675
10.2	675

10.3	673
10.4	670
10.5	665
10.6	650
10.7	650
10.8	640
10.9	630
11	610
11.1	590
11.2	570
11.3	550
11.4	530
11.5	500
11.6	470
11.7	440
11.8	410
11.9	380
12	350
12.1	320
12.2	290
12.3	260
12.4	230
12.5	200
12.6	170
12.7	140
12.8	110
12.9	80
13	50

图 11-89 数据表格

注意：数据说明：0s ~ 3.7s Y 轴数据为 0， 9s ~ 10.2s Y 轴数据为 675。

(5) 创建 3D 接触按钮。

① 在【运动仿真】工具条中单击【3D 接触】按钮，弹出【3D 接触】对话框。

② 在【操作】选项组的【选择体】中选择挖掘机铲斗 bucket，在【基本】选项组的【选择体】中选择最高的球 soil_1，【参数】选项组的【类型】选项中选择【小平面】选项，在【刚度】文本框中输入 10000000，在【力指数】文本框中输入 2.0，在【材料阻尼】文本框中输入 10。其余默认。单击【应用】按钮。

注意：刚度越大，二者之间的干涉会越小，本题设置为千万级别时二者干涉可忽略不计。

③ 在【操作】选项组的【选择体】中选择球 soil_1，在【基本】选项组的【选择体】中选择球 soil_2，在【参数】选项组的【类型】选项中选择【小平面】选项，在【刚度】文本框中输入 100000，在【力指数】文本框中输入 2.0，在【材料阻尼】文本框中输入 10。其余默认。单击【应用】按钮。

④ 在【操作】选项组的【选择体】中选择球 soil_1，在【基本】选项组的【选择体】中选择球 soil_3，在【参数】选项组的【类型】选项中选择【小平面】选项，在【刚度】文本框中输入 100000，在【力指数】文本框中输入 2.0，在【材料阻尼】文本框中输入 10。其余默认。单击【应用】按钮。

⑤ 在【操作】选项组的【选择体】中选择球 soil_1，在【基本】选项组的【选择体】中选择球 soil_4，在【参数】选项组的【类型】选项中选择【小平面】选项，在【刚度】文本框中输入 100000，在【力指数】文本框中输入 2.0，在【材料阻尼】文本框中输入 10。其余默认。单击【应用】按钮。

(6) 新建解算方案并求解。

① 在【运动仿真】工具条中单击【解算方案】按钮，弹出【解算方案】对话框。

② 选择【解算方案类型】为【常规驱动】选项，选择【分析类型】为【运动学/动力学】选项，在【时间】文本框中输入 20，在【步数】文本框中输入 500，选中【通过按"确定"进行解算】复选框。其余选项默认。单击【确定】按钮进行求解。

(7) 动画演示。

① 在【运动仿真】工具条中单击【动画】按钮，弹出【动画】对话框。

② 单击【动画控制】按钮，演示运动仿真，观察各部件之间的运动。此时可以看到挖掘机把最上边的球 soil_1 挖起，然后球在铲斗里随着铲斗运动，直到铲斗翻转球 soil_1 自由落体掉在另外 3 个球上。

(8) 保存并关闭所有文件。

11.15 习 题

1. 打开 ch11\11.15\1\graphing_part.prt，如图 11-90 所示。为此机构创建连杆和固定连杆。

2. 打开 ch11\11.15\2\piston_1.prt，如图 11-91 所示。为此机构创建连杆，添加必要的运动副，进行运动仿真。

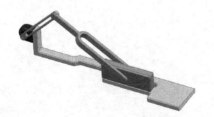
图 11-90　graphing_part.prt 部件

图 11-91　piston_1.prt

3. 打开 ch11\11.15\3\Gear2.prt，如图 11-92 所示。为传动机构创建连杆，添加必要的运动副，进行运动仿真。

注意：添加齿轮副、蜗轮蜗杆副。

4. 打开 ch11\11.15\4\nut_cracker_assm_mated.prt，如图 11-93 所示。为传动机构创建连杆，添加必要的运动副，进行运动仿真。

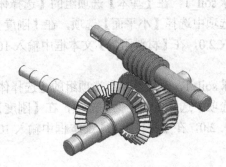 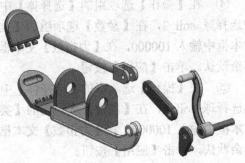

图 11-92　Gear2.prt 部件　　　　图 11-93　nut_cracker_assm_mated.prt

第 12 章　创建运动驱动

12.1　运动驱动介绍

在运动仿真创建过程中，创建连杆、运动副后并不能使机构运动起来，只有对运动副添加正确的驱动才能使机构运动起来，达到预期的功能效果。创建连杆是定义机构的运动部件；创建运动副是定义连杆的运动轨迹，添加运动约束；定义运动驱动是定义机构的动力部件，为整个机构提供驱动力。运动驱动有 6 种类型：无驱动、恒定驱动、运动函数驱动、简谐运动驱动、关节运动驱动和马达驱动。对于旋转副、滑动副、柱面副可以通过【运动副】中的【驱动】选项添加驱动，也可以先创建运动副再通过【驱动】命令直接添加运动驱动。

12.2　恒 定 驱 动

12.2.1　恒定驱动介绍

恒定驱动用于给运动副添加一个恒定的驱动。这个给运动副的驱动方式要结合运动副的运动特性添加，主要是旋转驱动、线性驱动和二者的结合。柱面副按照其运动特性要分别定义其旋转驱动和线性驱动。恒定驱动的原理函数是基于时间的匀变速直线运动：

$$s(t) = v_0 t + \frac{1}{2} a t^2$$

式中：s——运动位移，mm；
　　　v_0——初速度，mm/s；
　　　a——加速度，mm/s²；
　　　t——时间，s。

在【恒定驱动】对话框中初始位移是 $t=0$ 时的机构的位置。

12.2.2　上机指导：车门机构的运动仿真

设计要求：

在本练习中将为模型创建运动仿真，掌握恒定驱动的创建步骤。

设计思路：

(1) 旋转副的创建步骤。
(2) 恒定驱动的创建步骤。

练习步骤：

(1) 打开部件文件并启动运动仿真模块。

① 在 NX 中，打开 ch12\12.2.1\ door_mech_assm.prt，结果如图 12-1 所示。

图 12-1 door_1.prt

② 启动【运动仿真】模块。选择【开始】|【运动仿真】命令。

(2) 新建运动仿真。

在运动仿真导航器上，右击 door_mech_assm.prt，从快捷菜单中选中【新建仿真】命令，弹出【环境】对话框。在【分析】选项组中选中【动态】单选按钮，选中【基于组件的仿真】复选框，单击【确定】按钮。

(3) 创建连杆。

① 在【运动仿真】工具条中单击【连杆】，弹出【连杆】对话框。

② 选择门板 floor、门板上的两个合页 floor_hinge 和支座 floor_bracket，在【质量属性选项】选项组中的下拉列表框中选择【自动】选项，选中【固定连杆】复选框，在【名称】选项组中的文本框中输入 base。其余默认。单击【应用】按钮。

③ 选择门 door、门上的两个合页 door_hinge 和门上支座 door_bracket，在【质量属性选项】选项组中的下拉列表框中选择【自动】选项，在【名称】选项组中的文本框中输入 door。其余默认。单击【应用】按钮。

④ 选择连杆 floor_bracket_arm，在【质量属性选项】选项组中的下拉列表框中选择【自动】选项，在【名称】选项组中的文本框中输入 arm_1。其余默认。单击【应用】按钮。

⑤ 选择连杆 door_bracket_arm，在【质量属性选项】选项组中的下拉列表框中选择【自动】选项，在【名称】选项组中的文本框中输入 arm_2。其余默认。单击【应用】按钮。

(4) 创建运动副。

① 在【运动仿真】工具条中单击【运动副】按钮，弹出【运动副】对话框。

② 在【类型】选项组中的下拉列表框中选择【旋转副】，在【操作】选项组的【选择连杆】中选择连杆 door，【指定原点】选择合页 door_hinge 的中心，【指定方位】选择平行于轴线方向。在【基本】选项组的【选择连杆】中选择连杆 base，如图 12-2 所示。在【名称】选项组中的文本框中输入 door_1。单击【应用】按钮。

③ 在【类型】选项组中的下拉列表中选择【旋转副】，在【操作】选项组的【选择连杆】中选择连杆 arm_1，【指定原点】选择连杆的圆柱孔中心，【指定方位】选择平行于连杆孔轴线方向，在【基本】选项组的【选择连杆】中选择连杆 base，如图 12-3 所示。在【名称】选项组中的文本框中输入 door_2，在【驱动】选项卡中的【旋转】选项组中选择【恒定】选项，在【初速度】文本框中输入 18。其余默认。单击【应用】按钮。

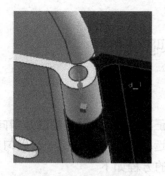 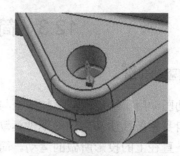

图 12-2　指定原点和方位 1　　　　　图 12-3　指定原点和方位 2

④ 在【类型】选项组中的下拉列表框中选择【旋转副】，在【操作】选项组的【选择连杆】中选择连杆 arm_1，【指定原点】选择连杆的孔中心，【指定方位】选择平行于孔轴线方向，在【基本】选项组的【选择连杆】中选择连杆 arm_2，如图 12-4 所示。在【名称】选项组中的文本框中输入 door_3。其余默认。单击【应用】按钮。

⑤ 在【类型】选项组中的下拉列表框中选择【旋转副】，在【操作】选项组的【选择连杆】中选择连杆 arm_2，【指定原点】选择连杆孔的中心，【指定方位】选择连杆孔轴线方向，在【基本】选项组的【选择连杆】中选择门 door，如图 12-5 所示。在【名称】选项组中的文本框中输入 door_4。其余默认。单击【应用】按钮。

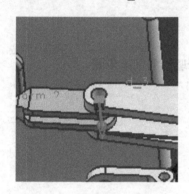 

图 12-4　指定原点和方位 3　　　　　图 12-5　指定原点和方位 4

(5) 新建解算方案并求解。

① 在【运动仿真】工具条中单击【解算方案】按钮，弹出【解算方案】对话框。

② 选择【解算方案类型】为【常规驱动】选项，选择【分析类型】为【运动学/动力学】选项，在【时间】文本框中输入 6，在【步数】文本框中输入 350，选中【通过按"确定"进行解算】复选框。其余选项默认，单击【确定】按钮进行求解。

(6) 动画演示。

① 在【运动仿真】工具条中单击【动画】按钮，弹出【动画】对话框。

② 单击【动画控制】按钮，演示运动仿真，观察各部件之间的运动。

(7) 保存并关闭所有文件。

12.3 简谐驱动

12.3.1 简谐驱动介绍

简谐运动驱动用于给运动副添加一个与位移成正比所受的力,并且总是指向平衡位置。它是一种由自身系统性质决定的周期性运动。简谐运动的物理意义是一个做匀速圆周运动的物体在一条直径上的投影所做的运动。简谐运动的方程如下。

位移方程:$X = A\cos(\omega t + \varphi)$

速度方程:$v = -\omega A\sin(\omega t + \varphi)$

加速度方程:$a = -\omega^2 A\cos(\omega t + \varphi)$

式中:A——简谐运动的振幅,mm;

ω——简谐运动频率,Hz;

φ——简谐运动的初相位,rad;

t——时间,s。

【简谐驱动】对话框要求输入振幅(A)、频率(ω)、初相位(φ)、位移(X)。

12.3.2 上机指导:折叠式升降机运动仿真

设计要求:

在本练习中将为模型创建运动仿真,掌握简谐驱动的创建步骤。

设计思路:

(1) 旋转副和滑动副的创建步骤。

(2) 简谐驱动的创建步骤。

练习步骤:

(1) 打开部件文件并启动运动仿真模块。

① 在 NX 中,打开 ch12\12.3.2\ Scissor Lift.prt,结果如图 12-6 所示。

图 12-6 Scissor Lift.prt

② 启动【运动仿真】模块。选择【开始】|【运动仿真】命令。

(2) 新建运动仿真。

在运动仿真导航器上,右击 Scissor Lift.prt,从快捷菜单中选择【新建仿真】命令,弹出【环境】对话框。在【分析】选项组中选中【动态】单选按钮，选中【基于组件的仿真】对话框。其余默认。单击【确定】按钮。

(3) 创建连杆。

① 在【运动仿真】工具条中单击【连杆】按钮，弹出【连杆】对话框。

② 选择升降台 platform，在【质量属性选项】选项组中的下拉列表框中选择【自动】选项。其余默认。单击【应用】按钮。

③ 分别选择支撑臂 crossarm，在【质量属性选项】选项组中的下拉列表框中选择【自动】选项。其余默认。单击【应用】按钮。分别生成 8 个支撑臂连杆。

④ 分别选择连接杆 cross_rod，在【质量属性选项】选项组中的下拉列表框中选择【自动】选项。其余默认。单击【应用】按钮。分别生成 6 个连接杆连杆。

⑤ 选择连接杆 cross_rod_short，在【质量属性选项】选项组中的下拉列表框中选择【自动】选项。其余默认。单击【应用】按钮。

⑥ 选择底座 base，在【质量属性选项】选项组中的下拉列表框中选择【自动】选项，选中【固定连杆】复选框。其余默认。单击【应用】按钮。

⑦ 选择液压缸 cylinder，在【质量属性选项】选项组中的下拉列表框中选择【自动】选项。其余默认。单击【应用】按钮。

⑧ 选择活塞 piston，在【质量属性选项】选项组中的下拉列表框中选择【自动】选项。其余默认。单击【确定】按钮。

(4) 创建运动副。

① 在【运动仿真】工具条中单击【运动副】按钮，弹出【运动副】对话框。

② 【类型】选项组中的下拉列表中选择【旋转副】，在【操作】选项组的【选择连杆】中选择液压缸 cylinder，【指定原点】选择液压缸尾部固定孔，【指定方位】选择平行于孔轴线方向。在【基本】选项组的【选择连杆】中选择底座 base，如图 12-7 所示。单击【应用】按钮。

③ 在【类型】选项组中的下拉列表框中选择【旋转副】，在【操作】选项组的【选择连杆】中选择活塞 piston，【指定原点】选择活塞上孔中心，【指定方位】选择平行于孔轴线方向。在【基本】选项组的【选择连杆】中选择连杆 cross_rod，如图 12-8 所示。其余默认。单击【应用】按钮。

图 12-7 指定原点和方位 1

图 12-8 指定原点和方位 2

④ 在【类型】选项组中的下拉列表框中选择【旋转副】，在【操作】选项组的【选择连杆】中选择连杆 cross_rod，【指定原点】选择连接孔中心，【指定方位】选择平行于

孔轴线方向。在【基本】选项组的【选择连杆】中选择底座 base，如图 12-9 所示。其余默认。单击【应用】按钮。

⑤ 在【类型】选项组中的下拉列表框中选择【旋转副】，在【操作】选项组的【选择连杆】中选择连杆 cross_rod，【指定原点】选择支撑臂孔的中心，【指定方位】选择平行于空轴线的方向。在【基本】选项组的【选择连杆】中选择支撑臂 crossarm，如图 12-10 所示。其余默认。单击【应用】按钮。

图 12-9　指定原点和方位 3　　　　　图 12-10　指定原点和方位 4

⑥ 在【类型】选项组中的下拉列表框中选择【旋转副】，在【操作】选项组的【选择连杆】中选择连接杆 cross_rod，【指定原点】选择支撑杆孔的中心，【指定方位】选择平行于孔轴线。在【基本】选项组的【选择连杆】中选择升降台 platform，如图 12-11 所示。其余默认。单击【应用】按钮。

⑦ 在【类型】选项组中的下拉列表框中选择【旋转副】，在【操作】选项组的【选择连杆】中选择支撑臂 crossarm，【指定原点】选择臂上孔的中心，【指定方位】选择平行于孔的轴线。在【基本】选项组的【选择连杆】中选择支撑臂 crossarm，如图 12-12 所示。其余默认。单击【应用】按钮。

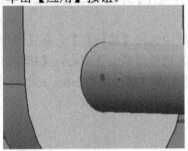 

图 12-11　指定原点和方位 5　　　　　图 12-12　指定原点和方位 6

⑧ 在【类型】选项组中的下拉列表框中选择【旋转副】，在【操作】选项组的【选择连杆】中选择支撑臂 crossarm，【指定原点】选择臂上孔的中心，【指定方位】选择平行于孔的轴线。在【基本】选项组的【选择连杆】中选择连接杆 cross_rod，如图 12-13 所示。其余默认。单击【应用】按钮。

注意：由于本实例旋转副太多，将在所有具有相对转动关系的连杆之间添加运动副，操作步骤就不一一列举，完全添加完共有 39 个旋转副。

⑨ 在【类型】选项组中的下拉列表框中选择【滑动副】，在【操作】选项组的【选择连杆】中选择连接杆 cross_rod，【指定原点】选择底座侧壁导槽的中点，【指定方位】选择平行导槽的方向。在【基本】选项组的【选择连杆】中选择底座 base，如图 12-14 所示。其余默认。单击【应用】按钮。

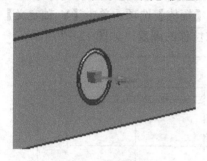

图 12-13 指定原点和方位 7

图 12-14 指定原点和方位 8

⑩ 在【类型】选项组中的下拉列表框中选择【滑动副】，在【操作】选项组的【选择连杆】中选择连接杆 cross_rod，【指定原点】选择升降台侧壁导槽的中点，【指定方位】选择平行导槽的方向。在【基本】选项组的【选择连杆】中选择升降台 platform，如图 12-15 所示。其余默认。单击【应用】按钮。

⑪ 在【类型】选项组中的下拉列表框中选择【滑动副】，在【操作】选项组的【选择连杆】中选择活塞 piston，【指定原点】选择活塞底部圆柱中心，【指定方位】选择平行于连杆的方向。在【基本】选项组的【选择连杆】中选择液压缸 cylinder，如图 12-16 所示。在【驱动】选项卡中的【平移】下拉列表框中选择【简谐】选项，在【幅值】文本框中输入 200，在【频率】文本框中输入 50。在【相位角】文本框中输入 90，在【位移】文本框中输入 200。其余默认。单击【确定】按钮。

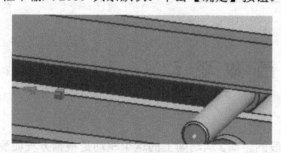

图 12-15 指定原点和方位 9

图 12-16 指定原点和方位 10

(5) 新建解算方案并求解。

① 在【运动仿真】工具条中单击【解算方案】按钮，弹出【解算方案】对话框。

② 选择【解算方案类型】为【常规驱动】选项，选择【分析类型】为【运动学/动力学】选项，在【时间】文本框中输入 10，在【步数】文本框中输入 350。【重力】选项卡【指定方向】为 Z 轴负方向，选中【通过按"确定"进行解算】复选框。其余选项默认。单击【确定】按钮进行求解。

(6) 动画演示。

① 在【运动仿真】工具条中单击【动画】按钮，弹出【动画】对话框。

② 单击【动画控制】按钮，演示运动仿真，观察各部件之间的运动。

(7) 生成力的图表。

① 在【运动仿真】工具条中单击【生成图表】按钮，弹出【生成图表】对话框。

② 在【运动对象】选项组运动副列表框中选择滑动副 J020，在【Y 轴属性】下拉列表框中选择【力】选项，在【值】下拉列表框中选择【幅值】选项。单击【Y 轴定义】按钮，添加 Y 轴定义按钮，单击【确定】按钮。生成位移的图表，如图 12-17 所示。

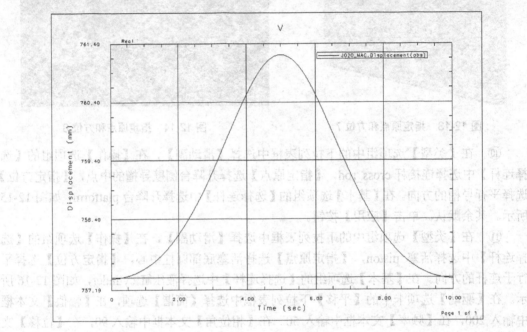

图 12-17 位移曲线

(8) 保存并关闭所有文件。

12.4 函数驱动

12.4.1 函数驱动介绍

函数驱动用于给运动副添加一个一般的驱动。运动副上的这个驱动是根据方程而变化的，函数驱动可以精确地控制连杆在某一时间段的运动轨迹。在实际的机构运动分析中，复杂的运动只有通过运动函数进行仿真，附给连杆以精确的运动。下面主要介绍一下阶梯函数。

(1) 阶梯函数即 Step 函数，数学含义是 3 次多项式逼近阶跃函数，同理 Step5 函数是 5 次多项式逼近阶跃函数，格式：STEP (x, x_0, h_0, x_1, h_1)，数学定义为

$$\text{STEP} = \begin{cases} h_0 & x \leq x_0 \\ h_0 + (h_1 - h_0) \times \left[(x - x_0)/(x_1 - x_0)\right]^2 & x_0 \leq x \leq x_1 \\ h_1 & x \geq x_1 \end{cases}$$

第 12 章 创建运动驱动

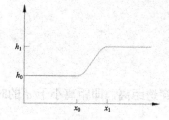

式中：x——自变量，通常为时间或者时间的任一函数；

x_0——阶梯函数开始时的 x 值，可以是常数、函数表达式或设计变量；

h_0——阶梯函数的初始值，可以是常数、函数表达式或设计变量；

x_1——阶梯函数终止时的 x 值，可以是常数、函数表达式或设计变量；

h_1——阶梯函数的终止值，可以是常数、函数表达式或设计变量。

(2) 单侧碰撞 IMPACT 函数。IMPACT 格式：$\text{IMPACT}(x, dx, x_1, k, e, c_{\max}, d)$，数学定义为：

$$\text{IMPACT} = \begin{cases} \text{Max}[0, k(x_1-x)^e - dx \cdot \text{STEP}(x, x_1-d, c_{\max}, x_1, d)] & x < x_1 \\ 0 & x \geq x_1 \end{cases}$$

式中：x——两个对象之间的实际距离；

dx——x 的一阶导数，可用速度函数 v 表示；

x_1——确定碰撞力打开和关闭的触发距离，可以定义成实数、函数或者表达式；

k——刚度系数；

e——刚度指数；

$c_{\max}$——阻尼系数；

d——阻尼完全起作用的穿透距离，即距离小于 d 的时候阻尼最大，d 必须是大于 0 的数值。

当 x 值小于或等于 x_1 时，IMPACT 函数才是有效的，当 x 值大于 x_1 时，IMPACT 函数值是无效的。IMPACT 函数返回值是个力，一般用来描述非线性弹簧或阻尼所产生的作用效果。从表达式中看出，可以通过定义不同的刚度系数和阻尼系数实现纯弹簧和纯阻尼的设置。

(3) 双侧碰撞 BISTOP 函数。BISTOP 函数格式：$\text{BISTOP}(x, dx, x_1, x_2, k, e, c_{\max}, d)$，数学定义为

$$\text{BISTOP} = \begin{cases} k(x_1-x)^e - dx \cdot \text{STEP}(x, x_1-d, c_{\max}, x_1, d) & x < x_1 \\ 0 & x_1 \leq x \leq x_2 \\ k(x-x_2)^e - dx \cdot \text{STEP}(x, x_2, c_{\max}, x_2+d, d) & x > x_2 \end{cases}$$

式中：x——两个对象之间的实际距离；

dx——x 的一阶导数，可用速度函数 v 表示；

x_1——确定碰撞力打开和关闭的触发距离的下限值，可以定义成实数、函数或者表达式；

x_2——确定碰撞力打开和关闭的触发距离的上限值，可以定义成实数、函数或者表

达式；

k——刚度系数；

e——刚度指数；

c_{max}——阻尼系数；

d——阻尼完全起作用的穿透距离，即距离小于 d 的时候阻尼最大，d 必须是大于 0 的数值。

从表达式中可以看出 BISTOP 函数和 IMPACT 函数类似，IMPACT 的触发条件只有一个，而 BISTOP 的触发条件是两个，其余参数二者是一致的。

用函数驱动时的数学方程的编写格式可以按照 C 语言的格式编写，否则通不过函数检查。在实际的应用当中驱动函数方程是灵活多变的，可以根据不同的情况编写。常用的方法有嵌入式和增量式，嵌入式：

$$\text{STEP}(x, x_0, h_0, x_1, (\text{STEP}(x, x_1, h_1, x_2, (\text{SETP}(x, x_2, h_2, x_3, \cdots))))))$$

增量式：

$$\text{STEP}(x, x_0, h_0, x_1, h_1) + \text{STEP}(x, x_1, h_2, x_2, h_3) + \text{STEP}(x, x_2, h_4, x_2, h_5) + \cdots$$

嵌入式思路清晰、严谨，很容易理解附加在运动副上的运动。增量式明显比嵌入式要简洁得多，可以把一个复杂的路径分成若干段分别编写驱动函数方程，这样容易把一个复杂问题简单化，在实际的应用过程中可以根据不同的情况有针对性地使用不同的编写方式。该选项用于给运动副添加一个一般的原始驱动力。选择函数驱动菜单项后，在对话框中将会显示设置不变的原始驱动力的各个选项。

12.4.2 创建函数驱动

创建函数驱动的操作步骤如下。

(1) 在【运动副】对话框中定义旋转副、滑动副、柱面副的连杆，在【驱动】选项卡的【平移】选项组中选择【函数】，发现【函数数据类型】有位移、速度、加速度三种。如图 12-18 所示。

(2) 从【函数】下拉列表中选择【函数管理器】，弹出【函数管理器】对话框，如图 12-19 所示。函数属性选择【数学】，【用途】选择【运动】，【函数类型】选择【时间】，单击【新建函数】按钮 ，打开函数编辑器对话框。

图 12-18 【运动副】对话框

图 12-19 函数管理器

第 12 章 创建运动驱动

> 注意：在【运动仿真】工具条中单击【函数管理器】按钮 $^{f(x)}$，可以在建立运动副之前先建立运动函数，然后在【新建运动副】对话框中对运动副直接指定函数即可。

(3) 在【函数定义】选项组的【名称】文本框中可以为不同的函数驱动公式定义不同的名称，保存设计意图便于后续的更改。在【函数定义】选项组的【插入】下拉列表框中提供了默认的函数。选择函数类型，单击【添加】按钮，添加函数公式。根据函数公式的定义为函数公式中的每个参数赋值。函数公式的格式可以参照表达式的格式进行定义。对函数公式赋值完成后单击【检查公式的语法】按钮，检查此时的公式是否有语法错误，若有错误可根据提示修改。检查语法无误后单击【确定】按钮，退出函数编辑器。如图 12-20 所示。

(4) 在函数管理器中选定创建的函数公式，单击【确定】按钮，退出函数管理器。

(5) 在【驱动】选项卡中单击【确定】按钮，这样就为运动副定义了运动驱动函数。

图 12-20 函数编辑器

12.4.3 上机指导：机械手运动仿真

设计要求：

在本练习中将为模型创建运动仿真，掌握函数驱动的创建步骤。

设计思路：

(1) STEP 函数的创建步骤。
(2) 函数驱动的创建步骤。

练习步骤：

(1) 分析机构。此构件为一个机械手的运动仿真，机械手把工件夹起放在运输台上，机械手按照一定的顺序运动。机械手的运动顺序见表 12-1 所示。

表 12-1 机械手运动顺序

时间	连杆
0～1s	左右机械手指向中间运动夹起工件
5～8s	机械手腕抬起 70°
5～7s	机械手臂抬起 15°
8～10s	机械手肩部抬起 30°
12～18s	机械手底部旋转 180°
19～21s	机械手腕放平 26°，把工件平放在运输带上
22～24s	机械手指把工件放开

(2) 打开部件文件并启动运动仿真模块。

① 在 NX 中，打开 ch12\12.4.3\jiqishou.prt，结果如图 12-21 所示。

图 12-21 jiqishou.prt

② 启动【运动仿真】模块。选择【开始】|【运动仿真】命令。

(3) 新建运动仿真。

在运动仿真导航器上，右击 jiqishou.prt，从快捷菜单中选择【新建仿真】命令，弹出【环境】对话框。在【分析】选项组中选中【动态】单选按钮，选中【基于组件的仿真】复选框，单击【确定】按钮。

(4) 创建连杆。

① 在【运动仿真】工具条中单击【连杆】按钮，弹出【连杆】对话框。

② 选择平板、平台、底座和运输台，在【质量属性选项】选项组中的下拉列表框中选择【自动】选项，选中【固定连杆】复选框，在【名称】选项组中的文本框中输入 pingtai。其余默认。单击【应用】按钮。

③ 选择连杆 tixing 和连杆 xiaoyuanzhu，在【质量属性选项】选项组中的下拉列表框中选择【自动】选项，在【名称】选项组中的文本框中输入 tixing。其余默认。单击【应用】按钮。

④ 选择机械手上臂和连杆 dayuanzhu，在【质量属性选项】选项组中的下拉列表框中选择【自动】选项，在【名称】选项组中的文本框中输入 dabi。其余默认。单击【应用】按钮。

⑤ 选择机械手小臂和连杆 xiaolianjiezhu，在【质量属性选项】选项组中的下拉列表框中选择【自动】选项，在【名称】选项组中的文本框中输入 xiaobi。其余默认。单击【应用】按钮。

⑥ 选择机械手手腕，在【质量属性选项】选项组中的下拉列表框中选择【自动】选项，在【名称】选项组中的文本框中输入 shouwan。其余默认。单击【应用】按钮。

⑦ 选择机械手左边的手指和手指的圆柱销，在【质量属性选项】选项组中的下拉列表框中选择【自动】选项，在【名称】选项组中的文本框中输入 shouzhi。其余默认。单击【应用】按钮。

⑧ 选择机械手右边的手指和手指的圆柱销，在【质量属性选项】选项组中的下拉列表框中选择【自动】选项，在【名称】选项组中的文本框中输入 shouzhi_1。其余默认。单击【应用】按钮。

⑨ 选择工件，在【质量属性选项】选项组中的下拉列表框中选择【自动】选项，在【名称】选项组中的文本框中输入 gongjian。其余默认。单击【应用】按钮。

(5) 创建运动副。

① 在【运动仿真】工具条中单击【运动副】按钮，弹出【运动副】对话框。

② 在【类型】选项组中的下拉列表框中选择【旋转副】，在【操作】选项组的【选择连杆】中选择连杆 tixing，【指定原点】选择底座的中心，【指定方位】选择平行于轴线方向。在【基本】选项组的【选择连杆】中选择连杆 dizuo，如图 12-22 所示。在【名称】选项组中的文本框中输入 jqs_1，在【驱动】选项卡中的【旋转】选项组中选择【函数】选项，在【函数数据类型】选项中选择【位移】选项，在【函数】选项组选择【函数管理器】选项，单击【新建函数】按钮弹出【XY 函数编辑器】对话框，函数类型选择阶梯函数，为阶梯函数赋值为 step(time，12，0，18，180)。其余默认。退出函数管理器。单击【应用】按钮。

③ 在【类型】选项组中的下拉列表框中选择【旋转副】，在【操作】选项组的【选择连杆】中选择连杆 dabi，【指定原点】选择连杆的圆柱中心，【指定方位】选择平行于圆柱轴线方向，在【基本】选项组的【选择连杆】中选择连杆 tixing，如图 12-23 所示。在【名称】选项组中的文本框中输入 jqs_2，在【驱动】选项卡中的【旋转】选项组中选择【函数】选项，在【函数数据类型】选项中选择【位移】选项，在【函数】选项组中选择【函数管理器】选项，单击【新建函数】按钮弹出【XY 函数编辑器】对话框，函数类型选择阶梯函数，为阶梯函数赋值为 step(time，8，0，10，-30)。其余默认。退出函数管理器。单击【应用】按钮。

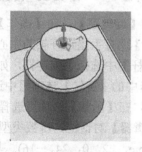 

图 12-22 指定原点和方位 1　　　　　图 12-23 指定原点和方位 2

④ 在【类型】选项组中的下拉列表框中选择【旋转副】，在【操作】选项组的【选择连杆】中选择小臂连杆 xiaobi，【指定原点】选择连杆的轴的中心，【指定方位】选择平行连杆轴线方向，在【基本】选项组的【选择连杆】中选择大臂连杆 dabi，如图 12-24 所示。在【名称】文本框中输入 jqs_3，在【驱动】选项卡中的【旋转】选项组中选择【函数】选项，在【函数数据类型】选项中选择【位移】选项，在【函数】选项组中选择【函数管理器】选项，单击【新建函数】按钮弹出【XY 函数编辑器】对话框，函数类型选择阶梯函数，为阶梯函数赋值为 step(time，5，0，7，15)。其余默认。退出函数管理器。单击【应用】按钮。

⑤ 在【类型】选项组中的下拉列表框中选择【旋转副】，在【操作】选项组的【选择连杆】中选择手腕连杆 shouwan，【指定原点】选择手腕连杆轴的中心，【指定方位】选择连杆轴线方向，在【基本】选项组的【选择连杆】中选择小臂连杆，如图 12-25 所示。在【名称】文本框中输入 jqs_4，在【驱动】选项卡中的【旋转】选项组中选择【函数】选

项，在【函数数据类型】选项中选择【位移】选项，在【函数】选项组选择【函数管理器】选项，单击【新建函数】按钮，弹出【XY 函数编辑器】对话框，函数类型选择阶梯函数，为阶梯函数赋值为 step(time，5，0，8，-70)+step(time，19，0，21，26)。其余默认。退出函数管理器。单击【应用】按钮。

⑥ 在【类型】选项组中的下拉列表框中选择【旋转副】，在【操作】选项组的【选择连杆】中选择左边手指连杆 shouzhi，【指定原点】选择手指连杆轴的中心，【指定方位】选择连杆轴线方向，在【基本】选项组的【选择连杆】中选择手腕连杆，如图 12-26 所示。在【名称】文本框中输入 jqs_5，在【驱动】选项卡中的【旋转】选项组中选择【函数】选项，在【函数数据类型】选项中选择【位移】选项，在【函数】选项组选择【函数管理器】选项，单击【新建函数】按钮，弹出【XY 函数编辑器】对话框，函数类型选择阶梯函数，为阶梯函数赋值为 step(time，0，0，1，16)+step(time，22，0，24，-16)。其余默认。退出函数管理器。单击【应用】按钮。

图 12-24　指定原点和方位 3　　　图 12-25　指定原点和方位 4　　　图 12-26　指定原点和方位 5

⑦ 在【类型】选项组中的下拉列表框中选择【旋转副】，在【操作】选项组的【选择连杆】中选择右边手指连杆 shouzhi，【指定原点】选择手指连杆轴的中心，【指定方位】选择连杆轴线方向，在【基本】选项组的【选择连杆】中选择手腕连杆，如图 12-27 所示。在【名称】文本框中输入 jqs_6，在【驱动】选项卡中的【旋转】选项组中选择【函数】选项，在【函数数据类型】选项中选择【位移】选项，在【函数】选项组选择【函数管理器】选项，单击【新建函数】按钮，弹出【XY 函数编辑器】对话框，函数类型选择阶梯函数，为阶梯函数赋值为 step(time，0，0，1，16)+step(time，22，0，24，-16)。其余默认。退出函数管理器。单击【应用】按钮。

(6) 创建 3D 接触。

① 在【运动仿真】工具条中单击【3D 接触】按钮，弹出【3D 接触】对话框。

② 在【操作】选项组的【选择体】中选择工件连杆 gongjian，在【基本】选项组的【选择体】中选择平台 pingtai，此处参数可按照默认值，在【名称】文本框中输入 3D_1。单击【应用】按钮。

③ 在【操作】选项组的【选择体】中选择工件连杆 gongjian，在【基本】选项组的【选择体】中选择运输带连杆 pingtai，此处参数可按照默认值，在【名称】文本框中输入 3D_2。单击【确定】按钮。

(7) 创建衬套接触。

① 在【运动仿真】工具条中单击【衬套】按钮，弹出【衬套】对话框。

② 在【操作】选项组的【选择连杆】中选择工件连杆 gongjian，【指定原点】选择左边手指凹槽底部的中心，【指定方位】选择手指的面法向方向，在【基本】选项组的【选

择连杆】中选择左边手指连杆 shouzhi,【指定原点】选择左边手指凹槽顶部的中心,在【名称】文本框中输入 jqs_7,如图 12-28 所示。在【系数】选项卡中的【刚度系数】文本框中输入【径向参数】为 10000,【纵向参数】设为 10000,单击【应用】按钮。

③ 在【衬套】对话框,在【操作】选项组的【选择连杆】中选择工件连杆 gongjian,【指定原点】选择右边手指凹槽底部的中心,【指定方位】选择右边手指的面法向方向,在【基本】选项组的【选择连杆】中选择右边手指连杆 shouzhi_1,【指定原点】选择右边手指凹槽顶部的中心,【名称】改为 jqs_8,如图 12-29 所示。在【系数】选项卡中的【刚度系数】文本框中输入【径向参数】为 10000,【纵向参数】为 10000,单击【确定】按钮。

图 12-27 指定原点和方位 6　　图 12-28 指定原点和方位 7　　图 12-29 指定原点和方位 8

(8) 新建解算方案并求解。
① 在【运动仿真】工具条中单击【解算方案】按钮,弹出【解算方案】对话框。
② 选择【解算方案类型】为【常规驱动】选项,选择【分析类型】为【运动学/动力学】选项,在【时间】文本框中输入 25,在【步数】文本框中输入 500,选中【通过按"确定"进行解算】复选框。其余选项默认。单击【确定】按钮进行求解。

(9) 动画演示。
① 在【运动仿真】工具条中单击【动画】,弹出【动画】对话框。
② 单击【动画控制】按钮,演示运动仿真,观察各部件之间的运动。

(10) 生成位移图表。
① 在【运动仿真】工具条中单击【生成图表】按钮,弹出【生成图表】对话框。
② 在【运动对象】运动副列表中选择所有的旋转副(jqs_1～6),【Y 轴属性】选择【位移】选项,在【值】选项组中选择【幅值】选项,单击【添加曲线】按钮，单击【确定】按钮。生成所有的旋转副位移图表,如图 12-30 所示。

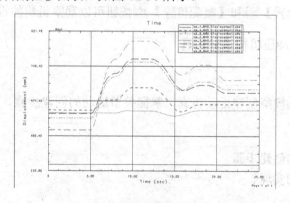

图 12-30 旋转副图表

(11) 保存并关闭所有文件。

12.5 关节运动

12.5.1 关节运动介绍

关节运动用于连杆精确地分步运动,在运动仿真中,通过计算设定关节运动的每步的步长和步数参数,然后通过控制机构的步数驱动机构一步步运动,观察机构的运动规律,可以很精确地找到机构的特征位置。

12.5.2 创建关节运动

创建关节运动的操作步骤如下。

(1) 在【运动副】对话框中定义旋转副、滑动副、柱面副的连杆,在【驱动】选项卡【旋转】选项组中选择【关节运动】选项,如图 12-31 所示。

(2) 新建解算方案,弹出【解算方案】对话框,在【解算方案类型】下拉列表框中选择【关节运动】选项,如图 12-32 所示。单击【确定】进行解算。

(3) 解算完成后弹出【关节运动】对话框,如图 12-33 所示,【运动副】是可以作为驱动的运动副,勾选运动副的方框,激活【步长】和【步数】的选项,设置【步长】和【步数】的参数。

图 12-31 【运动副】对话框

图 12-32 解算方案对话框

图 12-33 函数编辑器

(4) 驱动关节运动,设置参数后单击控制按钮【单步向前】,控制关节运动。也可以通过单击【设计位置】和【装配位置】按钮可以观察机构的设计位置和装配位置。

12.5.3 上机指导:冲压机构运动仿真

设计要求:

在本练习中将为模型创建运动仿真,掌握关节运动的创建步骤。

设计思路:

(1) 关节运动的创建步骤。
(2) 关节运动的实现。

练习步骤:

(1) 打开部件文件并启动运动仿真模块。

① 在 NX 中，打开 ch12\12.5.3\punch.prt，结果如图 12.34 所示。

② 启动【运动仿真】模块。选择【开始】|【运动仿真】命令。

(2) 新建运动仿真。

在运动仿真导航器上，右键单击 punch.prt，选择【新建仿真】命令，弹出【环境】对话框。在【分析】选项组中选中【动态】单选按钮，选中【基于组件的仿真】复选框，单击【确定】按钮。

(3) 创建连杆。

① 在【运动仿真】工具条中单击【连杆】按钮，弹出【连杆】对话框。

图 12-34　punch.prt

② 选择底座 Guide、顶部的 Motor 和工件板 sheet，在【质量属性选项】选项组中的下拉列表框中选择【自动】选项，在【名称】选项组中的文本框中输入 base。其余默认。单击【应用】按钮。

③ 选择连杆 plate，在【质量属性选项】选项组中的下拉列表框中选择【自动】选项，在【名称】选项组中的文本框中输入 plate。其余默认。单击【应用】按钮。

④ 选择连杆 link_p，在【质量属性选项】选项组中的下拉列表框中选择【自动】选项，在【名称】选项组中的文本框中输入 link_p。单击【应用】按钮。

⑤ 选择冲头 punch_p，在【质量属性选项】选项组中的下拉列表框中选择【自动】选项，在【名称】选项组中的文本框中输入 punch_p。其余默认。单击【应用】按钮。

(4) 创建运动副。

① 在【运动仿真】工具条中单击【运动副】按钮，弹出【运动副】对话框。

② 在【类型】选项组中的下拉列表框中选择【旋转副】，在【操作】选项组的【选择连杆】中选择连杆 plate，【指定原点】选择连接孔的中心，【指定方位】选择平行于连接孔轴线方向。在【基本】选项组的【选择连杆】中选择连杆 base，如图 12-35 所示。在【名称】选项组中的文本框中输入 punch_1，在【驱动】选项卡中的【旋转】选项组中选择【关节运动】选项。单击【应用】按钮。

③ 在【类型】选项组中的下拉列表框中选择【旋转副】，在【操作】选项组的【选择连杆】中选择连杆 link_p，【指定原点】选择连杆连接孔中心，【指定方位】选择平行于连接孔轴线方向，在【基本】选项组的【选择连杆】中选择连杆 plate，如图 12-36 所示。在【名称】选项组中的文本框中输入 punch_2。其余默认。单击【应用】按钮。

 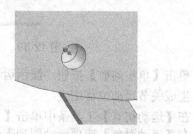

图 12-35　指定原点和方位 1　　　图 12-36　指定原点和方位 2

④ 在【类型】选项组中的下拉列表框中选择【旋转副】，在【操作】选项组的【选择连杆】中选择冲头 punch_p，【指定原点】选择连接孔中心，【指定方位】选择平行于连接孔轴线方向，在【基本】选项组的【选择连杆】中选择连杆 lingk_p，如图 12-37 所示。在【名称】选项组中的文本框中输入 punch_3。其余默认。单击【应用】按钮。

⑤ 在【类型】选项组中的下拉列表框中选择【滑动副】，在【操作】选项组的【选择连杆】中选择冲头 punch_p，【指定原点】选择底座孔的中心，【指定方位】选择平行于底座孔轴线方向，在【基本】选项组的【选择连杆】中选择底座 base，如图 12-38 所示。在【名称】选项组中的文本框中输入 punch_4。其余默认。单击【应用】按钮。

 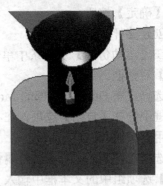

图 12-37　指定原点和方位 3　　　　图 12-38　指定原点和方位 4

(5) 新建解算方案并求解。

① 在【运动仿真】工具条中单击【解算方案】按钮，弹出【解算方案】对话框。

② 选择【解算方案类型】为【关节运动】选项，选中【通过"确定"进行解算】复选框。其余选项默认。单击【确定】按钮进行求解。

(6) 动画演示。

① 求解完成后弹出【关节运动】对话框。选中【运动副】punch_1 选项，激活【步长】和【步数】选项分别设置为 1 和 60，即关节运动每步旋转 1°，一共旋转 60°，如图 12-39 所示。

图 12-39　【关节运动】对话框

② 单击【单步向前】按钮，演示运动仿真，观察各部件之间的运动。

(7) 生成关节运动位移图表。

① 在【运动仿真】工具条中单击【生成图表】按钮。

② 在【运动对象】选项运动副列表中选择全部自定义的运动副，【Y 轴属性】选择

【位移】选项,【值】选择【幅值】选项,单击【添加曲线】按钮 ，单击【确定】按钮。生成关节运动位移的图表,如图 12-40 所示。

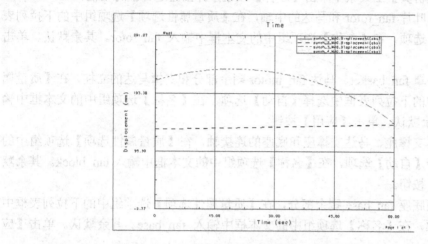

图 12-40 关节运动图表

(8) 保存并关闭所有文件。

12.6 上机指导：电风扇运动仿真

设计要求：

在本练习中将为模型创建运动仿真,掌握简谐驱动的创建步骤。

设计思路：

(1) 旋转副和滑动副的创建步骤。
(2) 简谐驱动的创建步骤。

练习步骤：

(1) 打开部件文件并启动运动仿真模块。

① 在 NX 中,打开 ch12\12.6\ fan_assy.prt,结果如图 12-41 所示。

② 启动【运动仿真】模块。选择【开始】|【运动仿真】命令。

(2) 新建运动仿真。

在运动仿真导航器上,右击 fan_assy.prt,从快捷菜单中选择【新建仿真】命令,弹出【环境】对话框。在【分析】选项组中选中【动态】单选按钮,取消选中【基于组件的仿真】复选框。其余默认,单击【确定】按钮。

图 12-41 fan_assy.prt

> 注意：在此模型中马达支撑座与风扇底座在同一个模型文件中,故取消选中【基于组件的仿真】复选框。

(3) 创建连杆。

① 在【运动仿真】工具条中单击【连杆】按钮，弹出【连杆】对话框。

② 选择风扇叶片 fan_rotor 和马达的中轴，在【质量属性选项】选项组中的下拉列表框中选择【自动】选项，在【名称】选项组中的文本框中输入 fan_rotor。其余默认。单击【应用】按钮。

③ 选择风扇罩 fan_basket、马达 fan_motor 剩余部分和支撑马达的立柱，在【质量属性选项】选项组中的下拉列表框中选择【自动】选项，在【名称】选项组中的文本框中输入 fan_motor。其余默认。单击【应用】按钮。

④ 选择马达支撑座、马达支撑座和底座的连接轴，在【质量属性选项】选项组中的下拉列表框中选择【自动】选项，在【名称】选项组中的文本框中输入 fan_block。其余默认。单击【应用】按钮。

⑤ 选择风扇底座 fan_base 剩余部分，在【质量属性选项】选项组中的下拉列表框中选择【自动】选项，在【名称】选项组中的文本框中输入 fan_base。其余默认。单击【应用】按钮。

(4) 创建运动副。

① 在【运动仿真】工具条中单击【运动副】按钮，弹出【运动副】对话框。

② 【类型】选项组中的下拉列表框中选择【旋转副】，在【操作】选项组的【选择连杆】中选择风扇叶片连杆 fan_rotor，【指定原点】选择马达输出轴中心，【指定方位】选择平行于输出轴轴线方向。在【基本】选项组的【选择连杆】中选择马达 fan_motor，如图 12-42 所示。

在【驱动】选项卡中的【旋转】选项组中选择【恒定】选项，在【初速度】文本框中输入 4000。其余默认。单击【应用】按钮。

③ 【类型】选项组中的下拉列表框中选择【旋转副】，在【操作】选项组的【选择连杆】中选择风扇马达连杆 fan_motor，【指定原点】选择马达支撑立柱轴中心，【指定方位】选择平行于支撑立柱轴线方向。在【基本】选项组的【选择连杆】中选择马达支撑座 fan_block，如图 12-43 所示。在【驱动】选项卡中的【旋转】选项组中选择【简谐】，在【幅值】文本框中输入 60，在【频率】文本框中输入 6。在【相位角】文本框中输入 0，在【位移】文本框中输入 0。其余默认。单击【应用】按钮。

图 12-42 指定原点和方位 1　　　　　　图 12-43 指定原点和方位 2

注意：简谐驱动中，输出曲线为正弦波，【相位角】表示正弦波的左偏移或右偏移，【位移】表示正弦波的上下偏移。

④ 在【类型】选项组中的下拉列表框中选择【旋转副】，在【操作】选项组的【选择连杆】中选择风扇马达支撑座 fan_block，【指定原点】选择马达支撑座与底座的连接轴中心，【指定方位】选择平行于连接轴轴线方向。在【基本】选项组的【选择连杆】中选择风扇底座 fan_base，如图 12-44 所示。在【驱动】选项卡中的【旋转】选项组中选择【简谐】，在【幅值】文本框中输入 20，在【频率】文本框中输入 6，在【相位角】文本框中输入 0，在【位移】文本框中输入 0。其余默认。单击【确定】按钮。

图 12-44 指定原点和方位 29

(5) 新建解算方案并求解。

① 在【运动仿真】工具条中单击【解算方案】按钮，弹出【解算方案】对话框。

② 选择【解算方案类型】为【常规驱动】选项，选择【分析类型】设置为【运动学/动力学】选项，在【时间】文本框中输入 60，在【步数】文本框中输入 600。【重力】选项卡【指定方向】为 Z 轴负方向，选中【通过按"确定"进行解算】复选框。其余选项默认。单击【确定】按钮进行求解。

(6) 动画演示。

① 在【运动仿真】工具条中单击【动画】按钮，弹出【动画】对话框。

② 单击【动画控制】按钮，演示运动仿真，观察各部件之间的运动。

(7) 生成位移的图表。

① 在【运动仿真】工具条中单击【生成图表】按钮，弹出【生成图表】对话框。

② 在【运动对象】选项运动副列表中选择旋转副(J002~4)，【Y 轴属性】选择【位移】选项，【值】选择【幅值】选项。单击【添加曲线】，单击【确定】按钮。生成位移的图表如图 12-45 所示。

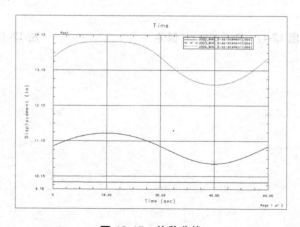

图 12-45 位移曲线

(8) 保存并关闭所有文件。

12.7 习　　题

1. 打开 ch12\12.7\1\Forklift.prt 文件，如图 12-46 所示。添加必要的运动副创建叉车的运动仿真。

2. 打开 ch12\12.7\2\Rail_Car.prt 文件，如图 12-47 所示。添加必要的运动副创建轨道车的运动仿真。

3. 打开 ch12\12.7\3\proj_7.prt 文件，如图 12-48 所示。添加必要的运动副创建剪刀式千斤顶的运动仿真。

图 12-46　Forklift.prt 部件

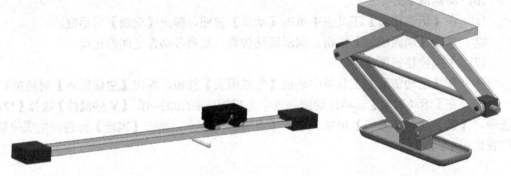

图 12-47　Rail_Car.prt 部件　　　　　图 12-48　proj_7.prt 部件

第13章 基于时间的运动仿真

13.1 封装选项

封装选项是用来收集或封装特定的、感兴趣的对象信息的一组工具。例如:
- 测量机构中对象之间或点之间的距离关系。
- 定义机构中必须保持的安全距离(间隙)。如果安全距离不能保证则发出警告。
- 追踪机构中点或对象的运动。
- 确定机构中是否存在干涉。

封装选项在【封装选项】对话框中定义。一旦定义完毕,这些选项可在动画运行环境中调用、处理并输出到屏幕或结果文件。

在第12章的描述中,在【动画】对话框中,封装选项由一组复选框构成。当定义一个或多个封装选项后,相应的复选框可选。只有当相应的复选框激活后,才可以处理相应的封装选项。

在 NX 中的封装选项共 3 个命令,分别是干涉、测量以及追踪。如图 13-1 所示为封装选项。

图 13-1 封装选项

13.1.1 干涉

干涉功能比较一对实体或片体,并检查其干涉重叠量。

1. 干涉的类型

干涉的类型是指当出现干涉时,系统采取的动作。共有 3 个选项:高亮显示、创建实体和显示相交曲线,如图 13-2 所示。

- 高亮显示。在用关节运动或运动仿真分析作干涉分析时,若选择高亮显示则当出现干涉时,干涉物体高亮。
- 创建实体。若选择创建实体,则当出现干涉时,系统会生成一个非参数化的相交实体,它描述干涉的体积。新产生实体的最终位置由以下描述的参考框架设置决定。
- 显示相交曲线。显示一组临时的干涉体外轮廓曲线。该选项只有当干涉对象都是相同类型时才工作,例如都是实体或都是组件;若是装配组件,必须是全装载。

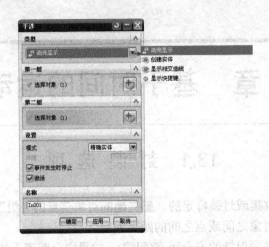

图 13-2 【干涉】对话框

2. 选择步骤

第一组：检查一组物体相互之间的干涉，选择要进行干涉检查的实体。可以选择个别对象、组件、子装配或连杆，如果选择连杆，则与该连杆相关的所有的几何体均包含在该组，单击【确定】或【应用】按钮定义干涉检查。在后处理过程中，软件对该组中所有的实体进行两两配对的干涉检查。

第二组：如果有两组的几何体(例如两个复杂装配)需要作相互检查，则按上面的描述定义第一组几何体，再选择第二组需要作干涉检查的实体。单击【确定】或【应用】按钮定义干涉检查。在后处理过程中，软件对两组之间每个实体进行两两配对的干涉检查。

3. 绝对/相对参考框架

当选择干涉类型为创建实体时，参考框架出现在对话框的选择区。这些选项允许指定参考框架的类型，规定软件如何定位干涉的实体。

- 绝对。采用绝对选项，则相交实体定位在干涉点，且当干涉的连杆回到原始设计位置后，相交实体仍保持在该位置(相对于绝对坐标系)不变。

注意：如果只定义一组实体，就只有绝对参考框架一个选项。

- 相对组 1。采用相对组 1 选项，则相交实体定位在第一组的连杆上，且当干涉的连杆回到原始设计位置后，相交实体仍保持在该位置(在第一组的连杆上)不变。只有定义多组实体，相对参考框架才可选。
- 相对组 2。采用相对组 2 选项，则相交实体定位在第二组的连杆上。只有定义多组实体，相对参考框架才可选。
- 相对两组。采用相对两组选项，则创建两个相交实体且分别定位在两组的连杆上。只有定义多组实体，相对参考框架才可选。
- 相对选择组。采用相对选择组选项，则创建的相交实体分别定位在选择的连杆上。只有定义多组实体，相对参考框架才可选。

第13章 基于时间的运动仿真

4. 模式

- 小面模型(Faceted)。NX 将干涉组中的对象转换成小面模型的表达方式，NX 基于所选对象的小面模型进行干涉检查计算。小面模型的方式快但精度低。
- 精确模型(Precise Solid)。NX 基于所选对象的实际精确模型进行干涉检查计算。精确模型的方法更精确，但可能会花费更多的时间。如果选择的干涉类型为创建实体的话，只能选择精确模型的模式。

5. 安全距离

安全距离定义两个运动物体之间的最小允许距离，系统在每一步均测量距离并与最小允许距离进行比较，如果在计算或运动仿真中，系统探测到一个距离落在最小距离(安全值)之内的话，一个干涉的动作就会触发。

如果在处理前，关节运动或运动仿真的对话框中显示【事件停止】，干涉动作将使关节运动或运动仿真停止，系统在完成运动的前一步进行检测，如果发现干涉，关节运动或运动仿真就会停止，而不与安全距离冲突。

> **注意**：安全距离依赖于所选的进行干涉分析的对象的类型。如果定义的几何体是包含所有的实体，但这些实体不属于一个装配的组件，则安全距离被忽略。

只有当所选的所有实体属于一个装配的组件，安全距离才可用。

6. 事件发生时停止

当干涉出现时，事件发生时停止选项使关节运动或运动仿真停止运动，当干涉事件出现时，软件使运动在此时间步上停止。此选项用在关节运动和运动仿真对话框中，但必须在干涉对话框和关节运动或运动仿真对话框选中才会起作用。

7. 激活

激活选项使所定义的事件激活。当干涉事件激活后，NX 才在进行关节运动和运动仿真和电子表格驱动中用所定义的事件进行干涉检查。如果定义了多个干涉检查，只能在进行下个后处理分析时将其激活。

8. 名称

名称选项允许为此封装选项命名。

13.1.2 测量

测量功能用来测量机构对象及点之间的距离和角度，并建立安全区域。如果测量结果与所定义的安全区域发生冲突的话，系统会发出警告。

1. 类型

可以测量对象之间的最小距离或角度。【测量】对话框如图 13-3 所示。

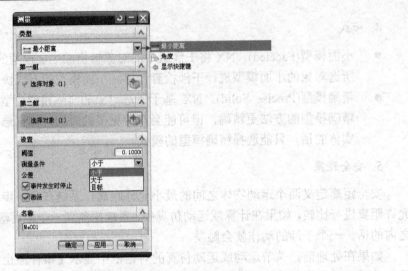

图 13-3 【测量】对话框

- 最小距离。测量对象之间的最小距离，这些对象可以是下列物体的任意组合：曲线、片体、实体和标记或智能点。先选的对象必须是连杆的一部分。
- 角度。测量线或线性边缘之间的角度。

2. 选择步骤

第一组：选择要进行测量的实体。可以选择个别对象、组件、子装配或连杆，如果选择连杆，则与该连杆相关的所有的几何体均包含在该组，单击【确定】或【应用】按钮定义测量检查。在后处理过程中，软件对该组中所有的实体进行两两配对的测量检查。

第二组：如果有两组的几何体(例如两个复杂装配)需要作测量检查，则按上面的描述定义第一组几何体，再单击第二组，选择第二组需要作测量检查的实体。单击【确定】或【应用】按钮定义测量检查。在后处理过程中，NX 对两组之间每个实体进行两两配对的测量检查。

3. 阈值

阈值选项允许定义一个值与实际测量值比较，NX 用实际测量值与此值比较。根据测量条件和公差的不同设置，此值的数值略有不同。

4. 测量条件

测量条件包括以下几项：

- 小于。如果实际测量值小于临界值(此值被公差值修改)，则测量事件触发。
- 大于。如果实际测量值大于临界值(此值被公差值修改)，则测量事件触发。
- 目标。如果实际测量值等于临界值(此值被公差值修改)，则测量事件触发。

5. 公差

公差选项允许为临界值定义一个误差因子。例如，假定公差为 0，临界值为 10，测量条件为小于，实际测量值为 11。在此条件下，测量事件不被触发。而如果公差为 1 或更大，则测量事件被触发。

6. 事件发生时停止

在关节运动或运动仿真期间,当测量事件产生时,该选项使运动停止。软件在事件出现的时间步上使运动停止。该选项用在关节运动和运动仿真的对话框的封装选项上。必须在关节运动和运动仿真的对话框及测量对话框中都选中此选项,该选项才起作用。

7. 激活

激活选项使所定义的事件激活。当测量事件激活后,软件才在进行关节运动和运动仿真和电子表格驱动中用所定义的事件进行测量检查。如果定义了多个测量检查,只能在进行下个后处理分析时将其激活。

8. 命名

命名选项允许为此封装选项命名。

13.1.3 追踪

追踪功能生成或"保存"在每一分析步骤处一个对象的复件。例如通过对悬挂机构的全程运动分析,用追踪的功能生成包含轮胎的挡泥板容积。【追踪】对话框如图 13-4 所示。

图 13-4 【追踪】对话框

1. 选择步骤

以下追踪对话框的具体操作步骤:

(1) 追踪对象。允许选择个别几何对象、组件、子装配、标记或连杆。

(2) 追踪"地"的对象。通常"地"的对象是不可追踪的,因为它们不是运动物体。如果要追踪这样的对象,必须:①将它定义为连杆(使它成为运动物体)。②用固定旋转副或固定滑动副将它与地固定。③分配一个空的运动驱动,例如速度为 0 的恒定驱动。现在,该对象就可以选为追踪对象了。

2. 绝对/相对参考框架

绝对/相对参考框架选项允许指定软件如何定位追踪的对象。

- 绝对。采用绝对选项,NX 将追踪物体的复件定位在绝对坐标系的运动路径上。
- 相对连杆。采用相对连杆选项,NX 将追踪物体的复件相对于所选连杆进行定位,所选连杆必须不同于与追踪对象相关的连杆。

3. 目标层

目标层选项为 NX 指定追踪对象复件的放置层。在许多情况下,将追踪复件放在与机构对象原始所在层不同的层是有帮助的,可以更方便地操纵追踪复件或在运动仿真后更易清理。

4. 激活

激活选项使所定义的事件激活。当追踪事件激活后,NX 才在进行关节运动和运动仿真和电子表格驱动中用所定义的事件进行追踪操作。如果定义了多个追踪设置,只能在进行下个后处理分析时将其激活。

5. 名称

名称选项允许为此封装选项命名。

13.1.4 上机指导：转向机构追踪检查

设计要求：

本机构是汽车左侧的前悬挂系统的设计草案。在运动仿真中由两个关节运动驱动并创建追踪实体。机构示意图如图13-5所示。

设计思路：

(1) 创建一追踪对象。
(2) 解算铰链运动，追踪运动的操纵关节并创建运动实体。
(3) 创建悬挂机构向左和向右运动最大行程追踪几何体。

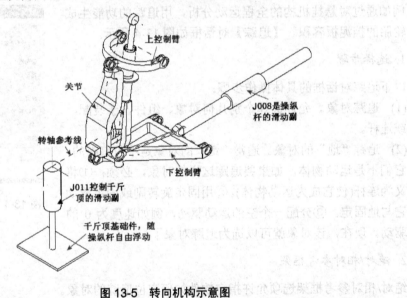

图13-5 转向机构示意图

练习步骤：

(1) 在NX中，打开ch13\13.1.4\suspension_2\motion_1.sim，如图13-6所示。
(2) 打开【追踪】对话框，选择要追踪的对象。
① 在【模型准备】工具条中单击【追踪】按钮。
② 选择轮胎实体，如图13-7所示。
③ 设【目标层】为5，将被跟踪对象和其他机构对象放在同一层。
④ 在【参考框】选项组中确认指定参考为【绝对坐标】激活显示，将被跟踪的对象物体以正常路径、按绝对坐标系跟踪。
⑤ 确认选择了【激活】。单击【确定】按钮调用封装选项。

图 13-6　motion_1.sim

图 13-7　选择轮胎实体

(3) 创建铰链解决方案。

① 展开运动导航器，右击 motion_1，从快捷菜单中选择【新建解算方案】命令，弹出【解算方案】对话框。

② 在【解算方案类型】下拉列表框中选择【铰接运动驱动】，选中【通过按"确定"进行解算】复选框，单击【确定】按钮，如图 13-8 所示。

(4) 铰链运动驱动。

① 【铰链运动驱动】对话框在上一步骤中被打开，选中 J008 运动副，设置【步长】为 10，【步数】为 5，选中【更多选项】复选框，选中下面的【追踪】选项，单击【单步向前】按钮。结果如图 13-9 所示。

图 13-8　【解算方案】对话框

图 13-9　追踪仿真结果 1

② 单击【装配位置】按钮，轮胎返回到初始状态，单击【单步向后】按钮，结果如图 13-10 所示。观察完运动仿真后单击【取消】按钮。

图 13-10　追踪仿真结果 2

315

> **注意**：追踪几何体可以用来确定挡泥板的大小，轮胎的旋转必须在追踪路径范围内，不与任何几何体发生干涉。

(5) 选择【文件】|【关闭】|【所有部件】命令。

13.1.5　上机指导：转向机构测量检查

设计要求：

在此转向机构中，使用测量功能检查两运动体之间的最小距离和转动角度。

设计思路：

(1) 创建一个测量几何对象。
(2) 在此转向机构中测量两个运动部件的最小距离和转动角度。
(3) 测量列表功能观察测量数据。

练习步骤：

(1) 在 NX 中，打开 ch13\13.1.5\supension_2\motion_1.sim，如图 13-11 所示。
(2) 创建角度测量对象。

衡量下臂之间的关节角度。角度测量，将被用于跟踪实际的旋转角度，是不是最低的角度要求使用。

① 在【视图】工具条中将渲染样式切换成【静态线框】。
② 在【运动】工具条中单击【测量】按钮，弹出【测量】对话框。类型选择【角度】，【第一组】测量选择连杆的红色虚线，【第二组】测量选择下控制臂的虚线，如图 13-12 所示。
③ 在【测量】对话框中，设置【阈值】为 1，【测量条件】设置为【小于】，选中【事件发生时停止】和【激活】复选框。单击【应用】按钮。

(3) 测量最小距离。

测量下控制臂和关节之间的最小距离。

① 从上一步骤中打开的【测量】对话框中，类型选择【最小距离】，【第一组】测量选择红色的关节组件，【第二组】测量选择绿色的下控制臂组件，如图 13-13 所示。
② 在【测量】对话框中，设置【阈值】为 0.01，【测量条件】设置为【小于】，选中【事件发生时停止】和【激活】复选框。单击【确定】按钮。

 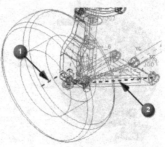 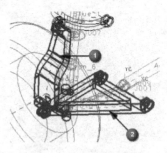

图 13-11　motion_1.sim　　　图 13-12　选择测量对象　　　图 13-13　选择测量对象

(4) 创建铰链解决方案。

① 展开运动导航器，右击 motion_1，从快捷菜单中选择【新建解算方案】命令，弹出【解算方案】对话框。

② 在【解算方案类型】下拉列表框中选择【铰接运动驱动】，选中【通过按"确定"进行解算】复选框，单击【确定】按钮，如图 13-14 所示。

(5) 铰链运动驱动。

【铰链运动驱动】对话框从上一步骤中被打开。选中 J008 运动副，设置【步长】为 10，【步数】为 5，选中【更多选项】复选框，选中【测量】和【事件发生时停止】复选框，单击【单步向前】按钮。结果如图 13-15 所示。

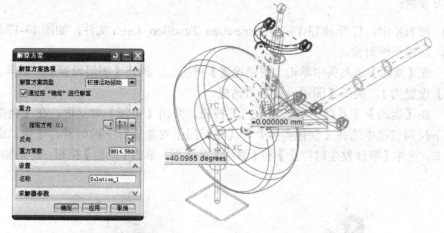

图 13-14 【解算方案】对话框　　图 13-15 测量结果

(6) 列出测量结果。

① 展开铰链运动驱动对话框中的【更多选项】，单击【列出测量值】。

② 系统将弹出信息窗口，信息窗口显示两测量对象的角度和距离值，如图 13-16 所示。

③ 观察完测量数据结果后关闭信息窗口。

(7) 选择【文件】|【关闭】|【所有部件】。

```
测量名称:          Me002
最小距离
================================================================
步进  对象 1              对象 2              距离          J008        J011

0000  solid              line                0.0000        0.0000      0.0000
0001  solid              line                0.0000       -29.9805     0.0000
测量名称:          Me001
角度
================================================================
步进  对象 1              对象 2              角度 (deg)    J008        J011

0000  line               line                40.0965       0.0000      0.0000
```

图 13-16 测量结果数据

13.1.6 上机指导：转向机构干涉检查

设计要求：

在本练习中将对机构进行关节运动仿真，当悬挂机构同步转到最左面及最低位置时，检查红色关节上的球/圆柱和绿色下控制臂之间的干涉情况。

设计思路：

(1) 用高亮功能检查机构对象之间的干涉。
(2) 用绝对及相对参考框架生成干涉实体。

练习步骤：

(1) 在 NX 中，打开 ch13\13.1.6\suspension_2\motion_1.sim 文件，如图 13-17 所示。
(2) 创建干涉对象。

① 在【实用】工具条中单击【图层设置】按钮，弹出【图层设置】对话框。将【工作图层】设置为 1，关闭【图层设置】对话框。

② 在【运动】工具条中单击【干涉】按钮，弹出【干涉】对话框。在【类型】选项组中的下拉列表框中选择【创建实体】，【第一组】对象选择下控制臂，【第二组】对象选择关节，选中【事件发生时停止】和【激活】复选框，单击【确定】按钮。结果如图 13-18 所示。

 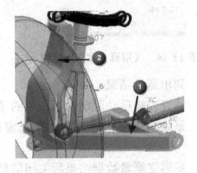

图 13-17　motion_1.sim　　　　　图 13-18　选择干涉几何体

(3) 创建铰链解决方案。

① 展开运动导航器，右击 motion_1，从快捷菜单中选择【新建解算方案】命令，弹出【解算方案】对话框。

② 在【解算方案类型】下拉列表框中选择【铰接运动驱动】，选中【通过按"确定"进行解算】复选框，单击【确定】按钮。如图 13-19 所示。

(4) 铰链运动驱动。

【铰链运动驱动】对话框从上一步骤中被打开。选中 J008 运动副，设置【步长】为 15，【步数】为 5，选中【更多选项】复选框，选中【干涉】和【事件发生时停止】复选框，单击【单步向前】按钮。结果如图 13-20 所示。

(5) 继续干涉分析。

继续上一步骤打开的【铰链运动驱动】对话框。展开【更多选项】，单击【追踪整个机构】按钮。结果如图 13-21 所示。关闭对话框。

图 13-19 【解算方案】对话框

图 13-20 干涉结果

图 13-21 追踪整个机构

(6) 测量旋转角度。
① 选择【分析】|【测量角度】命令，弹出【测量角度】对话框。类型选择【按对象】，选择如图 13-22 所示的两条中心线。
② 在屏幕上会出现测量的角度值，如图 13-23 所示。

图 13-22 选择测量中心线

图 13-23 测量角度值

通过测量会发现轮胎和关节之间的夹角为 24°。
(7) 选择【文件】|【关闭】|【所有部件】命令。

13.2 创建电子表格

13.2.1 电子表格概述

当机构作铰链运动驱动运动仿真分析时，内部即生成一组输出数据表，并驻留在 NX 内部以便以后利用。在一个运动仿真分析进程中，该数据表连续记录数据。而在每一个新的分析进程中则重新记录数据。

当调用数据表进行观察时，该数据表显示一组行列表，每一行数据表示运动仿真分析的一步；表格中的一列数据代表机构中每个驱动运动副的位移，如图 13-24 所示。

可以输入数值到电子表格中，移动机构指定的位置。换句话说，当机构运动仿真设置好初始的电子表格数据库后，可以编辑这些数据，并使机构以完全不同的方式运动。而且可以保存、调用电子表格数据库，从而比较不同次序的关节运动和运动仿真的运动效果。

	A	B	C	D	E	F
1					Mechanisms Driver	
2	Time Step	Elapsed Time	drv J001, slider	drv J003, slider		
3	0	0.000	0.000	0		
4	1	0.013	5.021	0.8		
5	2	0.027	10.501	1.68		
6	3	0.040	14.921	2.4		
7	4	0.053	19.732	3.2		
8	5	0.067	24.863	4.08		
9	6	0.080	28.905	4.8		
10	7	0.093	33.203	5.6		
11	8	0.107	37.661	6.48		
12	9	0.120	41.073	7.2		

图 13-24 电子表格

电子表格数据总是按表格的格式存储着，可以显示或不显示表格数据。完成机构的关节运动和运动仿真分析后，即可通过运行"转移到电子表格"函数观察电子表格数据。为了运行这个函数，可以单击【运动】工具条中的【电子表格】按钮。可能需要单击【运动仿真】图标旁的小点找到电子表格图标。

13.2.2 用电子表格驱动铰链运动和仿真运动

可以用【电子表格驱动】解驱动带收集的表格数据的运动仿真。具体操作步骤如下：

（1）运行【运动仿真】或【铰链运动】按钮，得到运动的结果。

（2）单击【运动】工具条中的【电子表格】按钮，运行 Populate Spreadsheet 函数。注意存储电子表格的路径位置。

（3）创建一个新的解，解的类型设为【电子表格驱动】。

（4）求解。系统提示存储电子表格的路径位置。存储完毕，显示【电子表格驱动】对话框，如图 13-25 所示。

图 13-25 【电子表格驱动】对话框

【电子表格驱动】对话框与 Animation 对话框非常相似。

【单步向前】按钮和【单步向后】按钮使机构作步进运动，并激活电子表格相应的行作前后移动；【播放】按钮使机构作电子表格中定义的全程运动，【移动至单元格位置】按钮使机构运动到激活的电子表格单元的位置。该单元由电子表格中的光标定义。

13.2.3 上机指导：电子表格练习

设计要求：

在本练习中将对机构进行电子表格驱动，作关节运动，将悬挂机构运动到最左及最低的位置，将机构转到最右边并升高。

设计思路：

(1) 作关节运动分析，并将机构数据转移到电子表格中。
(2) 设置电子表格列的格式。
(3) 用电子表格驱动功能作机构运动仿真，并将机构移动到特定的位置。
(4) 保存并重放电子表格文件。

练习步骤：

(1) 在 NX 中，打开 ch13\13.2.3\suspension_2.prt，如图 13-26 所示。

图 13-26　suspension_2.prt

(2) 启动 NX【运动仿真】模块及运动仿真导航器，激活 motion_1。

选择【开始】|【运动仿真】命令，打开运动仿真模块，打开运动仿真导航器并双击 motion_1 节点。

(3) 作铰链运动驱动，将悬挂机构运动到最左及最低的位置。

① 创建一个新解，单击【解算方案】按钮，弹出【解算方案】对话框，【解算方案类型】设为【铰链运动驱动】，选中【通过按"确定"进行解算】复选框，单击【确定】按钮。弹出【铰链运动驱动】对话框。

② 在【关节运动】对话框中，选择 J008 和 J011，分别设置 J008 步长为 15，J011 步长为-15，设置【步数】为 5。

③ 单击【单步向前】按钮作悬挂机构的关节运动分析，将机构转到最左及最低位置，如图 13-27 所示。

(4) 作悬挂机构铰链运动分析，将机构转到最右边并升高。

① 编辑【步数】为 10。

② 单击【单步向后】按钮，作关节机构铰链运动分析，将机构转到最右边并升高位置，如图 13-28 所示。

③ 单击【取消】按钮关闭对话框。

图 13-27　机构转到最左及最低位置

图 13-28　机构转到最右边并升高位置

(5) 将刚完成的两个铰链运动分析转移到电子表格中。

① 单击【运动分析】工具条中的【填充电子表格】按钮。

② 在【填充电子表格】对话框中，验证存储电子表格的路径位置。可能需要在以后的步骤中指定存储的路径位置，因此现在应该加以注意。默认的情况下，存储在运动仿真文件相同的目录中。

③ 单击【确定】按钮。显示电子表格。

(6) 调节显示窗口大小，这样可以同时观察图形区和电子表格窗口，如图 13-29 所示。

	A	B	C	D	E
1					机构驱动
2	Time Step	Elapsed Time	drv J008,	drv J011,	slider
3	0	0.000	0.000	0	
4	1	1.000	15.000	-15	
5	2	2.000	30.000	-30	
6	3	3.000	45.000	-45	
7	4	4.000	60.000	-60	
8	5	5.000	75.000	-75	
9	6	6.000	60.000	-60	
10	7	7.000	45.000	-45	
11	8	8.000	30.000	-30	
12	9	9.000	15.000	-15	
13	10	10.000	0.000	0	
14	11	11.000	15.000	-15	
15	12	12.000	30.000	-30	

图 13-29　电子表格

① 图 13-29 为初始的电子表格窗口，A 列包含铰链运动的 15 个增量步数。

② 注意到表格中的第 3 行为 Step0，它表示机构原始的设计位置。

(7) 选择电子表格窗口中的【文件】|【关闭并返回 NX】命令，关闭电子表格。

(8) 创建并求解电子表格驱动解。

① 创建一个新解，单击【解算方案】按钮，弹出【解算方案】对话框。【解算方案类型】设为【铰链运动驱动】，选中【通过按"确定"进行解算】复选框，单击【确定】按钮，弹出【铰链运动驱动】对话框。

② 系统显示【电子表格文件】对话框。

③ 在【电子表格文件】对话框中，寻找先前创建的电子表格。默认的情况下，在运动仿真的同一个目录中，文件名为 motion_1_Solution_1.xls。单击【确定】按钮。电子表格和 Spreadsheet Run 对话框都显示。电子表格窗口可能在 NX 窗口后面。

(9) 悬挂机构向前步进运动。

① 重新排列一下电子表格窗口，让它与 NX 图形窗口并排(side by side)。
② 在【电子表格驱动】对话框中，单击【单步向前】按钮数次，观察悬挂机构及电子表格中激活的行如何随每一步变化。
(10) 将机构移动到第 12 步的位置。
① 选择电子表格中的第 15 行(row 15)。
② 在【电子表格驱动】对话框中，单击【移动至单元格位置】按钮。悬挂机构移动到第 12 步(Step 12)的位置。
将机构移动到初始或设计位置。
(11) 选择电子表格的第 3 行(row 15)。
在【电子表格驱动】对话框中，单击【移动至单元格位置】按钮。悬挂机构移动到第 0 步(Step 0)的位置。
(12) 作悬挂机构的全程循环运动。
在【电子表格驱动】对话框中，单击【播放】按钮。
(13) 编辑电子表格，将最后 3 步加 1mm 的增量。
① 编辑单元格 C16～C18 为-31、-32 和-33。
② 编辑单元格 D16～D18 为 31、32 和 33。
(14) 将悬挂机构移动到第 12 步(30mm)的位置，然后按新的设置作步进运动。
① 选择电子表格的第 15 行(step 12)。
② 在【电子表格驱动】对话框中，单击【移动至单元格位置】按钮。
③ 在【电子表格驱动】对话框中，单击【单步向前】按钮，以 1mm 的增量作悬挂机构的步进运动。
(15) 悬挂机构回到设计位置，保存电子表格文件。
① 选择电子表格的第 3 行。
② 在对话框中，单击【移动至单元格位置】按钮。
③ 从电子表格窗口中选择【文件】|【保存】命令。
(16) 退出电子表格窗口，关闭【电子表格驱动】对话框。
① 在电子表格窗口中选择【文件】|【退出】命令。
② 关闭【电子表格驱动】对话框。
(17) 保存并关闭所有部件。

13.3 绘制图表

可以使用图表功能生成电子表格数据库并绘出下列仿真结果：位移、速度、加速度和力。图表功能是从运动仿真分析中提取这些信息的唯一方法。
与电子表格驱动一样，图表功能需要有铰链运动或运动仿真的结果。
(1) 求解，无论解的类型为常规驱动、铰链运动驱动或电子表格驱动，并作运动仿真。
(2) 在【运动分析】工具条中单击【生成图表】按钮，弹出【图表】对话框。

13.3.1 图表对话框

【图表】对话框设定要在图表中显示的结果，如图 13-30 所示。

1. 运动对象

运动对象窗口列出可用于图表功能的定义运动副和标记。在这里选择要绘图表的对象，定义了图形的 Y 轴。

2. 请求

共有 4 个选项定义 Y 轴：位移、速度、加速度和力。

3. 组件

组件定义你想要知道的所选运动的类型，值的选项有以下几种。

- 幅值：一般来讲，幅值只考虑线性运动。该选项给出一个总值或合值而不考虑沿各个特定方向的分量。以位移为例，该选项会给出 A 点到 B 点的最小距离，而不考虑沿 X、Y、Z 轴的单独位移分量。

图 13-30　【图表】对话框

- 角度幅值：一般来讲，角度幅值只考虑旋转运动。该选项给出一个总值或合值而不考虑绕各个特定轴的角度分量。
- X、Y、Z：X、Y、Z 会分别绘出绕 X、Y、Z 轴的旋转角度分量。这些选项允许将每个轴隔离开来分别研究。
- 欧拉角度 1、欧拉角度 2 和欧拉角度 3：R1、R2、R3 会分别绘出绕 X、Y、Z 轴的旋转角度分量，这些选项允许将每个轴隔离开来分别研究。
- 输入电压、电流、电动转矩和信号图：这些选项可以在运行协同仿真以后从 PMDC 电动机输出，类似于马达驱动。

4. 参考框架

参考框架指系统用于收集测量值的参考坐标系统。参考框架的选项有两个：绝对和相对。

- 绝对坐标系：如采用绝对参考框架，则图表显示的数值是按绝对坐标系测量获得的。
- 相对坐标系：如采用相对参考框架，则图表显示的数值是按所选的运动副或标记的坐标系测量获得的。当所选的运动副或标记的方向与绝对坐标系不一致时，就应选用相对参考坐标系。

5. 运动函数

运动函数列表窗口显示了所有运动函数，这些运动函数是在这个机构的运动副当前定义的驱动函数。

6. Y 轴定义

一旦定义完一组图表变量，单击【添加】按钮即可将图表的定义加到曲线定义窗口中。在一个单独的【图表】对话框中可以定义多条曲线，每条曲线代表特定的数据库，且在以后可以编辑。

单击【删除】按钮可删除列表窗口中不需要的图表或曲线定义。

7. X 轴定义

可以选择时间或用户自定义定义 X 轴。如果选择了用户自定义，选择运动对象，要求定义 X 轴。选择完毕，单击【设为 X 轴】按钮。

8. 标题

标题栏目可输入图表的名字或标题。

9. 设置

以下为【设置】选项组操作选项。

- 选择 NX 可以在 NX 图形窗口绘制曲线。
- 选择【电子表格】可以在电子表格中显示曲线和图形。

在 NX 图形窗口和在电子表格中显示的图形是不同的，在 NX 图形窗口中显示的图形是客户化的，可以根据需要改变线型、颜色等。

10. 保存

保存选项允许将结果数据以 XY 的表格数据形式保存在 AFU 文件中，可以以后作进一步编辑用。

13.3.2 执行定义的图表

所有的图表曲线定义好且加到 Y 轴定义列表窗口后，单击【确定】按钮执行图表功能。如果在设置中选择了电子表格，处理结束后，系统弹出电子表格并生成图表数据库和通用的图表。数据表和图形分别列出在它们各自的窗口中。如果选择了 NX，系统在 NX 图形窗口显示更加客户化的图形。

如图 13-31 所示的电子表格即是由图表功能生成的电子表格，它不能编辑。表格中包含下列数据(从左到右)：运动副 J008 和 J011 的步数，驱动副的位置、时间和位移。

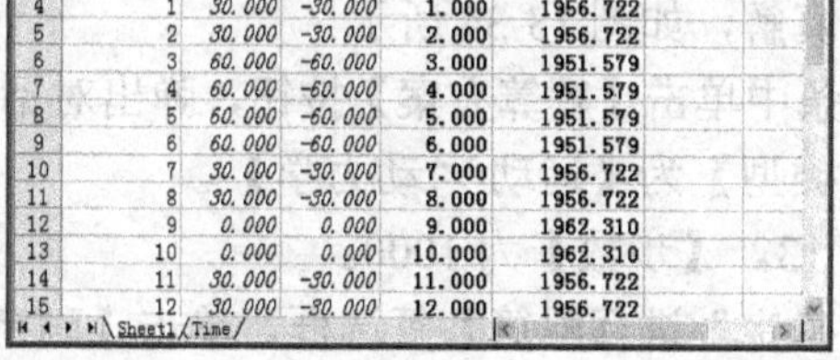
工作表 在 motion_1

	A	B	C	D	E	F	G
1					Time		
2	Time Step	drv J008,	drv J011,	TIME_TIME,	J009_MAG,Displacement(abs)		
3	0	0.000	0.000	0.000	1962.310		
4	1	30.000	-30.000	1.000	1956.722		
5	2	30.000	-30.000	2.000	1956.722		
6	3	60.000	-60.000	3.000	1951.579		
7	4	60.000	-60.000	4.000	1951.579		
8	5	60.000	-60.000	5.000	1951.579		
9	6	60.000	-60.000	6.000	1951.579		
10	7	30.000	-30.000	7.000	1956.722		
11	8	30.000	-30.000	8.000	1956.722		
12	9	0.000	0.000	9.000	1962.310		
13	10	0.000	0.000	10.000	1962.310		
14	11	30.000	-30.000	11.000	1956.722		
15	12	30.000	-30.000	12.000	1956.722		

Sheet1 / Time

图 13-31 由图表功能生成的电子表格

图 13-32 所示是在电子表格中显示的一般图形，注意这个图表的显示窗口不提供任何编辑功能。

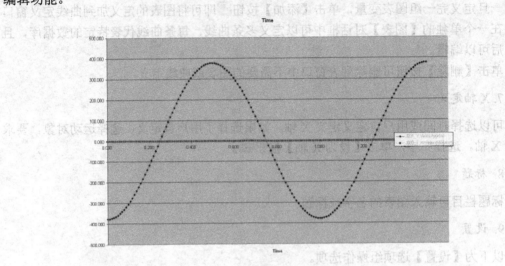

图 13-32　电子表格中的图形显示

> 注意：电子表格或图形窗口经常会隐藏在 NX 图形界面的后面。需要做一些显示操作才能同时观察电子表格、图形和 NX 的图形界面。

13.3.3　上机指导：挖掘机插值载荷函数图

设计要求：

在本练习中将由一台挖掘机驱动的一个力的运动副由图表来表示，然后由一插值函数的结果能看到物理载荷的平均值。

设计思路：

(1) 创建挖掘机的运动仿真。
(2) 求铲土机一滑动副受力的图形。
(3) 插入图形得到物理载荷。

练习步骤：

(1) 在 NX 中，打开 ch13\13.3.3\excavator-assem.prt，如图 13-33 所示。

(2) 选择【开始】|【运动仿真】命令，打开运动仿真模块，打开运动导航器，双击 interpolation_1 节点。

(3) 创建一个运动仿真解，如图 13-34 所示。

① 在【运动】工具条中单击【解算方案】按钮，弹出对话框。设置【解算方案类型】为【常规驱动】，【分析类型】为【运动学/动力学】。

② 设置【时间】为 13，【步数】为 1000。

③ 选中【通过按"确定"进行解算】复选框，单击【确定】按钮。

(4) 作动画运动仿真。

① 在【运动分析】工具条中单击【动画】命令,弹出【动画】对话框。单击【播放】按钮,作运动仿真。
② 观察运动仿真,然后关闭【运动仿真】对话框。

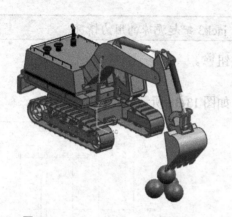

图 13-33　excavator_assem.prt　　图 13-34　【解算方案】对话框

(5) 将 NX 图形窗口分成两个视图。
① 选择【视图】|【布局】|【打开】命令。
② 选择 L2- Side by Side,单击【确定】按钮。
(6) 作铲斗运动驱动图。
① 在【运动分析】工具条中单击【生成图表】按钮,弹出【图表】对话框。
② 从【运动对象】选项组中的列表中选择 jack3,这是铲土机滑动副。
③ 从【请求】下拉列表中选择【力】。
④ 从【组件】下拉列表中选择【幅值】。
⑤ 单击【绝对】按钮,以绝对坐标系测量数据。
⑥ 打开【Y 轴定义】选项组,单击【添加曲线】按钮，加曲线到 Y 轴定义列表中。
⑦ 【X 轴定义】保留默认设置为【时间】。
⑧ 在【设置】选项组中选择【图表】和 NX。设置完的【图表】对话框如图 13-35 所示。
⑨ 单击【确定】按钮,再单击图形窗口的右半边,绘制出函数,模型保留在左边窗口,如图 13-36 所示。

图 13-35　【图表】对话框

⑩ 在运动导航器中的【结果(Results)】节点,展开 xy-Graphing 节点,右键单击 jack3-MAG,Force(abs),从弹出的快捷菜单中选择【存储】命令。在弹出的【AFU 文件选择】对话框中的文件名称栏中输入 force_jack3,单击【确定】按钮。

注意:当绘制图形时,系统自动保存图形。

(7) 作运动仿真。

① 打开运动导航器中的【结果(Results)】节点,展开 Animation 节点。出现默认的仿真,如图 13-37 所示。

② 双击 Default Animation,然后单击左边的图形窗口。模型开始作运动仿真。

③ 铲土机铲起其中一个泥球。

注意,在运动的过程中,右边的图形显示 jack3 铲起泥球的用力情况。

④ 仿真结束,单击【结束仿真】按钮 。

(8) 插入图形以得到物理载荷。

① 激活【函数数学运算】工具条,如图 13-38 所示。

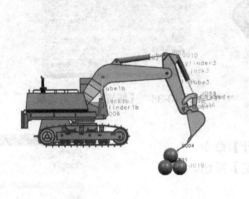
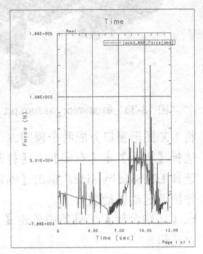

图 13-36 图形窗口分成两部分

图 13-37 展开结果中的仿真节点   图 13-38 【函数数学运算】工具条

② 单击【函数的基本数学工具】按钮 ,选择【单一数学运算】,弹出【函数单一数学运算运算】对话框。

③ 在【操作】列表中选择【线性插值(Linear Interpolate)】。

④ 打开【XY 函数导航器】。

⑤ 在【NX AFU 文件-XY 图表函数】中,展开 Associated AFU 节点,选择 jack3_AMAG,Force(abs)。

⑥ 在【函数单一数学运算运算】对话框中,单击 将该函数加入到函数列表中。

⑦ 在【函数】列表中选择 jack3_AMAG,Force(abs)。

⑧ 在【输出】选项组中,选择【其他 AFU】,然后再单击 。在【AFU 文件】文本框中,输入 interp_func.afu,单击【确定】按钮。如图 13-39 所示。

⑨ 接受保留选项中的默认的设置。确认在【函数】列表中仍然选择了 jack3_MAG,Force(abs)。单击【确定】按钮创建插值函数。

⑩ 在【XY 函数导航器】的 User AFU 节点，展开新的 interp_func 节点。

注意：新的插值函数的名称与原来函数相同。保存该插值函数为新的 AFU 文件可以帮助区分这两个函数，见图 13-40。

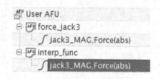

图 13-39　【函数单一数学运算运算】对话框　　　图 13-40　注意两个同名的函数

(9) 插入图形以得到物理载荷。

① 在【XY 函数导航器】的 interp_func 节点，右键单击 jack3_MAG,Force(abs)，选择【叠加】命令。选择右边视窗打印函数，如图 13-41 所示。

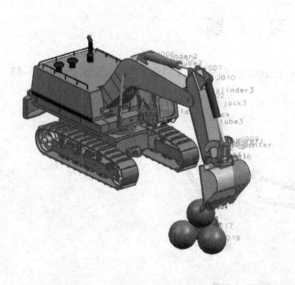
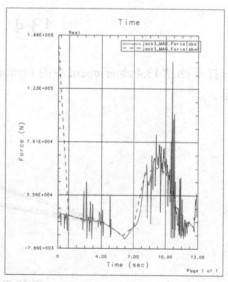

图 13-41　右边视窗覆盖了新的函数

② 图中蓝色虚线为插值函数曲线。下面将编辑该曲线，使之更明显。

③ 单击【XY 图表】工具条中的【编辑】按钮。

④ 在图形窗口，双击代表插值函数的蓝色虚线。

⑤ 在【曲线选项】对话框中，选择【线型】为【实线】，选择【线宽】为【粗线】，

选择线的【颜色】为【黑色】。单击【确定】按钮关闭【曲线选项】对话框。结果如图13-42所示。

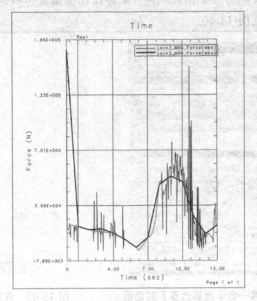

图13-42 编辑后的图表曲线图

⑥ 单击【XY图表】工具条中的【返回到模型】按钮，关闭图形。
(10) 保存并关闭所有部件。

13.4 习　　题

打开 ch13\13.4\zhuangpeiti 中的 motion_1.sim。求连杆 C 点的运动轨迹路线。如图 13-43 所示。

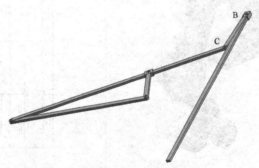

图13-43　motion_1.sim

附录 A 考试指导

A.1 项目综述

全国信息化应用能力考试(The National Certification of Informatization Application Engineer)是工业和信息化部人才交流中心主办的,以信息技术、工业设计在各行业、各岗位的广泛应用为基础,面向社会,检验应试人员信息技术应用知识与能力的全国应用知识与能力的全国性水平考试体系。

由于我国已逐步成为世界制造业和加工业的中心,对数字化技术应用型人才提出了很高的要求,人才交流中心适时推出的全国信息化应用能力考试——"工业设计"项目,坚持以现有企业需求为依托,同时充分利用国际上通用 CAD 软件的先进性,以迅速缩短教育与就业之间的供需差距,加速培养能与国内制造业普遍应用需求相适应的高质量工程技术人员。

A.1.1 岗位技能描述

《全国信息化工程师岗位技能证书》获得者掌握结构分析和运动分析的基本方法和步骤,能熟练使用 UG NX 结构分析和运动分析模块,对同一零件或装配件建立和管理不同的分析方案,并依据具体设置的分析类型,快速完成模型的有限元分析和运动分析。可从事使用虚拟样机技术进行产品设计的工作。

A.1.2 考试内容与考试要求

UG NX CAE 应用工程师考试共分 13 个单元,考试时每单元按一定比例随机抽题,考试内容覆盖基本概念、软件操作和实际建模。知识点覆盖广、可考性强、与实际零距离接轨,是很完善的考试方式。

1. 高级仿真概述

考试内容				
高级仿真概述				
考试要求	了解	理解	掌握	熟练
高级仿真介绍	●			
高级仿真文件结构			●	
仿真导航器		●		
高级仿真工作流程		●		

2. 模型准备

考试内容				
模型准备				
考试要求	了解	理解	掌握	熟练
几何体理想化				●
使用 NX 建模工具修复几何模型				●

3. 基本网格技术

考试内容				
基本网格技术				
考试要求	了解	理解	掌握	熟练
网格基本信息		●		
物理和材料属性				●
网格捕集器				●
3D 网格划分				●
2D 网格划分				●
1D 和 0D 网格划分				●

4. 高级网格技术

考试内容				
高级网格技术				
考试要求	了解	理解	掌握	熟练
网格控制				●
1D 连接				●
网格修复				●

5. 边界条件

考试内容				
边界条件				
考试要求	了解	理解	掌握	熟练
边界条件概述				●
创建载荷				●
创建约束				●
使用边界条件中的字段				●

6. 后处理

考试内容				
后处理				
考试要求	了解	理解	掌握	熟练
后处理概述				●

续表

考试要求	了解	理解	掌握	熟练
后视图				●
图表				●
报告				●

7. 求解模型和解法类型

考试内容				
求解模型和解法类型				
考试要求	了解	理解	掌握	熟练
求解模型				●
线性静态分析				●
线性屈曲分析				●
模态分析				●
耐久性分析				●
优化分析				●

8. 高级 FEM 建模技术

考试内容				
高级 FEM 建模技术				
考试要求	了解	理解	掌握	熟练
接触和胶合分析				●
高级非线性分析				●
装配 FEM 分析			●	

9. NX 热流分析

考试内容				
NX 热流分析				
考试要求	了解	理解	掌握	熟练
NX 热分析				●
NX 流体运动仿真				●

10. 运动仿真概述

考试内容				
运动仿真概述				
考试要求	了解	理解	掌握	熟练
运动仿真介绍				●
运动仿真文件结构				●
运动仿真工作流程				●

11. 创建连杆和运动副

考试内容				
创建连杆和运动副				
考试要求	了解	理解	掌握	熟练
连杆介绍				●
创建连杆				●
旋转副				●
滑动副			●	
柱面副				●
螺旋副				●
万向节				●
固定运动副				●
齿轮副、齿轮齿条副和线缆副				●
弹簧与阻尼				●
2D、3D 接触和衬套				●
点在线上副、线在线上副和点在面上副				●

12. 创建运动驱动

考试内容				
创建运动驱动				
考试要求	了解	理解	掌握	熟练
运动驱动介绍				●
恒定驱动				●
简谐驱动				●
函数驱动			●	
关节运动				●

13. 基于时间的运动分析

考试内容				
基于时间的运动分析				
考试要求	了解	理解	掌握	熟练
封装选项				●
创建电子表格				●
绘制图表				●

A.1.3 考试方式

以下为 NX CAE 应用工程师考试方式:

A.1.3 考试方式

以下为 NX CAE 应用工程师考试方式：
- 考试方式是基于网络的统一上机考试，考试时间为 180 分钟。
- 考试系统采用模块化结构，应试题目从题库中随机抽取，理论考试题型为选择题，分别是概念题、草图绘制、零件建模、装配建模和工程图。
- 考试不受时间限制，可随时报考，标准化考试，减少人为因素。
- 考试满分 100 分，总成绩 60 分为合格，总成绩达到 90 分以上为优秀。

A.1.4 理论题各部分分值分布

理论题为选择题，各部分分值分布见表 A-1。

表 A-1 理论题分值分布

考试内容	题目数量	每题分数
高级仿真概述、模型准备	1	2
基本网格技术、高级网格技术	1	2
边界条件	1	2
后处理	1	2
求解模型和解算类型	1	2
高级 FEM 建模技术	1	2
NX 热流分析	1	2
运动仿真概述	1	2
创建连杆和运动副	1	2
创建运动驱动、基于时间的运动分析	1	2
总题数	10	20

A.1.5 上机题

题目数量：4
题型：高级仿真、运动仿真
比例：高级仿真(2×20 分)、运动仿真(2×20 分)。
总分数：80 分

A.2 理论考试指导

A.2.1 高级仿真概述

(一)单选题

1. 以下网格图标哪一个为 3D 网格？(　　)

A. 　　　　B. 　　　　C. 　　　　D.

答案：C

2. 在仿真导航器中以下哪个为 FEM 部件的图标节点？（　）
　　A.　　　　　　B.　　　　　　C.　　　　　　D.
答案：B

(二)多选题

1. NX 有限元分析过程分 7 步，分别为获取模型、选择解算、_____、_____、施加边界条件、_____和查看结果。（　）
　　A. 理想化模型　　B. 创建网格　　C. 网格检查　　D. 解算模型
答案：A B D

2. 高级仿真的文件结构有 4 种类型，分别为主模型文件、理想化部件文件、_____、和_____。（　）
　　A. 有限元模型文件　　B. ANSYS 仿真文件　　C. 仿真文件　　D. 非主模型文件
答案：A C

3. 高级仿真提供对许多业界标准解算器，这样的解算器包括 ANSYS、_____、_____和_____等。（　）
　　A. NX Nastran　　B. ABAQUS　　C. MSC Nastran　　D. ADAMS
答案：A B C

A.2.2 模型准备

(一)单选题

1. 在模型准备工具条中，以下哪个命令为理想化几何体？（　）
　　A.　　　　　　B.　　　　　　C.　　　　　　D.
答案：A

2. 以下哪个不是修复几何模型曲面的常用命令？（　）
　　A.　　　　　　B.　　　　　　C.　　　　　　D.
答案：D

3. 以下哪个不是添加和移除曲面的常用命令？（　）
　　A.　　　　　　B.　　　　　　C.　　　　　　D.
答案：C

(二)多选题

1. 几何体理想化是在定义_____前从模型上_____或_____特征的过程。（　）
　　A. 网格　　B. 去参　　C. 移除　　D. 抑制
答案：A C D

2. 几何体理想化和几何体抽取操作在目的方面类似，二者都允许将几何体按特定的分析需要进行裁剪。几何体理想化操作是在_____部件上执行的，而几何体抽取操作是在_____文件内的多边形几何体上执行的。（　）

A. 网格化　　　　　B. 理想化　　　　　C. SIM　　　　　D. FEM

答案：B D

3. 中位面 有哪 3 种创建方法？＿＿＿＿、＿＿＿＿和＿＿＿＿。（　　）

A. 面对　　　　　B. 偏置　　　　　C. 用户定义　　　　　D. 比例

答案：A B C

4. 使用缝合 命令可以来连接＿＿＿＿、＿＿＿＿。（　　）

A. 实体和片体　　　　　　　　　B. 片体和片体

C. 实体和实体　　　　　　　　　D. 将两个实体缝合在一起

答案：B D

5. 对于许多模型，可以用高级仿真中的＿＿＿＿和＿＿＿＿来修复模型几何体。（　　）

A. 扩大面　　　　　B. 修剪　　　　　C. 抽取　　　　　D. 理想化工具

答案：C D

A.2.3 基本网格技术

(一) 单选题

1. 以下网格形状哪一个是 3D 或实体单元网格？（　　）

A.　　　　　B.　　　　　C.

答案：C

2. 在高级仿真中包括一个材料库，它提供一些标准材料。以下哪种材料用户不能自定义创建？（　　）

A. 各向同性　　　　　　　　　B. 正交各向异性

C. 各向异性　　　　　　　　　D. 非正交各向异性

答案：D

3. 以下哪一种网格类型可以在实体模型上创建？（　　）

A. 3D 四面体网格　　B. 2D 网格　　C. 1D 网格　　D. 0D 网格

答案：A

4. 以下哪种不属于 1D 单元应用的场合？（　　）

A. 梁　　　　　B. 加强筋　　　　　C. 轴　　　　　D. 桁架结构

答案：C

5. 在 1D 网格中的 1D 截面，以下哪一种是薄壁冒型截面？（　　）

A.　　　　　B.　　　　　C.　　　　　D.

答案：C

(二) 多选题

1. 在高级仿真中可以使用的网格划分功能可自动创建 4 种网格：＿＿＿＿、＿＿＿＿、＿＿＿＿和在体积上生成 3D(实体)单元。（　　）

A. 在选定点上生成 0D 单元　　　　B. 在边上生成 1D(梁)单元

C. 在面上生成 2D(壳)单元　　　　D. 在体积上生成 4D(实体)单元

答案：A B C

2. 在【2D 网格】和【3D 四面体网格】对话框中，可使用_____和_____选项指定一个百分比，它可控制软件根据曲率来改变单元长度的量。（　　）
  A. 基于曲线的尺寸变化   B. 基于曲率的尺寸变化
  C. 基于实体的尺寸变化   D. 基于曲面曲率的尺寸变化
答案：B D

3. 使用材料可选择和定义_____及_____，以用于构建的仿真和机构。（　　）
  A. 材料   B. 材料密度   C. 材料质量   D. 材料属性
答案：A D

4. 高级仿真包括一个材料库，它提供一些标准材料。还可以创建各向同性、_____、_____、_____和超弹性材料。（　　）
  A. 正交各向异性 B. 各向异性 C. 气体 D. 流体
答案：A B D

5. 使用【3D 四面体网格】可在选定体上创建_____的网格。可以使用【3D 四面体网格】生成_____或_____四面体单元的网格。（　　）
  A. 二维片体单元 B. 三维实体单元 C. 线性 D. 抛物线
答案：B C D

6. 使用【3D 扫掠网格】命令，可以通过扫掠实体中的自由或映射曲面网格，生成_____或_____的映射网格。（　　）
  A. 四面体 B. 六面体 C. 楔形单元 D. 三角形单元
答案：B C

7. 可以使用 2D 网格在选定的面上生成线性或抛物线_____或_____单元网格。2D 单元一般也称为壳单元或板单元。（　　）
  A. 两边形 B. 三角形 C. 四边形 D. 五边形
答案：B C

8. 使用【1D 网格】可创建与几何体关联的一维单元的网格。1D 单元通常应用于_____、_____和_____结构。（　　）
  A. 梁   B. 桥   C. 加强筋   D. 桁架
答案：A C D

9. 【0D 网格】向用户提供在指定_____创建集中质量单元的工具。没有空间维度的单元也称为_____。（　　）
  A. 单元   B. 节点   C. 矢量单元   D. 标量单元
答案：B D

A.2.4　高级网格技术

(一)单选题

1. 以下网格修复工具条中哪一个是合并边命令？（　　）
  A.　　　　B.　　　　C.　　　　D.
答案：A

2. 以下哪种不属于1D连接的类型？(　　)

　　A. 点到点　　　　B. 边到边　　　　C. 边到面　　　　D. 面到面

答案：D

3. 在下列选项中哪一种不属于点到点及点到节点连接类型？(　　)

　　A. 一对一连接　　B. 一对多连接　　C. 多对一连接　　D. 多对多连接

答案：C

4. 如下图所示的模型，在网格修复命令中是使用哪一个命令对其进行修复的？(　　)

　　A. 合并面　　　　　　　　　　　　B. 分割面
　　C. 面修复　　　　　　　　　　　　D. 自动修复几何体

答案：A

(二)多选题

1. 网格控制密度类型有5种：边界上的数量、边界上的大小_____、_____和_____。(　　)

　　A. 边界上的玄高公差　　　　　　　B. 边界上的偏离
　　C. 面上的大小　　　　　　　　　　D. 面的面积

答案：A B C

2. 可使用1D连接连接装配FEM中的_____，或连接FEM中的_____。还可使用1D连接定义_____(以对销或螺栓建模、分布质量或分布式载荷或约束)。(　　)

　　A. 组件FEM　　B. 单个片体　　C. 多个片体和实体　　D. 蛛网单元

答案：B C D

3. 1D连接几何体类型包括点到点、_____、点到面、_____和边到面。(　　)

　　A. 点到线　　B. 点到边　　C. 边到边　　D. 面到面

答案：B C

4. 点到点及节点到节点连接类型包括_____、_____和_____。(　　)

　　A. 一对一连接　　B. 一对多连接　　C. 多对一连接　　D. 多对多连接

答案：A B D

5. 【塌陷边】允许通过在模型上使非常小的_____为一个点来_____这些边。(　　)

　　A. 点塌陷　　B. 边塌陷　　C. 自动移除　　D. 手工移除

答案：BD

6. 【合并边】允许将选定的_____在选定的端点处_____。（　　）

    A. 三角形边　　　B. 四边形边　　　C. 多边形边　　　D. 合并

答案：CD

A.2.5 边界条件

(一)单选题

1. 在NX高级仿真中以下哪一项不属于边界条件？（　　）

    A. 载荷　　　B. 约束　　　C. 仿真对象　　　D. 网格

答案：D

2. 以下哪种载荷类型是重力载荷？（　　）

    A.　　　B.　　　C.　　　D.

答案：B

3. 以下选择哪一项为下图所示的载荷类型？（　　）

    A. 重力　　　B. 力　　　C. 压力　　　D. 轴承力

答案：B

4. 以下选择哪一项为下图所示的载荷类型？（　　）

    A. 轴承力　　　B. 均布载荷　　　C. 压力　　　D. 静压

答案：A

5. 在用户自定义约束对话框中最多可以设置几个自由度？（　　）

    A. 3　　　B. 4　　　C. 5　　　D. 6

答案：D

6. 以下哪一约束类型能固定物体的6个自由度？（　　）

    A. 固定约束　　　　　　　　　B. 固定平移约束

    C. 固定旋转约束　　　　　　　D. 用户自定义约束

答案：A

(二)多选题

1. 在NX高级仿真中边界条件有哪几种？_____、_____和_____。（　　）
   A. 约束　　　　B. 载荷　　　　C. FEM 对象　　　D. 仿真对象
   答案：A B D

2. 力约束对话框中的力的约束种类分别是哪几种：幅值和方向、法向、组件、_____、_____。（　　）
   A. 节点 ID 表　　B. 表面到表面粘合　　C. 螺栓预载荷　　D. 边-面
   答案：A D

3. 轴承载荷是一种_____的特殊情况。它是_____的区域内圆柱面或圆柱边缘节点上分布的力，它使用_____来定义载荷的方向。（　　）
   A. 力载荷　　　B. 某一角度定义　　C. 单元法向　　D. 力角度
   答案：A B C

4. 强迫位移约束将已知位移应用于几何体或 FEM 实体，具体取决于约束的类型。用户可以使用_____或_____定义强迫位移约束。（　　）
   A. 角度类型　　B. 非角度类型　　C. 非空间类型　　D. 空间类型
   答案：C D

A.2.6　后处理

(一)单选题

1. 在下图所示后处理结果的轮廓图中，哪一种属于等值线图？（　　）

   A.　　　　B.

   C.　　　　D.

   答案：C

2. 在下图所示后处理结果的标记图中，哪一种属于张量结果？（　　）

   A.　　　　B.

   C.　　　　D.

答案：D

3. 在下图所示后处理结果的流线图中，哪一种属于气泡样式结果？（　　）

A.　　　　　　　　　　　　B.

C.　　　　　　　　　　　　D.

答案：D

(二)多选题

1. 后处理视图使用轮廓图或标记图标记图来显示结果，其中包括_____和_____、_____、变形等。（　　）

  A. 结果类型　　B. 截面图　　C. 数据分量　　D. 切割平面设置

答案：A C D

2. 用户可以导入并访问在当前解法集之外执行的解算的结果。NX 支持采用以下文件格式导入结果：_____、结构 P.E. (.vdm)、_____、ABAQUS (.fil)和 I-DEAS 结果文件 (.unv)。（　　）

  A. ADAMS 文件　　　　　　B. Nastran (.op2)
  C. MSC NASTRAN　　　　　D. ANSYS 结构 (.rst)

答案：B D

3. 请列举在后处理导航器中几种典型的结果类型：_____、旋转、_____、_____、反作用力、温度、接触力、疲劳寿命。（　　）

  A. 位移　　B. 角度　　C. 应力　　D. 应变

答案：A C D

4. 在后处理显示中流线有 4 种样式，分别是_____、_____、_____和气泡。（　　）

  A. 箭头　　B. 直线　　C. 条带　　D. 管道

答案：B C D

A.2.7 求解模型和解算类型

(一)单选题

1. 以下哪种分析类型属于"SESTATIC101 - 单个约束"解法类型？（　　）

  A. 线性静态　　B. 模态分析　　C. 线性屈曲　　D. 非线性静态

答案：A

2. 以下哪种分析类型属于 NLSTATIC106 解法类型？（　　）

  A. 线性静态　　B. 模态分析　　C. 线性屈曲　　D. 非线性静态

答案：D

3. 在 NX Nastran 输出的文件的类型，以下哪一种扩展名是后处理使用的图形数据库文件？（　　）

A. *.dat　　　　B. *.f06　　　　C. *.log　　　　D. *.op2

答案：D

(二)多选题

1. 每种解法均包含称为步骤或子工况的其他存储单元，这取决于解算器。每个步骤或子工况均含有诸如_____、_____和_____之类的解法实体。（　　）

　　A. 载荷　　　　B. 约束　　　　C. 理想化模型　　D. 仿真对象

答案：ABD

2. 请列举6种NX Nastran解算器支持的分析类型：_____、_____、线性屈曲、_____、直接频率响应和模态频率响应。（　　）

　　A. 线性静态　　B. 模态分析　　C. 流体分析　　D. 非线性静态

答案：ABD

3. 请列举NX Nastran输出文件的5种类型：_____、*.f06、*.f04、*.log和_____。（　　）

　　A. *.doc　　　　B. *.dat　　　　C. *.op2　　　　D. *.ppt

答案：BC

4. 使用线性静态分析包括的材料类型有_____、_____和_____。（　　）

　　A. 各向同性材料　　　　　　B. 流体
　　C. 正交各向异性材料　　　　D. 各向异性材料

答案：ACD

5. 屈曲分析是一种用于确定屈曲载荷和屈曲模式形状的技术。屈曲载荷是一种_____，此时结构会变得_____，且屈曲模式形状是与某一结构的屈曲反应相关联的特性形状。（　　）

　　A. 边界载荷　　B. 临界载荷　　C. 稳定　　　　D. 不稳定

答案：BD

6. 模态是机械结构的固有振动特性，每一个模态具有特定的_____、_____和_____。（　　）

　　A. 固有频率　　B. 震动频率　　C. 阻尼比　　　D. 模态振型

答案：ACD

7. 所谓优化设计是从多种方案中选择最佳方案的设计方法。它以数学中的最优化理论为基础，以计算机为手段，根据设计所追求的性能目标，建立_____，在满足给定的各种_____下，寻求_____的设计方案。（　　）

　　A. 目标函数　　B. 边界约束　　C. 约束条件　　D. 最优

答案：ACD

A.2.8　高级FEM建模技术

(一)单选题

1. 以下命题图标哪一个是"高级非线性接触"命令？（　　）

　　A. 　　　　B. 　　　　C. 　　　　D.

答案：A

2. 创建曲面到曲面胶合仿真对象可连接_____，以防止在所有方向中产生相对运动。（　　）
  A. 一个实体 B. 两个实体 C. 一个曲面 D. 两个曲面
答案：C

3. 以下哪种解算器支持曲面到曲面胶合？（　　）
  A. ANSYS B. NX Nastran C. MSC Nastran D. ABAQUS
答案：B

4. 在 NX 高级仿真中只要载荷、材料属性、接触条件或结构刚度取决于位移，问题就是_____。（　　）
  A. 线性的 B. 非线性的 C. 模态的 D. 线性屈曲的
答案：B

5. 通过曲面与曲面接触可以定义两个曲面之间的_____。（　　）
  A. 接触 B. 非接触 C. 配对 D. 贴合
答案：A

6. 创建曲面到曲面胶合仿真对象可连接两个曲面，以防止在所有方向中产生_____。（　　）
  A. 绝对运动 B. 相对运动 C. 绝对接触 D. 相对接触
答案：B

(二)多选题

1. 在曲面和曲面接触对话框中有哪两种约束类型？_____、_____。（　　）
  A. 手工配对 B. 自动配对 C. 手工 D. 配对
答案：B C

2. 曲面和曲面接触所支持的解算器有哪 3 种？_____、_____、_____。（　　）
  A. NX Nastran B. ANSYS C. MSC Nastran D. ABAQUS
答案：A B D

3. NX 高级仿真中非线性分析支持的解算器有哪 3 种？_____、_____、_____。（　　）
  A. MSC Nastran B. NX Nastran C. ANSYS D. ABAQUS
答案：B C D

4. 装配 FEM 支持哪两种工作流程？_____、_____。（　　）
  A. 参数化的 B. 非参数化的 C. 相关联的 D. 非关联的
答案：C D

A.2.9　NX 热流分析

(一)单选题

以下图示哪一种是流体边界条件中的开口类型？（　　）

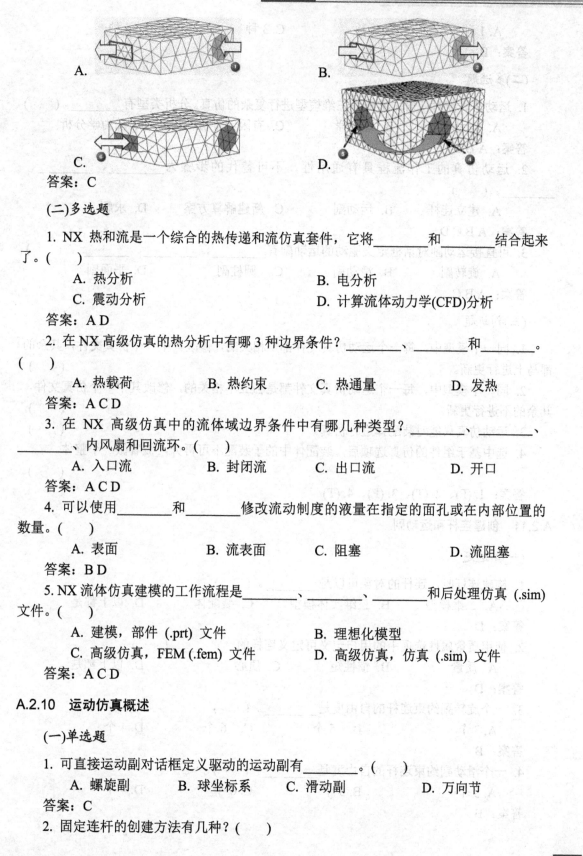

答案：C

(二)多选题

1. NX 热和流是一个综合的热传递和流仿真套件，它将_____和_____结合起来了。( )
  A. 热分析   B. 电分析
  C. 震动分析   D. 计算流体动力学(CFD)分析

答案：A D

2. 在 NX 高级仿真的热分析中有哪 3 种边界条件？_____、_____和_____。( )
  A. 热载荷   B. 热约束   C. 热通量   D. 发热

答案：A C D

3. 在 NX 高级仿真中的流体域边界条件中有哪几种类型？_____、_____、_____、内风扇和回流环。( )
  A. 入口流   B. 封闭流   C. 出口流   D. 开口

答案：A C D

4. 可以使用_____和_____修改流动制度的液量在指定的面孔或在内部位置的数量。( )
  A. 表面   B. 流表面   C. 阻塞   D. 流阻塞

答案：B D

5. NX 流体仿真建模的工作流程是_____、_____、_____和后处理仿真 (.sim) 文件。( )
  A. 建模，部件 (.prt) 文件   B. 理想化模型
  C. 高级仿真，FEM (.fem) 文件   D. 高级仿真，仿真 (.sim) 文件

答案：A C D

A.2.10 运动仿真概述

(一)单选题

1. 可直接运动副对话框定义驱动的运动副有_____。( )
  A. 螺旋副   B. 球坐标系   C. 滑动副   D. 万向节

答案：C

2. 固定连杆的创建方法有几种？( )

A. 1 种　　　　B. 2 种　　　　C. 3 种　　　　D. 4 种

答案：B

(二) 多选题

1. 运动仿真能对任何二维或者三维模型进行复杂的仿真。分析类型有_____。（　）

　　A. 静力学　　　B. 运动学　　　C. 有限元分析　　　D. 动力学分析

答案：ABD

2. 运动仿真的工作流程具有通用性，不可替代的步骤为_____、_____、_____。（　）

　　A. 建立连杆　　　B. 运动副　　　C. 新建解算方案　　　D. 求解

答案：ABCD

3. 可直接运动副对话框定义驱动的运动副有_____、_____、_____。（　）

　　A. 旋转副　　　B. 滑动副　　　C. 圆柱副　　　D. 平面副

答案：ABC

(三) 判断题

1. 同一个模型中，每一个运动仿真文件都是相关的，修改其中一个仿真文件，其余的都马上进行更新。（　）

2. 同一个模型中，每一个运动仿真文件都是独立不相关的，修改其中一个仿真文件，其余的不进行更新。（　）

3. 运动仿真只能对装配体进行仿真。（　）

4. 选中基于组件的仿真选项后，装配体中的子装配不可再分，被看做一个整体。（　）

答案：1.(F)、2.(T)、3.(F)、4.(T)

A.2.11　创建连杆和运动副

(一) 单选题

1. 构建连杆时，连杆的对象可以是_____。（　）

　　A. 二维模型　　　B. 三维实体模型　　　C. 装配体　　　D. 以上都是

答案：D

2. 使用质量属性选项中的用户定义可定义连杆的_____。（　）

　　A. 质量　　　B. 惯性矩　　　C. 质心　　　D. 以上都是

答案：D

3. 一个旋转副约束连杆的自由度是_____。（　）

　　A. 3 个　　　B. 5 个　　　C. 6 个　　　D. 4 个

答案：B

4. 一个滑动副约束连杆的自由度是_____。（　）

　　A. 3 个　　　B. 5 个　　　C. 6 个　　　D. 4 个

答案：B

5. 一个柱面副约束连杆的自由度是_____。(　)
   A. 3个　　　　　B. 5个　　　　　C. 6个　　　　　D. 4个
   答案：D

6. 一个柱面副在连杆上产生的运动效果相当于_____。(　)
   A. 旋转副和万向节　　　　　　　B. 滑动副和旋转副
   C. 滑动副和螺旋副　　　　　　　D. 旋转副和螺旋副
   答案：B

7. 螺旋副在 RecurDyn 解算器和 Adams 解算器中约束连杆的自由度分别是_____。(　)
   A. 1个和5个　　B. 5个和1个　　C. 5个和5个　　D. 1个和1个
   答案：B

8. 可以实现在旋转轴线有夹角的两个物体之间传递动力的运动副是_____。(　)
   A. 万向节　　　B. 旋转副　　　C. 圆柱副　　　D. 螺旋副
   答案：A

9. 一个万向节副约束连杆的自由度是_____。(　)
   A. 3个　　　　　B. 5个　　　　　C. 6个　　　　　D. 4个
   答案：D

10. 为保证运动仿真达到预期效果，万向节的原点必须位于_____。(　)
    A. XY 交点　　B. XZ 交点　　C. YZ 交点　　D. 任意点都可
    答案：C

11. 齿轮副、齿轮齿条副、线缆副约束连杆的自由度分别是_____。(　)
    A. 1个、2个、1个　　　　　　　B. 1个、1个、2个
    C. 2个、1个、1个　　　　　　　D. 1个、2个、2个
    答案：B

12. 点在线上副、线在线上副和点在面上副约束连杆的自由度分别是_____。(　)
    A. 2个、3个、2个　　　　　　　B. 3个、2个、2个
    C. 2个、2个、3个　　　　　　　D. 3个、2个、3个
    答案：C

13. 线缆副的符号为_____。(　)
    A.　　　　　B.　　　　　C.　　　　　D.
    答案：C

14. 柱面副的符号为_____。(　)
    A.　　　　　B.　　　　　C.　　　　　D.
    答案：B

15. 线在线上副的符号为_____。（ ）

  A.   B.   C.   D.

答案：D

16. 齿轮副的符号为_____。（ ）

  A.   B.   C.   D.

答案：C

17. 固定柱面副的符号为_____。（ ）

  A.   B.   C.   D.

答案：B

(二) 多选题

1. 连杆可分为_____、_____。（ ）
  A. 可动连杆   B. 铰链连杆   C. 不可动连杆   D. 固定铰链连杆

答案：AB

2. 质量属性选项分为_____、_____、_____。（ ）
  A. 自动   B. 用户定义   C. 材料   D. 无

答案：ABD

3. NX 建模的实体通常其材料密度默认值为_____、_____。（ ）
  A. 7.83×10^{-6} kg/mm^3 B. 8.45×10^{-6} kg/mm^3
  C. 0.1986 lb/in^3 D. 0.2829 lb/in^3

答案：AD

4. 连杆与连杆之间啮合的运动副有_____、_____。（ ）
  A. 齿轮副   B. 齿轮齿条副   C. 弹性衬套   D. 弹簧

答案：AB

5. 啮合运动副都是对_____、_____的操作，而不是直接对连杆的操作。（ ）
  A. 旋转副   B. 螺旋副   C. 圆柱副   D. 滑动副

答案：AD

6. 能为连杆添加柔性约束的有_____、_____、_____。（ ）
  A. 弹簧   B. 阻尼   C. 3D 接触   D. 衬套

答案：ABD

7. 衬套的两种类型为_____。（ ）
  A. 球形弹性衬套   B. 圆柱弹性衬套
  C. 通用弹性衬套   D. 3D 弹性衬套

答案：BD

(三)判断题

1. 构建连杆时，同一个部件可以分属不同的连杆参与运动仿真。　　　　　　(　)
2. 对于二维模型不可以对其设置质量、质心和惯性矩。　　　　　　　　　　(　)
3. 对于万向节副必须两个连杆都要选择，否则万向节副没有实际意义。　　　(　)
4. 2D、3D 接触用于连杆之间的碰撞接触，模拟干涉检查，不允许连杆之间互相穿透。
　　　　　　　　　　　　　　　　　　　　　　　　　　　　　　　　　　(　)
5. 添加点在线上副、线在线上副和点在面上副做运动仿真时连杆要始终保持接触不允许分离。　　　　　　　　　　　　　　　　　　　　　　　　　　　　　　　　(　)
6. 在创建线在线上副时，对曲线集没有要求，空间的任意曲线集都可以。　　(　)

答案：1. (T)、2. (T)、3. (T)、4. (T)、5. (T)、6. (T)

A.2.12　创建运动驱动

(一)单选题

1. 不属于解算方案类型有_____。(　)
　　A. 常规驱动　　　B. 关节运动　　　C. 电子表格驱动　　　D. 运动函数驱动

答案：D

2. 不属于解算方案分析类型的有_____。(　)
　　A. 静力平衡　　　B. 运动学/动力学　　　C. 分析/动力学　　　D. 控制/动力学

答案：C

3. 不属于 XY 函数管理器函数用途的是_____。(　)
　　A. 常规　　　B. 运动　　　C. 分析仿真　　　D. 响应仿真

答案：C

(二)多选题

1. 运动驱动的类型有_____、_____。(　)
　　A. 无驱动　　　B. 手动驱动　　　C. 运动函数驱动　　　D. 关节运动驱动

答案：ACD

2. 函数数据类型有_____、_____、_____。(　)
　　A. 时间　　　B. 位移　　　C. 速度　　　D. 加速度

答案：BCD

3. 属于 XY 函数管理器函数类型的是_____、_____、_____。(　)
　　A. 时间　　　B. 计时图　　　C. 刚度和阻尼　　　D. 响应仿真

答案：ABC

A.2.13　基于时间的运动分析

(一)单选题

1. 封装选项中安全距离的分析对象类型是_____。(　)
　　A. 属于一个装配的组件　　　　　　B. 属于一个子装配

C. 属于一个部件　　　　　　　　D. 属于一个零件

答案：A

2. 使用封装选项进行显示相交曲线的干涉对象可以是_____。（　　）

　　A. 实体和组件　　B. 组件和装配　　C. 实体和实体　　D. 部件和组件

答案：C

3. 封装选项中创建实体的图标为_____。（　　）

　　A. [图标]　　　　B. [图标]　　　　C. [图标]　　　　D. [图标]

答案：B

(二)多选题

1. NX 提供的封装选项包括_____。（　　）

　　A. 干涉　　　　B. 测量　　　　C. 测量体　　　　D. 追踪

答案：ABD

2. 封装选项可以实现_____。（　　）

　　A. 生成实体　　　　　　　　B. 遇到干涉时停止

　　C. 生成相交曲线　　　　　　D. 显示干涉

答案：ABCD

3. 使用封装选项进行测量时的对象为_____。（　　）

　　A. 曲线　　　　B. 片体　　　　C. 实体　　　　D. 标记或智能点

答案：ABCD

4. 使用图表功能生成电子表格数据库并绘出仿真的结果是_____。（　　）

　　A. 位移　　　　B. 速度　　　　C. 加速度　　　　D. 力

答案：ABCD

(三)判断题

1. NX 封装选项中小平面模型比精确模型拥有更高的精确度。（　　）
2. 封装选项中安全距离对任意类型的分析对象都是有效的，不可被忽略。（　　）
3. 使用封装选项进行测量时先选的对象必须是连杆的一部分。（　　）
4. 图表功能是从运动仿真分析中提取信息的唯一方法。（　　）
5. 使用封装选项进行显示相交曲线只有当干涉对象都是相同类型时才工作。（　　）

答案：1.(F)、2.(F)、3.(T)、4.(T)、5.(T)

A.3　上机考试指导

为顺利通过能力测试不仅要求考生具体完成的能力，而且要求考试要具有一定的效率和技巧，这些能力完全靠考生在平常的工作和练习中积累，因此，多做多练是唯一有效的途径。

练习的题目已经涵盖了考试题目中出现的要求，因此，按照要求完成如下练习，将能顺利通过上机考试测试。

在开始正式的考试前，请考生务必注意并做到以下几点。

(1) 在你的电脑上建立一个 "E:\ NCIE <你的 ID 号> <今天的日期>" 的文件夹。
例如：E:\NCIE05310101090810
其中：0531010 是你的考试 ID 号，090810 是 2009 年 08 月 10 日。中间不能有空格。

(2) 你完成的所有工作必须保存在所建的文件夹中，否则可能无法进行评分。

(3) 必须按照题目中给定的名称保存文件。例如，题目中要求使用 Support 来命名支架零件，你必须使用 Support 这个文件名保存完成的零件。

(4) 没有按照正确的名称命名并保存文件的，不予评分。

A.3.1 练习 1

图 A-1 所示为工字钢模型受力仿真，按照所给模型，用 NX 高级仿真对其进行分析。在工字钢的两端面上施加固定约束，在工字钢的顶面上施加 1000N 均布载荷，求变形后的最大位移为多少？变形后的最大应力为多少？变形后的最小应力为多少？变形后的最反作用力为多少？

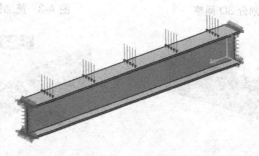

图 A-1 工字钢模型

解题步骤：

(1) 打开 ibeam.prt 模型，打开【高级仿真】模块，右击仿真导航器中的 ibeam.prt，选择【新建 FEM 和仿真文件】命令。在弹出的对话框中，【求解器】选择 NX NASTRAN，【分析类型】选择【结构】，单击【确定】按钮。在弹出的【创建解算方案】对话框中直接单击【确定】按钮。

(2) 在仿真文件视图中双击 ibeam_fem2，使其成为当前工作部件，单击【材料属性】按钮，弹出【指派材料】对话框，在列表中选择 Steel 材料，单击【确定】按钮。

(3) 在【高级仿真】工具条中单击【3D 四面体网格】按钮。选择工字钢模型，在【网格参数】选项组中指定【自动大小网格】，单击【确定】按钮。划分 3D 网格，如图 A-2 所示。

(4) 在仿真文件视图中双击 ibeam_sim2，使其成为当前工作部件。

(5) 在【高级仿真】工具条中单击【固定约束】按钮，选择工字钢的左右两端面，施加固定约束，如图 A-3 所示。

(6) 在【高级仿真】工具条中单击【力】按钮，选择工字钢顶面为力放置面，在【幅值】选项组中指定【力】为 1000N，指定【方向】为 -Y，单击【确定】按钮，施加均布载荷如图 A-4 所示。

(7) 在【高级仿真】工具条中单击【求解】按钮，系统将数据送入 Nastran 解算器中进行解算，单击对话框中的【确定】按钮进行解算。解算完毕后关闭相应对话框。

(8) 双击仿真导航器中的 Results 节点，打开后处理导航器，双击【位移-节点的】观察图形窗口中的最大值为 6.513e-0.03mm。双击【应力-基本的】观察图形窗口中的最大应力值为 2.578Mpa。双击【应力-基本的】观察图形窗口中的最小应力值为 2.657e-002Mpa。双击【最反作用力-节点的】观察最大反作用力值为 5.458e+001N。图 A-5 所示为最大位移仿真结果图。

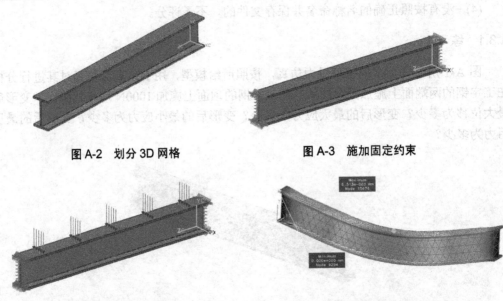

图 A-2　划分 3D 网格　　　　图 A-3　施加固定约束

图 A-4　施加均布载荷　　　　图 A-5　最大位移仿真结果图

A.3.2　练习 2

图 A-6 所示为 T 字钢模型热分析仿真，按照所给模型，用 NX 高级仿真对其进行热分析。在 T 字钢的底面施加 80 度热约束，左面端面施加 50 度热约束，在顶面施加 20 度的对流约束，求变形后的最高温度为多少？变形后的最低温度为多少？变形后的最高温度梯度为多少？变形后的最高热通量为多少？（　　　）

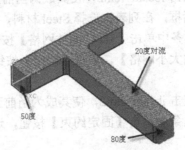

图 A-6　T 字钢模型

解题步骤：

(1) 打开 tee.prt 模型，打开【高级仿真】模块，右击仿真导航器中的 tee.prt，选择【新建 FEM 和仿真文件】命令。在弹出的对话框中，【求解器】选择 NX NASTRAN，【分析类型】选择【热】，单击【确定】按钮。在弹出的【创建解算方案】对话框中直接单击【确定】按钮。

(2) 在仿真文件视图中双击 tee_fem1，使其成为当前工作部件。

(3) 在【高级仿真】工具条中单击【网格捕集器】按钮，弹出对话框。单击【创建物理属性】按钮，弹出 PSOLID 对话框。单击【选择材料】按钮，弹出【材料列表】对话框。从列表中选择 Aluminum_2014，单击两次【确定】按钮。返回到【网格捕集器】对话框，将名称改为 Aluminum，单击【确定】按钮。

(4) 在【高级仿真】工具条中单击【3D 四面体网格】按钮，弹出对话框。选择 T 字形模型，在【网格参数】选项组中指定【自动大小网格】，取消选中【目标捕集器】选项组中的【自动创建】复选框，单击【确定】按钮。划分 3D 网格，如图 A-7 所示。

(5) 在仿真文件视图中双击 tee_Sim1，使其成为当前工作部件。

(6) 在【高级仿真】工具条中单击【热约束】按钮，弹出对话框。分别给模型的底部面和左端面加载 80 度和 50 度温度载荷，单击【确定】按钮。结果如图 A-8 所示。

图 A-7 划分 3D 网格　　　　　图 A-8 施加温度载荷

(7) 在【高级仿真】工具条中单击【对流】按钮，弹出对话框。选择 T 字模型顶部面，设定【外部温度】为 20℃，【对流系数】为 0.001W/mm^2-C，单击【确定】按钮，结果如图 A-9 所示。

(8) 在【高级仿真】工具条中单击【求解】按钮，系统将数据送入 Nastran 解算器中进行解算，单击对话框中的【确定】按钮进行解算。解算完毕后关闭相应对话框。

(9) 双击仿真导航器中的 Results 节点，打开后处理导航器，双击【温度-节点的】查看变形后的最高温度值为 8e+001C，最低温度值为 2.518e+001C，双击【温度梯度-基本的】查看变形后的最高温度梯度值为 1.916 C/mm，双击【热通量-基本的】查看变形后的最高热通量值为 3.055e-001 W/mm^2。图 A-10 所示为温度仿真结果图。

图 A-9 施加对流约束　　　　　图 A-10 温度仿真结果图

A.3.3 练习3

图A-11所示为L字钢模型受力分析，按照所给模型，用NX高级仿真对其进行受力分析。在一L型板子上有一10×10×10的立方体，在立方体顶面上施加100MPa压力，L型板子背面施加固定约束，求变形后的最大位移？变形后的最大应力为多少？变形后的最小应力为多少？变形后的最大反作用力为多少？

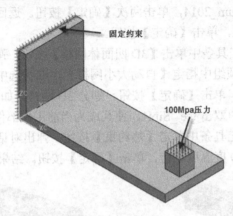

图A-11 角钢模型

解题步骤：

(1) 打开angle iron.prt模型，打开【高级仿真】模块，右击仿真导航器中的angle iron.prt，选择【新建FEM和仿真文件】命令。在弹出的对话框中，【求解器】选择NX NASTRAN，【分析类型】选择【结构】，单击【确定】按钮。在弹出的【创建解算方案】对话框中直接单击【确定】按钮。

(2) 在仿真文件视图中双击angle iron_fem1，使其成为当前工作部件。

(3) 在【高级仿真】工具条中单击【材料属性】按钮，弹出对话框。选择模型，从列表中选择Steel材料，单击【确定】按钮。

(4) 单击【3D四面体网格】按钮，选择模型，指定网格单元大小为【自动】，单击【确定】按钮。

(5) 在仿真导航器中打开仿真文件视图，双击angle iron_sim1，使其成为当前工作部件。

(6) 在【约束类型】下拉列表框中选择【固定约束】，选择L字钢的背面，单击【确定】按钮。结果如图A-12所示。

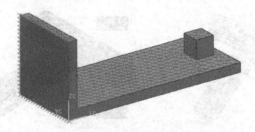

图A-12 施加固定约束

(7) 在【载荷类型】下拉列表框中选择【压力】,弹出对话框,选择矩形顶面作为放置面,指定压力为100MPa,单击【确定】按钮。结果如图A-13所示。

(8) 在【高级仿真】工具条中单击【求解】按钮,系统将数据送入Nastran解算器中进行解算,单击对话框中的【确定】按钮进行解算。解算完毕后关闭相应对话框。

(9) 双击仿真导航器中的Results节点,打开后处理导航器,双击【位移-节点的】观察最大位移为2.920e+001mm,双击【应力-基本的】观察最大应力为2.629e+003Mpa,双击【应力-基本的】观察最小应力为4.392e-002Mpa,双击【反作用力-节点的】观察最大应力为6.091e+003N。图A-14所示为位移仿真结果。

图A-13 施加100MPa压力　　图A-14 位移仿真结果图

A.3.4 练习4

图A-15所示为机盖模型受力分析,按照所给模型,用NX高级仿真对其进行受力分析。在模型的底部面和两个圆柱孔端面上施加固定约束,模型的顶面上施加0.1MPa的压力,分析受力后的最大位移值为多少?分析受力后的最大应力值为多少?分析受力后的最小应力值为多少?分析受力后的最大反作用力值为多少?

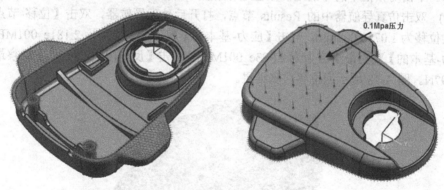

图A-15 机盖模型

解题步骤:

(1) 打开synchrEditing.prt模型,打开【高级仿真】模块,右击仿真导航器中的synchrEditing.prt,选择【新建FEM和仿真文件】命令。在弹出的对话框中,【求解器】选择NX NASTRAN,【分析类型】选择【结构】,单击【确定】按钮。在弹出的【创建解算方案】对话框中直接单击【确定】按钮。

(2) 在仿真文件视图中双击 synchrEditing_fem1，使其成为当前工作部件。

(3) 在【高级仿真】工具条中单击【材料属性】按钮，弹出对话框。选择模型，从列表中选择 Steel 材料，单击【确定】按钮。

(4) 单击【3D 四面体网格】按钮，选择模型，指定网格单元大小为【自动】，单击【确定】按钮。

(5) 在仿真导航器中打开仿真文件视图，双击 synchrEditing_sim1，使其成为当前工作部件。

(6) 在【约束类型】下拉列表框中选择【固定约束】，选择模型底面和两个圆柱端面，单击【确定】按钮。结果如图 A-16 所示。

(7) 在【载荷类型】下拉列表框中选择【压力】，弹出对话框，选择模型顶面作为放置面，指定压力为 0.1MPa，单击【确定】按钮。结果如图 A-17 所示。

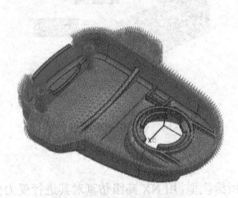
图 A-16 施加固定约束

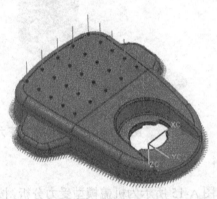
图 A-17 施加 0.1MPa 压力

(8) 在【高级仿真】工具条中单击【求解】按钮，系统将数据送入 Nastran 解算器中进行解算。单击对话框中的【确定】按钮进行解算。解算完毕后关闭相应对话框。

(9) 双击仿真导航器中的 Results 节点，打开后处理导航器，双击【位移-节点的】观察最大位移为 1.075e-002mm，双击【应力-基本的】观察最大应力为 2.181e_001MPa，双击【应力-基本的】观察最小应力为 2.983e_001MPa，双击【反作用力-节点的】观察最大应力为 5.197N。图 A-18 所示为位移仿真结果。

图 A-18 位移仿真结果图

A.3.5 练习5

图 A-19 所示为牛头刨床机构，按照所给模型，运用 UG Motion 求解。参数设置如下：AB 角速度 $\omega_{AB}=5\,\text{rad/s}$，时间 $T=72\,\text{s}$，步数 $n=360$。当时间 $T=18\text{s}$ 时，求点 C 的速度为（　　）。

A. 7.995　　　　B. 21.73　　　　C. 21.77　　　　D. 7.354

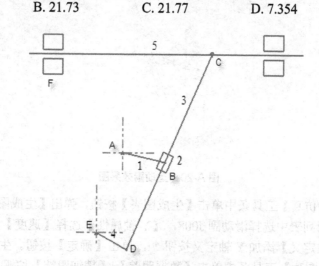

图 A-19　牛头刨床机构

答案：B

解题步骤：

(1) 打开 squaring machine 模型，打开【运动仿真】模块。右击运动仿真导航器中的 squaring machine.prt，选择【新建仿真】命令，弹出【环境】对话框。分析设为【运动学】，其余默认。单击【确定】按钮。

(2) 在【运动仿真】工具条中单击【连杆】按钮，弹出对话框，选择4个支承座，【质量属性选项】选择【无】，【设置】选中【固定连杆】复选框，其余默认。单击【应用】按钮。分别选择连杆 1、2、3、4、5，【质量属性选项】选择【无】，其余默认。单击【确定】按钮。

(3) 在【运动仿真】工具条中单击【运动副】按钮，弹出对话框。选择【类型】|【旋转副】，分别在连杆 4 和点 E、连杆 4 和连杆 3、连杆 1 和点 A、连杆 1 和连杆 2、连杆 3 和连杆 5 之间创建 5 个旋转副。其中连杆 1 和点 A 之间运动副添加恒定驱动：【初速度】为 5。选择【类型】|【滑动副】，分别在连杆 2 和连杆 3、连杆 5 和连杆 F 之间创建两个滑动副。单击【确定】按钮。完成全部运动副的创建，效果如图 A-20 所示。

(4) 在【运动仿真】工具条中单击【解算方案】按钮，弹出对话框。选择【解算方案】|【解算方案类型】|【常规驱动】，选择【分析类型】|【运动学/动力学】，设置【时间】为 72，【步数】为 360，选中【通过按"确定"进行解算】复选框。其余选项默认，单击【确定】按钮进行求解。

(5) 在【运动仿真】工具条中单击【动画】按钮，弹出【动画】对话框。单击【动画控制】按钮，演示运动仿真，观察各部件之间的运动。

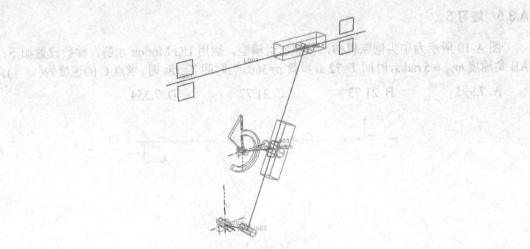

图 A-20 运动副效果图

(6) 在【运动仿真】工具条中单击【生成图表】按钮,弹出【生成图表】对话框。【运动对象】从运动副列表中选择滑动副 J008,【Y 轴属性】选择【速度】,【值】选择【幅值】。单击【Y 轴定义】添加 Y 轴定义按钮,单击【确定】按钮。生成速度图表。

(7) 在【XY 图表】工具条中单击【数据跟踪】|【精细跟踪】按钮,弹出【精细跟踪】对话框。把控制点的标尺设置为 91,单击【创建标记】按钮,在图表上生成标记,如图 A-21 所示。

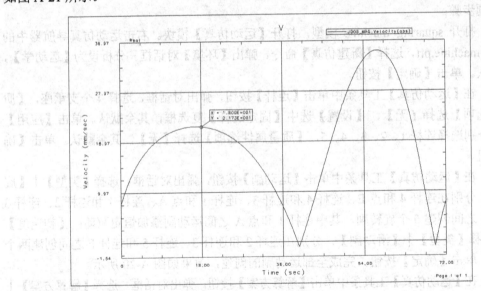

图 A-21 创建标记

(8) 按照【创建标记】当 X=18s 时,速度 v=21.73,故选择 B。保存并关闭所有文件。

A.3.6 练习 6

图 A-22 所示为自卸货车的翻转机构,按照所给模型,运用 UG Motion 求解。参数设置如下：液压缸活塞的移动幅值 A=5，频率 f=50，时间 T=6 s，步数 n=350。当时间 T=1.8s 时，求点 G 的角速度为(   )。

A. 22.41　　　　　B. 2.053×10^{-5}　　　　　C. 16.80　　　　　D. 2.103×10^{-5}

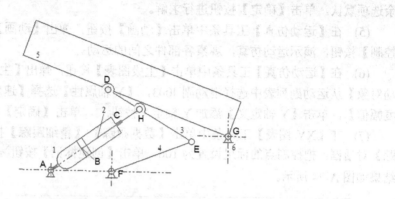

图 A-22　自卸货车的翻转机构

答案：B

解题步骤：

(1) 打开 dumping gear 模型，打开【运动仿真】模块。右击运动仿真导航器中的 dumping gear.prt，选择【新建仿真】命令，弹出【环境】对话框。分析设为【运动学】，其余默认。单击【确定】按钮。

(2) 在【运动仿真】工具条中单击【连杆】按钮，弹出【连杆】对话框。分别选择铰支座 A、F、G，【设置】选中【固定连杆】复选框，其余默认。单击【应用】按钮。分别选择连杆 1、2、3、4、5，【质量属性选项】选择【无】，其余默认。单击【确定】按钮。

(3) 在【运动仿真】工具条中单击【运动副】按钮，弹出【运动副】对话框。选择【类型】|【旋转副】，分别在连杆 1 和点 A、连杆 4 和点 F、连杆 5 和点 G、连杆 4 和连杆 3、连杆 3 和连杆 5、连杆 2 和连杆 3 之间创建 6 个旋转副。选择【类型】|【滑动副】，在连杆 1 和连杆 A 之间创建滑动副，并指定添加简谐驱动：【幅值】设置为 5，【频率】设置为 50。单击【确定】按钮。完成全部运动副的创建，效果如图 A-23 所示。

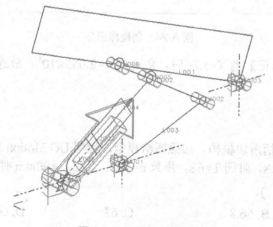

图 A-23　运动副效果图

(4) 在【运动仿真】工具条中单击【解算方案】按钮,弹出【解算方案】对话框。选择【解算方案】|【解算方案类型】|【常规驱动】,选择【分析类型】|【运动学/动力学】,设置【时间】为 6,【步数】为 350,选中【通过按"确定"进行解算】复选框。其余选项默认。单击【确定】按钮进行求解。

(5) 在【运动仿真】工具条中单击【动画】按钮,弹出【动画】对话框。单击【动画控制】按钮,演示运动仿真,观察各部件之间的运动。

(6) 在【运动仿真】工具条中单击【生成图表】按钮,弹出【生成图表】对话框。【运动对象】从运动副列表中选择滑动副 J003,【Y 轴属性】选择【速度】,【值】选择【角度幅值】。单击【Y 轴定义】添加 Y 轴定义按钮,单击【确定】按钮。生成速度图表。

(7) 在【XY 图表】工具条中单击【数据跟踪】|【精细跟踪】按钮,弹出【精细跟踪】对话框。把控制点的标尺设置为 106,单击【创建标记】按钮,在图表上生成标记。结果如图 A-24 所示。

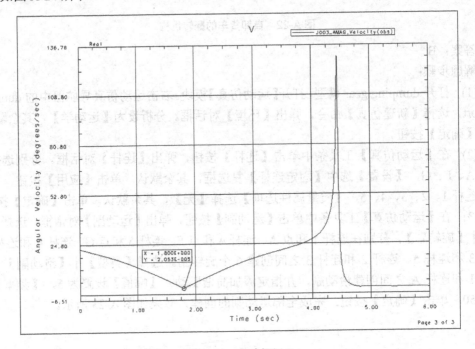

图 A-24 创建标记 2

(8) 按照【创建标记】当 X=1.8s 时,角速度 v=2.053×10^5,故选择 B。保存并关闭所有文件。

A.3.7 练习 7

图 A-25 所示为曲柄滑块机构,按照所给模型,运用 UG Motion 求解。参数设置如下:AB 角速度 ω_{AB} = 60 rad/s,时间 T=6 s,步数 n=350。当 L_{DE} = 90mm 时求滑块 C 的两个极限位置之间的距离为(   )。

A. 66.1   B. 66.8   C. 67   D. 66.07

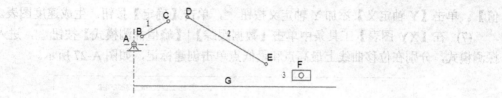

图 A-25　曲柄滑块机构

答案：D

解题步骤：

(1) 打开 crank block 模型，打开【运动仿真】模块。右击运动仿真导航器的 crank block.prt，选择【新建仿真】命令，弹出【环境】对话框。分析设为【运动学】，其余默认。单击【确定】按钮。

(2) 在【运动仿真】工具条中单击【连杆】按钮，弹出【连杆】对话框。选择连杆 G、铰支座 A，【质量属性选项】选择【无】，【设置】选中【固定连杆】复选框，其余默认。单击【应用】按钮。分别选择连杆 1、2、3，【质量属性选项】选择【无】，其余默认。单击【确定】按钮。

(3) 在【运动仿真】工具条中单击【运动副】按钮，弹出【运动副】对话框。选择【类型】|【旋转副】，分别在连杆 1 和点 A、连杆 2 和点 F、连杆 1 和连杆 2 之间创建 3 个旋转副，并指定连杆 1 和点 A 旋转副添加恒定驱动：【初速度】设置为 60。选择【类型】|【滑动副】，在连杆 3 和连杆 G 之间创建滑动副，单击【确定】按钮。完成全部运动副的创建，效果如图 A-26 所示。

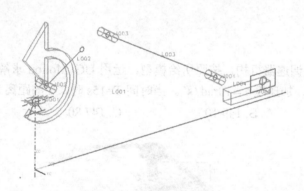

图 A-26　运动副效果图

(4) 在【运动仿真】工具条中单击【解算方案】按钮，弹出【解算方案】对话框。选择【解算方案】|【解算方案类型】|【常规驱动】，选择【分析类型】|【运动学/动力学】，设置【时间】为 6，【步数】为 360，选中【通过按"确定"进行解算】复选框。其余选项默认。单击【确定】按钮进行求解。

(5) 在【运动仿真】工具条中单击【动画】按钮，弹出【动画】对话框。单击【动画控制】按钮，演示运动仿真，观察各部件之间的运动。

(6) 在【运动仿真】工具条中单击【生成图表】按钮，弹出【生成图表】对话框。【运动对象】从运动副列表中选择滑动副 J005，【Y 轴属性】选择【位移】，【值】选择【幅值】。单击【Y 轴定义】添加 Y 轴定义按钮⊕，单击【确定】按钮。生成速度图表。

(7) 在【XY 图表】工具条中单击【数据跟踪】|【峰值探测模式】按钮，进入峰值探测模式，分别在位移曲线上最高点和最低点单击创建标记，如图 A-27 所示。

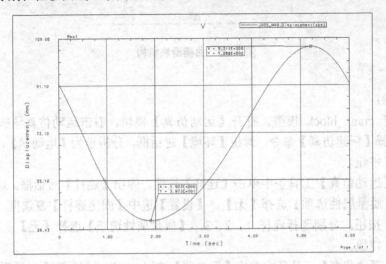

图 A-27　创建标记

(8) 按照【创建标记】位移曲线最低点出现在 $\begin{cases} x = 1.903s \\ y = 39.73mm \end{cases}$，最高点出现在 $\begin{cases} x = 5.211 \\ y = 105.8mm \end{cases}$，故滑块的两个极限之间的距离为 66.07，选择 D。保存并关闭所有文件。

A.3.8　练习 8

图 A-28 所示为调速器机构，按照所给模型，运用 UG Motion 求解。参数设置如下：角速度 $\omega = 150\,rad/s$，加速度 $a = 10\,rad/s^2$。当时间 T=15s 时，L 的距离为(　　)。

A. 148.6　　　　　　B. 149.10　　　　　　C. 147.80　　　　　　D. 150.22

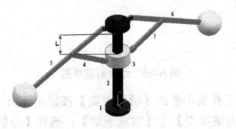

图 A-28　调速器机构

答案：B

解题步骤：

(1) 打开 crank block 模型，打开【运动仿真】模块。右击运动仿真导航器中的 crank block.prt，选择【新建仿真】命令，弹出【环境】对话框。分析设为【动态】，选中【基于组件的仿真】复选框，其余默认。单击【确定】按钮。

(2) 在【运动仿真】工具条中单击【连杆】按钮,弹出【连杆】对话框。选择连杆1,【质量属性选项】选择【无】,【设置】选中【固定连杆】复选框,其余默认。单击【应用】按钮。分别选择连杆2、3、4、5(长连杆和球)、6(长连杆和球)、7,【质量属性选项】选择【无】,其余默认。单击【确定】按钮。

(3) 在【运动仿真】工具条中单击【运动副】按钮,弹出【运动副】对话框。选择【类型】|【旋转副】,分别在连杆1和连杆2、连杆2和连杆5、连杆2和连杆6、连杆4和连杆5、连杆6和连杆7、连杆3和连杆4、连杆3和连杆7之间创建7个旋转副,并指定连杆1和连杆2旋转副添加恒定驱动:【初速度】设置为150,【加速度】设置为10。选择【类型】|【圆柱副】,在连杆2和连杆3之间创建圆柱副。单击【确定】按钮,弹出【标记】对话框。分别在题目要求L距离的两个面上创建标记,单击【确定】按钮。完成全部运动副和标记的创建,效果如图A-29所示。

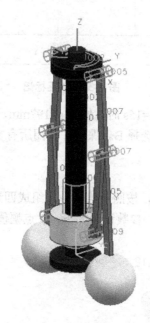

图A-29 运动副效果图

(4) 在【运动仿真】工具条中单击【解算方案】按钮,弹出【解算方案】对话框。选择【解算方案】|【解算方案类型】|【常规驱动】,选择【分析类型】|【运动学/动力学】,设置【时间】为60,【步数】为360,选中【通过按"确定"进行解算】复选框。其余选项默认。单击【确定】按钮进行求解。

(5) 在【运动仿真】工具条中单击【动画】按钮,弹出【动画】对话框。单击【动画控制】按钮,演示运动仿真,观察各部件之间的运动。

(6) 在【运动仿真】工具条中单击【生成图表】按钮,弹出【生成图表】对话框。【运动对象】从运动副列表中选择标记A002,【Y轴属性】选择【位移】,【值】选择【幅值】。单击【Y轴定义】添加Y轴定义按钮,单击【确定】按钮。生成位移图表。

(7) 在【XY图表】工具条中单击【数据跟踪】|【精细跟踪】按钮,打开精细跟踪模式,在位移曲线上t=15s处创建标记,如图A-30所示。

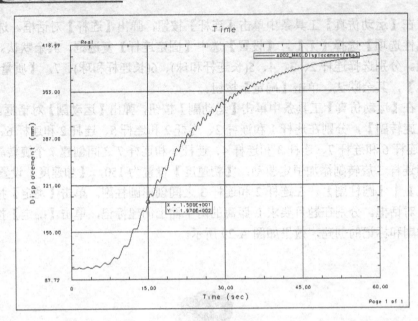

图 A-30 创建标记

(8) 按照【创建标记】当 X=15s 时，位移 s=197mm，两标记点原始距离为 346.10mm。此时 L=346.10-197=149.10。故选择 B。保存并关闭所有文件。

A.3.9 练习 9

图 A-31 所示为四连杆机构，按照所给模型，组成四连杆机构，运用 UG Motion 求解。D 与孔 5 连接，C 与孔 1 连接，参数设置如下：B 点幅值 a=60，频率 ω=50。当时间 T=3s 时，D 的速度为(　　)。

A. 1.09　　　　B. 1.12　　　　C. 1.15　　　　D. 1.19

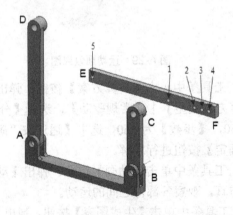

图 A-31 四连杆机构

答案：D

解题步骤：

(1) 打开 fourbar_snap 模型，打开【运动仿真】模块。右击运动仿真导航器中的

fourbar_snap.prt，选择【新建仿真】命令，弹出【环境】对话框。分析设为【动态】，选中【基于组件的仿真】复选框，其余默认。单击【确定】按钮。

（2）在【运动仿真】工具条中单击【连杆】按钮，弹出【连杆】对话框。选择连杆 AB，【质量属性选项】选择【无】，【设置】选中【固定连杆】复选框，其余默认。单击【应用】按钮。分别选择连杆 AD、BC、EF，【质量属性选项】选择【无】，其余默认。单击【确定】按钮。

（3）在【运动仿真】工具条中单击【运动副】按钮，弹出【运动副】对话框。选择【类型】|【旋转副】，分别在连杆 AB 和连杆 AD、连杆 AB 和连杆 BC、连杆 AD 和连杆 EF 于 5 点，连杆 BC 和连杆 EF 于 4 点之间创建 4 个旋转副，并指定连杆 AB 和连杆 BC 旋转副添加简谐驱动：【幅值】设置为 60，【频率】设置为 50。单击【确定】按钮，弹出【标记】对话框。在题目要求的 D 点创建标记，单击【确定】按钮。完成全部运动副和标记的创建，效果如图 A-32 所示。

（4）在【运动仿真】工具条中单击【解算方案】按钮，弹出【解算方案】对话框。选择【解算方案】|【解算方案类型】|【常规驱动】，选择【分析类型】|【运动学/动力学】，设置【时间】为 7，【步数】为 700，选中【通过按"确定"进行解算】复选框。其余选项默认。单击【确定】按钮进行求解。

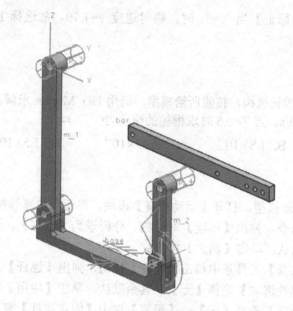

图 A-32　运动副效果图

（5）在【运动仿真】工具条中单击【动画】按钮，弹出【动画】对话框。单击【动画控制】按钮，演示运动仿真，观察各部件之间的运动。

（6）在【运动仿真】工具条中单击【生成图表】按钮，弹出【生成图表】对话框。【运动对象】从运动副列表中选择标记 A001，【Y 轴属性】选择【速度】，【值】选择【幅值】。单击【Y 轴定义】添加 Y 轴定义按钮，单击【确定】按钮。生成速度图表。

（7）在【XY 图表】工具条中单击【数据跟踪】|【精细跟踪】按钮，打开精细跟踪模式，在速度曲线上 t=3s 处创建标记，如图 A-33 所示。

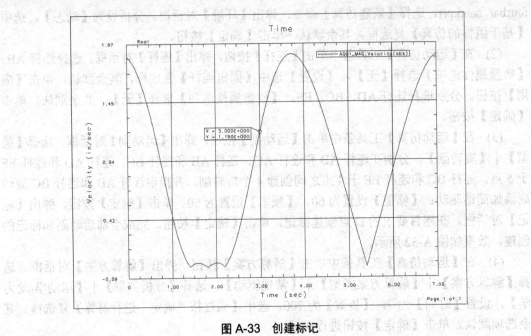

图 A-33 创建标记

(8) 按照【创建标记】当 X=3s 时，瞬时速度 v=1.19，故选 D。保存并关闭所有文件。

A.3.10 练习 10

图 A-34 所示为槽轮机构，按照所给模型，运用 UG Motion 求解。参数设置如下：拨杆角速度 ω_{AB} = 60 rad/s。当 T=0.5 时求槽轮的速度为（　　）。

A. 3.0×10^{-7}　　B. 1.8×10^{-7}　　C. 2.43×10^{-7}　　D. 1.5×10^{-7}

答案：D

解题步骤：

(1) 打开 instance 模型，打开【运动仿真】模块。在运动仿真导航器中的 instance.prt，选择【新建仿真】命令，弹出【环境】对话框。分析设为【动态】，选中【基于组件的仿真】复选框，其余默认。单击【确定】按钮。

(2) 在【运动仿真】工具条中单击【连杆】按钮，弹出【连杆】对话框。分别选择拨杆、槽轮，【质量属性选项】选择【无】，其余默认。单击【应用】按钮。选择剩余所有组件，【质量属性选项】选择【无】，【设置】选中【固定连杆】复选框，其余默认。单击【确定】按钮。

(3) 在【运动仿真】工具条中单击【运动副】按钮，弹出【运动副】对话框。选择【类型】|【旋转副】，分别在拨杆和支座、槽轮和支座之间创建两个旋转副，并指定拨杆和支座旋转副添加恒定驱动：【初速度】设置为 60。打开【3D 约束】对话框，在拨杆和槽轮之间创建 3D 约束。单击【确定】按钮。完成全部运动副和约束的创建，效果如图 A-35 所示。

图 A-34　槽轮机构　　　　　　　图 A-35　运动副效果图

(4) 在【运动仿真】工具条中单击【解算方案】按钮，弹出【解算方案】对话框。选择【解算方案】|【解算方案类型】|【常规驱动】，选择【分析类型】|【运动学/动力学】，设置【时间】为6，【步数】为360，选中【通过按"确定"进行解算】复选框。其余选项默认。单击【确定】按钮进行求解。

(5) 在【运动仿真】工具条中单击【动画】按钮，弹出【动画】对话框。单击【动画控制】按钮，演示运动仿真，观察各部件之间的运动。

(6) 在【运动仿真】工具条中单击【生成图表】按钮，弹出【生成图表】对话框。【运动对象】从运动副列表中选择旋转副 J003，【Y 轴属性】选择【速度】，【值】选择【幅值】。单击【Y 轴定义】添加 Y 轴定义按钮➕，单击【确定】按钮。生成速度图表。

(7) 在【XY 图表】工具条中单击【数据跟踪】|【精细跟踪】按钮🔍，打开精细跟踪模式，在速度曲线上 t=3s 处创建标记，如图 A-36 所示。

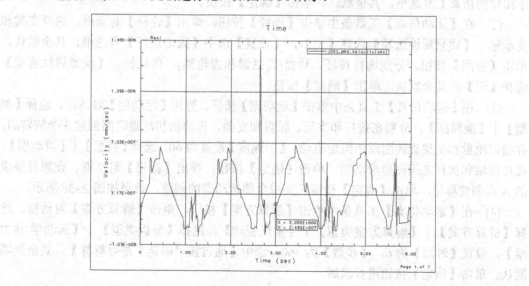

图 A-36　创建标记

(8) 按照【创建标记】当 X=3s 时，瞬时速度 $v=2.43\times10^{-7}$，故选择 D。保存并关闭所有文件。

A.3.11 练习11

图 A-37 所示为摇杆机构，按照所给模型，运用 UG Motion 求解。参数设置如下：轮盘角速度 $\omega_{AB} = 60\,\text{rad/s}$。当 T=2 时求 A 点的位移为（　　）。

A. 78.30　　　　B. 81.54　　　　C. 72.63　　　　D. 83.31

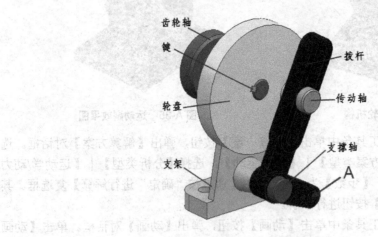

图 A-37　摇杆机构

答案：B

解题步骤：

(1) 打开 instance1 模型，打开【运动仿真】模块。右击运动仿真导航器中的 instance1.prt，选择【新建仿真】命令，弹出【环境】对话框。分析设为【动态】，选中【基于组件的仿真】复选框，其余默认。单击【确定】按钮。

(2) 在【运动仿真】工具条中单击【连杆】按钮，弹出【连杆】对话框。选择支架和支承轴，【质量属性选项】选择【无】，【设置】选中【固定连杆】复选框，其余默认。单击【应用】按钮。分别选择拨杆、轮盘(包括键和齿轮轴)、传动轴，【质量属性选项】选择【无】，其余默认。单击【确定】按钮。

(3) 在【运动仿真】工具条中单击【运动副】按钮，弹出【运动副】对话框。选择【类型】|【旋转副】，分别在拨杆和支架、轮盘和支架、传动轴和乱盘之间创建 3 个旋转副，并指定轮盘和支架旋转副添加恒定驱动：【初速度】设置为60。选择【类型】|【滑动副】，在传动轴和拨杆之间创建滑动副。单击【确定】按钮，弹出【标记】对话框。在题目要求的 A 点创建标记，单击【确定】按钮。完成全部运动副的创建，效果如图 A-38 所示。

(4) 在【运动仿真】工具条中单击【解算方案】按钮，单击【解算方案】对话框。选择【解算方案】|【解算方案类型】|【常规驱动】，选择【分析类型】|【运动学/动力学】，设置【时间】为6，【步数】为360，选中【通过按"确定"进行解算】。其余选项默认。单击【确定】按钮进行求解。

(5) 在【运动仿真】工具条中单击【动画】按钮，弹出【动画】对话框。单击【动画控制】按钮，演示运动仿真，观察各部件之间的运动。

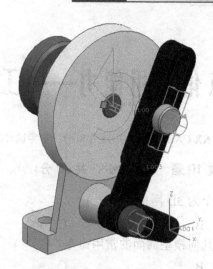

图 A-38 运动副效果图

(6) 在【运动仿真】工具条中单击【生成图表】按钮，单击【生成图表】对话框。【运动对象】从运动副列表中选择标记 A001，【Y 轴属性】选择【位移】，【值】选择【幅值】。单击【Y 轴定义】添加 Y 轴定义按钮✚，单击【确定】按钮。生成位移图表。

(7) 在【XY 图表】工具条单击【数据跟踪】|【精细跟踪】按钮🔍，打开精细跟踪模式，在速度曲线上 t=2s 处创建标记，如图 A-39 所示。

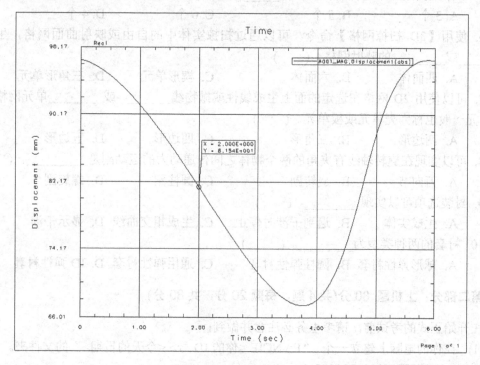

图 A-39 创建标记

(8) 按照【创建标记】当 X=2s 时，位移 s=81.54mm，故选择 B。保存并关闭所有文件。

附录：样卷

全国信息化应用能力——工业类考试

(科目：UG NX CAE 计； 总分：100 分； 考试时间：180 分钟)

第一部分：理论题 (共 10 题，每题 2 分，共 20 分)

1. 以下网格图标哪一个为 3D 网格？(　　)
   A.　　　B.　　　C.　　　D.

2. 以下哪个不是修复几何模型曲面的常用命令？(　　)
   A.　　　B.　　　C.　　　D.

3. 中位面有哪 3 种创建方法？_____、_____ 和 _____。(　　)
   A. 面对　　B. 偏置　　C. 用户定义　　D. 比例

4. 在【体类型】选项组，选中_____单选按钮，它控制在拉伸截面曲线时创建的是实体。
   A. 模型　　B. 实体　　C. 片体　　D. 体素

5. 一个柱面副约束连杆的自由度是_____。(　　)
   A. 3 个　　B. 5 个　　C. 6 个　　D. 4 个

6. 使用【3D 扫掠网格】命令，可以通过扫掠实体中的自由或映射曲面网格，生成_____或_____的映射网格。(　　)
   A. 四面体　　B. 六面体　　C. 楔形单元　　D. 三角形单元

7. 可以使用 2D 网格在选定的面上生成线性或抛物线_____或_____单元网格。2D 单元一般也称为壳单元或板单元。(　　)
   A. 两边形　　B. 三角形　　C. 四边形　　D. 五边形

8. 可以实现在旋转轴线有夹角的两个物体之间传递动力的运动副是_____。(　　)
   A. 万向节　　B. 旋转副　　C. 圆柱副　　D. 螺旋副

9. 封装选项可以实现_____。(　　)
   A. 生成实体　　B. 遇到干涉时停止　　C. 生成相交曲线　　D. 显示干涉

10. 衬套的两种类型为_____。(　　)
    A. 球形弹性衬套　B. 圆柱弹性衬套　C. 通用弹性衬套　D. 3D 弹性衬套

第二部分：上机题 80 分 (共 4 题，每题 20 分，共 80 分)

在开始正式的考试前，请考生务必注意并做到：

(1) 在你的电脑上建立一个 "E:\ NCIE <你的 ID 号><今天的日期>" 的文件夹。
例如：E:\NCIE05310101090810。
其中：0531010 是你的考试 ID 号，090810 是 2009 年 08 月 10 日。中间不能有空格。

(2) 你完成的所有工作必须保存在所建的文件夹中，否则可能无法进行评分。

(3) 必须按照题目中给定的名称保存文件。例如，题目中要求使用 Shaft 来命名支架零件，你必须使用 Shaft 这个文件名保存你完成的零件。

(4) 没有按照正确的名称命名并保存文件的，不予评分。

上机体包含 4 个部分：

(1) 工字钢模型。

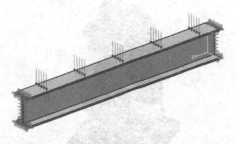

如上图工字钢模型受力仿真，按照所给模型，用 NX 高级仿真对其进行分析。在工字钢的两端面上施加固定约束，在工字钢的顶面上施加 3000N 均布载荷，求变形后的最大位移为多少？（ ）

  A. 6.513e-0.03mm   B. 5.513e-0.03mm

  C. 4.513e-0.03mm   D. 2.513e-0.03mm

(2) 机盖受力仿真。

 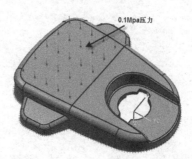

如上图所示机盖模型受力分析，按照所给模型，用 NX 高级仿真对其进行受力分析。在模型的底部面和两个圆柱孔端面上施加固定约束，模型的顶面上施加 0.4Mpa 的压力，分析受力后的最大反作用力值为多少？（ ）

  A. 6.197N   B. 5.197N   C. 4.197N   D. 3.197N

(3) 牛头刨床机构。

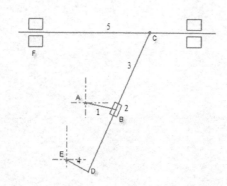

如图所示为牛头刨床机构，按照所给模型，运用 UG Motion 求解。参数设置如下：AB 角速度 ω_{AB} = 5 rad/s。当时间 T=16s 时，求点 C 的速度为(　　)。

  A. 7.995   B. 21.73   C. 21.77   D. 7.354

(4) 槽轮机构。

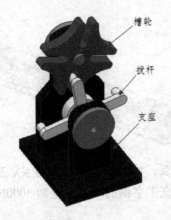

如图所示为槽轮机构，按照所给模型，运用 UG Motion 求解。参数设置如下：拨杆角速度 ω_{AB} = 50 rad/s。当 T=5s 时求槽轮的速度为(　　)。

  A. 5.0×10^{-9} B. 5.2×10^{-9} C. 4.8×10^{-9} D. 4.6×10^{-9}

附录 B Nastran 安装以及配置

B.1 Nastran 解算器的安装步骤

下面介绍 Nastran 解算器的安装步骤。

(1) 在安装完 NX 6 以后，接下来要安装 NX Nastran 解算器。首先，将 Nastran 光盘放入到光驱中，并双击打开 Launch.hta，弹出如图 B-1 所示的 NX 6 Nastran 安装界面。单击 Install NX Nastran 旁的 32-Bit Windows。

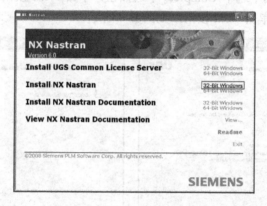

图 B-1 NX Nastran 安装界面

(2) 在弹出的 InstallShield Wizard 安装界面中单击 Next 按钮进行下一步骤安装，如图 B-2 所示。

 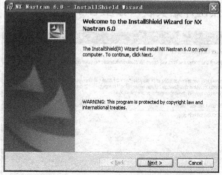

图 B-2 InstallShield Wizard 安装界面 1

(3) 在弹出的界面中选中 I accept the terms in the license agreement 单选按钮，单击 Next 按钮；在弹出的界面中选中 Anyone who uses this computer(all users) 单选按钮，单击 Next

按钮,如图 B-3 所示。

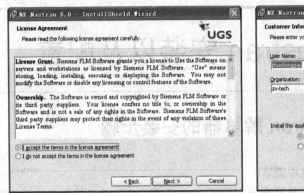 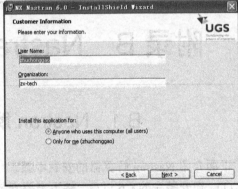

图 B-3　InstallShield Wizard 安装界面 2

(4) 在弹出的界面中选中 Complete 单选按钮,单击 Next 按钮;在弹出的界面中指定 Nastran 的安装路径,单击 Next 按钮,如图 B-4 所示。

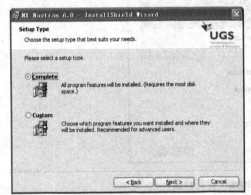 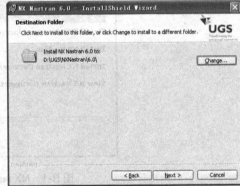

图 B-4　InstallShield Wizard 安装界面 3

(5) 在弹出的界面中查看服务器名称是否正确,单击 Next 按钮;在弹出的界面中单击 Install 按钮开始安装,如图 B-5 所示。

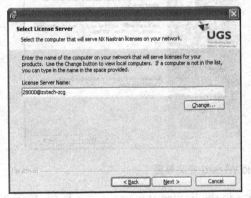 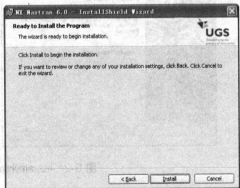

图 B-5　InstallShield Wizard 安装界面 4

(6) 在弹出的界面中显示 Nastran 的安装进度，最终单击 Finish 按钮安装结束，如图 B-6 所示。

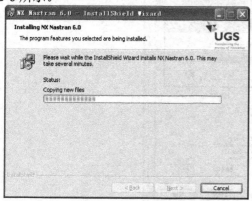 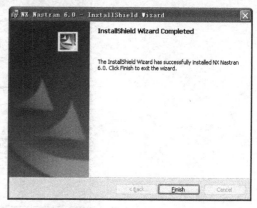

图 B-6　显示安装进度并单击 Finish 按钮结束安装

B.2　Nastran 解算器的配置

下面介绍 Nastran 解算器的配置步骤。

(1) Nastran 安装结束后要对其进行配置。用记事本打开 NX 安装目录下的环境变量文件 D:\UGS\NX 6.0\UGII\ugii_env.dat。

(2) 打开 ugii_env.dat 文件，选择【编辑】|【查找】命令。在【查找内容】文本框中输入 nastran，单击【查找下一个】按钮，如图 B-7 所示。

(3) 找到 UGII_NX_NASTRAN=并将其后面的引号中输入 NX Nastran 的安装路径 "D：\UGS\NXNastran\6.0\bin\nastran.exe"，如图 B-8 所示。

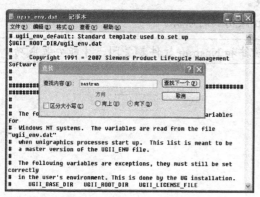 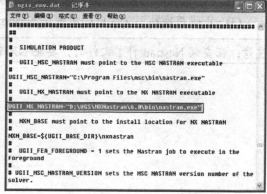

图 B-7　ugii_env.dat 文件　　　　　　　图 B-8　指定 NX Nastran 的安装路径

(4) 右击【我的电脑】，选择【属性】|【高级】|【环境变量】命令，在弹出的【环境变量】对话框中新建一个【系统环境变量】，指定变量名为 UGII_NX_NASTRAN，变量值为 D：\UGS\NXNastran\6.0\bin\nastran.exe，单击所有的【确定】按钮。结果如图 B-9 所示。

图 B-9　指定系统环境变量

(5) 环境变量配置完，接下来要为 Nastran 打补丁。

B.3　Nastran 解算器的补丁安装

下面介绍安装 Nastran 解算器补丁的操作步骤。

(1) 打开光盘中的 Nastran6 path 文件夹，其下的两个文件是 Nastran 的补丁文件。打开 nxn6_win32 文件夹，复制 nxn6 到 Nastran 的安装路径 D:\UGS\NXNastran\6.0 下替换 nxn6 文件夹。

(2) 打开另外一个补丁文件 nxn6p1_win32\nxn6p1，复制 i386 到 Nastran 的安装路径 D:\UGS\NXNastran\6.0\nxn6 下替换 i386 文件夹。

(3) 正确替换补丁文件后即可使用 Nastran 做仿真时解算。

注意：在安装 Nastran 补丁文件时，要把 NX 软件和 Nastran 软件都关闭，才能安装成功。

参 考 文 献

1. 耿鲁怡. UG 结构分析培训教程. 北京：清华大学出版社，2007
2. 胡晓康. UG 运动分析培训教程. 北京：清华大学出版社，2007
3. 张峰. NX Nastran 基础分析指南. 北京：清华大学出版社，2007
4. 洪如瑾. UG 知识熔接技术培训教程. 北京：清华大学出版社，2007
5. 洪如瑾. UG NX5 设计基础培训教程. 北京：清华大学出版社，2008
6. 洪如瑾. UG NX5 设计与装配进阶培训教程. 北京：清华大学出版社，2008